Mathematische Methoden in der Technik

Band 1: **Törnig/Gipser/Kaspar, Numerische Lösung von partiellen Differentialgleichungen der Technik**
183 Seiten. DM 34,–

Band 2: **Dutter: Geostatistik**
159 Seiten. DM 32,–

Band 3: **Spellucci/Törnig, Eigenwertberechnung in den Ingenieurwissenschaften**
196 Seiten. DM 36,–

Band 4: **Buchberger/Kutzler/Feilmeier/Kratz/Kulisch/Rump, Rechnerorientierte Verfahren**
281 Seiten. DM 48,–

Band 5: **Babovsky/Beth/Neunzert/Schulz-Reese, Mathematische Methoden in der Systemtheorie: Fourieranalysis**
173 Seiten. DM 34,–

Band 8: **Weiß, Stochastische Modelle für Anwender**
192 Seiten. DM 36,–

In Vorbereitung

Band 6: **Krüger/Scheiba, Mathematische Methoden in der Systemtheorie: Stochastische Prozesse**

Band 7: **Becker, Parameter-Optimierung ohne Restriktionen**

Preisänderungen vorbehalten

B. G. Teubner Stuttgart

Mathematische Methoden
in der Technik 8

P. Weiß
Stochastische Modelle
für Anwender

Mathematische Methoden in der Technik

Herausgegeben von

Prof. Dr. rer. nat. Jürgen Lehn, Technische Hochschule Darmstadt
Prof. Dr. rer. nat. Helmut Neunzert, Universität Kaiserslautern
o. Univ.Prof. Dr. rer. nat. Hansjörg Wacker, Universität Linz

Band 8

Die Texte dieser Reihe sollen die Anwender der Mathematik — insbesondere die Ingenieure und Naturwissenschaftler in den Forschungs- und Entwicklungsabteilungen und die Wirtschaftswissenschaftler in den Planungsabteilungen der Industrie — über die für sie relevanten Methoden und Modelle der modernen Mathematik informieren. Es ist nicht beabsichtigt, geschlossene Theorien vollständig darzustellen. Ziel ist vielmehr die Aufbereitung mathematischer Forschungsergebnisse und darauf aufbauender Methoden in einer für den Anwender geeigneten Form: Erläuterung der Begriffe und Ergebnisse mit möglichst elementaren Mitteln; Beweise mathematischer Sätze, die bei der Herleitung und Begründung von Methoden benötigt werden, nur dann, wenn sie zum Verständnis unbedingt notwendig sind; ausführliche Literaturhinweise; typische und praxisnahe Anwendungsbeispiele; Hinweise auf verschiedene Anwendungsbereiche; übersichtliche Gliederung, die ein „Springen in den Text" erleichtert. Die Texte sollen Brücken schlagen von der mathematischen Forschung an den Hochschulen zur mathematischen Arbeit in der Wirtschaft und durch geeignete Interpretationen den Transfer mathematischer Forschungsergebnisse in die Praxis erleichtern. Es soll auch versucht werden, den in der Hochschulforschung Tätigen die Wahrnehmung und Würdigung mathematischer Leistungen der Praxis zu ermöglichen.

Stochastische Modelle für Anwender

Von o. Univ.-Prof. Dr. Peter Weiß
Universität Linz

B. G. Teubner Stuttgart 1987

o. Univ.-Prof. Dr. Peter Weiß

Von 1953 bis 1961 Besuch des Realgymnasiums in Gmunden. Von 1961 bis 1965 Mathematik-
und Physikstudium an der Universität Innsbruck, 1965 Doktorat (Ph. D.). Von 1965 bis 1969
Assistent am Mathematischen Institut der Universität Innsbruck, 1969 Habilitation und Beru-
fung zum a.o. Univ.-Prof. an der neugegründeten Hochschule Linz. 1973 Ernennung zum
ordentlichen Universitätsprofessor (Aufgabenbereich Stochastik) an der Technisch-Natur-
wissenschaftlichen Fakultät der Johannes Kepler Universität Linz.

CIP-Kurztitelaufnahme der Deutschen Bibliothek

Weiss, Peter:
Stochastische Modelle für Anwender / von
Peter Weiss. – Stuttgart : Teubner, 1987
  (Mathematische Methoden in der Technik ; Bd. 8)
ISBN978-3-519-02621-1   ISBN 978-3-322-94678-2 (eBook)
DOI 10.1007/978-3-322-94678-2

NE: GT

Gesamtherstellung: J. Jllig, Göppingen
Umschlaggestaltung: M. Koch, Reutlingen

Für Angelika

Vorwort

Anders als im englischen und amerikanischen Bereich, wo sie - ähnlich wie die Physik bzw. die Informatik - als eigene Disziplin angesehen wird, gilt die Stochastik im deutschsprachigen Raum als Teilgebiet der Mathematik. Eine unmittelbare Konsequenz davon ist, daß hierzulande sowohl die Vorlesungen als auch die Lehrbücher über Stochastik meist im "Definition - Satz - Beweis - Stil" aufgebaut sind, wobei der Schwerpunkt auf den Beweisen liegt. Der mehr an den Anwendungen stochastischer Methoden Interessierte wird durch diese Methodik jedoch oft etwas enttäuscht. Er möchte

* über konkrete Anwendungsmöglichkeiten der Stochastik informiert werden und
* exemplarisch erfahren, bei welchen Problemstellungen welche stochastischen Modelle in zweckmäßiger Weise verwendet werden sollen.

Ziel dieses Buches ist es, diesem Wunsch nach Möglichkeit zu entsprechen. Besonderes Augenmerk wird daher einerseits auf die Behandlung von praxisbezogenen Beispielen gelegt, die als "Maß aller Dinge" fungieren, dem sich die Theorie unterzuordnen hat. Andererseits wird durch eine knappe Zusammenstellung der jeweils wichtigsten Begriffe, Sätze, Modelle und Verfahren dem Leser die Möglichkeit gegeben, sich schnell über die für sein Problem geeigneten Lösungsansätze zu informieren.

Dank sagen möchte ich allen, die mir während der langen Entstehungsgeschichte dieses Buches mit Rat und Tat zur Seite gestanden sind. Vor allem gilt mein Dank Frau W. Eidljörg, die große Teile des Manuskripts ins Reine geschrieben hat.

Die Druckvorlage wurde zur Gänze mit Hilfe des Textverarbeitungsprogramms "Mac Write" und des Zeichenprogramms "Mac Draw" auf einem Macintosh erstellt und auf dem Laserdrucker von Apple ausgedruckt.

Linz, im Dezember 1986.   Peter Weiß

Inhaltsverzeichnis

Liste der verwendeten Symbole und Zeichen

§1 Mathematische Beschreibung von Zufallsexperimenten

1.1 Zufallsexperimente

Unter einem **Zufallsexperiment** versteht man einen in der realen Welt ablaufenden Vorgang, bei dem ein nicht vorhersehbarer **Ausgang** (Ergebnis, Realisierung) aus einer Menge von möglichen Ausgängen realisiert wird.

Beispiele für diesen zentralen Begriff:
* Werfen einer Münze;
* Ziehen einer Kugel aus einer Urne mit r roten und s schwarzen Kugeln;
* Bestimmung der Augensumme beim n-maligen Werfen eines Würfels;
* Messung der Lebensdauer eines Geräts;
* Auszählen der fehlerhaften Elemente einer Stichprobe;
* Prüfen, ob ein Gerät defekt oder intakt ist;
* Ermittlung der Anzahl der von einer radioaktiven Substanz während einer gewissen Zeitspanne emittierten α-Teilchen.

Soll ein vorgegebenes Zufallsexperiment näher untersucht werden, so muß zunächst geklärt werden, was man als dessen **mögliche Ausgänge** ansieht:
Beim Werfen einer Münze werden dies offenbar die beiden Ausgänge "Kopf" und "Adler" sein. Besteht das Zufallsexperiment jedoch beispielsweise im Ziehen einer Kugel aus einer Urne mit fünf roten und drei schwarzen Kugeln, so ist schon nicht mehr so offensichtlich, was darunter zu verstehen ist. Es ist zwar naheliegend, die beiden Realisierungen "rote Kugel gezogen" und "schwarze Kugel gezogen" als die möglichen Ausgänge anzusehen. Es wäre aber auch denkbar, die acht Kugeln der Urne vor Beginn des Ziehens zu numerieren (etwa die roten Kugeln mit den Nummern 1,2,3,4,5 und die schwarzen Kugeln mit den Nummern 6,7,8) und dann von den möglichen Ausgängen "Kugel mit Nummer 1 gezogen",...,"Kugel mit Nummer 8 gezogen" zu reden.

Sobald also geklärt ist, was man als mögliche Ausgänge eines vorgegebenen Zufallsexperiments ansieht, ordnen wir jedem dieser Ausgänge in eindeutiger Weise ein Element ω einer (leicht überschaubaren) Menge Ω zu und unterscheiden in Zukunft nicht mehr zwischen Ausgang und dem diesem Ausgang zugeordneten $\omega \in \Omega$.

1.1 Begriffsbildung: *Die Menge Ω heißt* ***Ereignisraum*** *(Stichprobenraum) des gegebenen Zufallsexperiments. Teilmengen A,B,C,... von Ω heißen* ***Ereignisse****; einelementige Teilmengen $\{\omega\}$ von Ω heißen* ***Elementarereignisse****. Man sagt "das Ereignis A tritt ein", wenn ein Ausgang $\omega \in A$ realisiert wird.*

Beispiele für diesen (wichtigen und keineswegs trivialen) ersten Schritt bei der Erstellung des mathematischen Modells eines Zufallsexperiments:

* Messung der zufälligen Lebensdauer eines gewissen Gerätes:

$$\Omega := \{x \mid x \in \mathbf{R} \text{ und } x \geq 0\}$$

Die Zahl $x \in \Omega$ steht dabei für den Ausgang "das Gerät fällt zum Zeitpunkt x aus"; die Teilmenge

$$A := \{x \mid x \in \mathbf{R} \text{ und } 0 \leq x \leq 1\}$$

von Ω entspricht dem Ereignis "das Gerät fällt innerhalb der ersten Stunde aus".

* Zweimaliges Werfen eines Würfels:

$$\Omega := \{(x_1,x_2) \mid x_1,x_2 \in \{1,2,...,6\}\}$$

Das Paar $(x_1,x_2) \in \Omega$ steht dabei für den Ausgang "beim ersten Wurf wird die Augenzahl x_1 und beim zweiten Wurf wird die Augenzahl x_2 gewürfelt"; die Teilmenge

$$A := \{(1,1),(1,2),(1,3),(2,1),(2,2),(3,1)\}$$

von Ω entspricht dem Ereignis "die dabei geworfene Augensumme ist höchstens vier".

* Ziehen von 13 Karten aus einem Kartenspiel mit 52 Karten (wobei wir annehmen, daß die roten Karten mit den Nummern 1,2,...,26 und die schwarzen Karten mit den Nummern 27,28,...,52 numeriert sind):

$$\Omega := \{X \mid X \subseteq \{1,2,...,52\} \text{ und } |X| = 13\}$$

Die Menge $X = \{x_1,x_2,...,x_{13}\} \in \Omega$ repräsentiert hier den Ausgang "es werden jene 13 Karten gezogen, welche mit den Nummern $x_1,x_2,...,x_{13}$ numeriert sind"; die Teilmenge

$$A := \{X \mid X \subseteq \{1,2,...,26\} \text{ und } |X| = 13\}$$

von Ω entspricht dem Ereignis "es werden nur rote Karten gezogen".

* Zufällige Auswahl von k Kugeln aus einer Urne mit m roten und n schwarzen Kugeln (wobei wir annehmen, daß die roten Kugeln mit den Nummern 1,2,...,m und die schwarzen Kugeln mit den Nummern m+1,m+2,...,m+n numeriert sind):

$$\Omega := \{(x_1,x_2,...,x_{m+n}) \mid x_i \in \{0,1\} \text{ und } \sum_{i=1}^{m+n} x_i = k\}$$

Das $m+n$-Tupel $(x_1,x_2,...,x_{m+n}) \in \Omega$ charakterisiert dabei den Ausgang "es werden jene k Kugeln $i_1, i_2, ..., i_k$ ausgewählt, für die $x_{i_1} = x_{i_2} = ... = x_{i_k} = 1$ ist; die Teilmenge

$$A := \{(x_1, x_2, ..., x_{m+n}) \mid x_i \in \{0,1\} \text{ und } \sum_{i=1}^{m} x_i = r \text{ und } \sum_{i=m+1}^{m+n} x_i = k\text{-}r\}$$

von Ω entspricht dem Ereignis "es werden r rote und k-r schwarze Kugeln ausgewählt".

Durch Zusammensetzen von Ereignissen entstehen neue Ereignisse. Man beachte dabei die folgenden Entsprechungen von "Ereignissprache" und "Mengensprache":

Ereignissprache	Mengensprache	
*A **und** B tritt ein*	$A \cap B$	$(:= \{\omega \in \Omega \mid \omega \in A \text{ und } \omega \in B\})$
*A **oder** B tritt ein*	$A \cup B$	$(:= \{\omega \in \Omega \mid \omega \in A \text{ oder } \omega \in B\})$
*A tritt **nicht** ein*	A^C	$(:= \{\omega \in \Omega \mid \omega \notin A\})$
*A **aber nicht** B tritt ein*	$A\text{-}B$	$(:= A \cap B^C)$
***Entweder** A **oder** B tritt ein*	$A \Delta B$	$(:= (A\text{-}B) \cup (B\text{-}A))$
*Das **sichere** Ereignis*	Ω	
*Das **unmögliche** Ereignis*	$\{\,\}$	
*A **zieht** B nach sich*	$A \subseteq B$	
*A und B sind **unvereinbar***	$A \cap B = \{\,\}$	

Teils aus mathematischen, teils aus in der Natur des Problems liegenden Gründen interessiert man sich nicht immer für alle Ereignisse - also alle Teilmengen des Ereignisraumes Ω. Wohl aber wird man vom **System der interessierenden Ereignisse** fordern, daß dieses gegenüber den üblichen Mengenoperationen abgeschlossen ist. Solche Mengensysteme sind innerhalb der Mathematik aber wohlbekannt (vgl. etwa [18]):

1.2 Definition: *Ein System $\mathcal{A}$ von Teilmengen einer nichtleeren Menge Ω heißt σ-Algebra über Ω, wenn gilt:*

1) $\Omega \in \mathcal{A}$

2) Mit $A, B \in \mathcal{A}$ ist auch $A\text{-}B \in \mathcal{A}$

3) Mit $A_1, A_2, ... \in \mathcal{A}$ ist auch $\bigcup_{i=1}^{\infty} A_i := A_1 \cup A_2 \cup ... \in \mathcal{A}$

Es läßt sich leicht zeigen, daß eine σ-Algebra gegenüber den üblichen Mengenoperationen abgeschlossen ist. Im einzelnen gilt:

1.3 Satz: *Ist $\mathcal{A}$ eine σ-Algebra über Ω, so gilt:*

1) $\{\,\} \in \mathcal{A}$

2) Mit $A \in \mathcal{A}$ ist auch $A^C \in \mathcal{A}$

3) Mit $A,B \in \mathcal{A}$ sind auch $A \cup B$, $A \Delta B$ und $A \cap B \in \mathcal{A}$

4) Mit $A_1, A_2, ... \in \mathcal{A}$ ist auch $\bigcap\limits_{i=1}^{\infty} A_i := A_1 \cap A_2 \cap ... \in \mathcal{A}$

Ist also ein Zufallsexperiment mit Ereignisraum Ω vorgegeben, so wird man demnach als System der interessierenden Ereignisse eine σ-Algebra $\mathcal{A}$ über Ω verwenden. Für einige Standardsituationen haben sich dafür gewisse σ-Algebren eingebürgert:

1.4 Standard-Sigma-Algebren:

*1) Ist Ω eine endliche oder abzählbar unendliche Menge, so verwendet man als σ-Algebra der interessierenden Ereignisse die **Potenzmenge** $\mathcal{P}(\Omega) := \{A/A \subseteq \Omega\}$ von Ω.*

*2) Ist $\Omega = R$, so verwendet man als σ-Algebra der interessierenden Ereignisse die sogenannten **Borel'schen Mengen** $\mathcal{B}$. Es handelt sich dabei um die kleinste σ-Algebra über R, die alle Intervalle der Form $(-\infty, a)$ mit $a \in R$ enthält. Es läßt sich zeigen, daß $\mathcal{B}$*

  * *alle beliebigen Intervalle;*

  * *alle (im Sinn der Topologie) offenen und abgeschlossenen Mengen;*

  * *alle endlichen bzw. abzählbaren Vereinigungen und Durchschnitte derartiger Mengen und somit alle in der Praxis tatsächlich auftretenden Teilmengen von R enthält (trotzdem aber nicht! mit $\mathcal{P}(R)$ übereinstimmt).*

*3) Ist $\Omega = R^r$, so verwendet man als σ-Algebra der interessierenden Ereignisse die sogenannten **r-dimensionalen Borel'schen Mengen** $\mathcal{B}^r$. Es handelt sich dabei um die kleinste σ-Algebra über R^r, die alle Quader $(-\infty, a_1) \times ... \times (-\infty, a_r)$ mit $a_1, a_2, ..., a_r \in R$ enthält. So wie im eindimensionalen Fall enthält $\mathcal{B}^r$ wieder alle in der Praxis tatsächlich auftretenden Teilmengen von R^r.*

Zur mathematischen Beschreibung eines vorgegebenen Zufallsexperiments benötigt man neben dem Ereignisraum Ω, mit dem die möglichen Ausgänge beschrieben werden, und der σ-Algebra der interessierenden Ereignisse $\mathcal{A}$ noch eine geeignete Abbildung $P : \mathcal{A} \to R$, die jedem interessierenden Ereignis $A \in \mathcal{A}$ dessen **Wahrscheinlichkeit** $P(A)$ zuordnet. Diese Zahl $P(A) \in R$ soll dabei ein Maß dafür darstellen, wie stark mit dem Eintreten des Ereignisses A zu rechnen ist.

Angefangen von J. Bernoulli (1654-1705) bis hin zu R. von Mises (1883-1953) versuchten zahlreiche Mathematiker die Wahrscheinlichkeit $P(A)$ eines Ereignisses $A \in \mathcal{A}$ inhaltlich zu definieren. Obwohl alle diese Versuche mehr oder weniger scheiterten, brachten sie insgesamt aber doch die Erkenntnis, daß eine derartige Abbildung $P : \mathcal{A} \to R$ jedenfalls die Eigenschaften

* Für alle $A \in \mathcal{A}$ ist $P(A) \geq 0$

* $P(\Omega) = 1$

* Sind $A, B \in \mathcal{A}$ unvereinbar, so ist $P(A \cup B) = P(A) + P(B)$

besitzen muß. Auf dieser Erkenntnis aufbauend schlug A.N. Kolmogorov (geb. 1903) in seiner im Jahre 1933 erschienen berühmten Monographie vor, den **das vorgegebene Zufallsexperiment steuernden Zufall** durch ein geeignetes Wahrscheinlichkeitsmaß P auf der σ-Algebra der interessierenden Ereignisse $\mathcal{A}$ zu beschreiben (vgl. etwa [5]):

1.5 Definition: *Sei $\mathcal{A}$ eine σ-Algebra über Ω. Eine Abbildung $P : \mathcal{A} \to R$ heißt* **Wahrscheinlichkeitsmaß** *(kurz W-Maß) auf $\mathcal{A}$, wenn gilt:*

1) Für alle $A \in \mathcal{A}$ ist $P(A) \geq 0$

2) $P(\Omega) = 1$

3) Für paarweise unvereinbare $A_1, A_2, \ldots \in \mathcal{A}$ ist $P(\bigcup\limits_{i=1}^{\infty} A_i) = \sum\limits_{i=1}^{\infty} P(A_i)$

W-Maße besitzen einige für praktische Zwecke überaus brauchbare Eigenschaften:

1.6 Satz: *Ist P ein W-Maß auf $\mathcal{A}$, so gilt:*

1) $P(\{\,\}) = 0$

2) Für unvereinbare $A, B \in \mathcal{A}$ ist $P(A \cup B) = P(A) + P(B)$

3) Für beliebige $A, B \in \mathcal{A}$ ist $P(A \cup B) = P(A) + P(B) - P(A \cap B)$

4) Sind $A, B \in \mathcal{A}$ mit $A \subseteq B$, so ist $P(A) \leq P(B)$

5) Sind $A, B \in \mathcal{A}$ mit $A \subseteq B$, so ist $P(B-A) = P(B) - P(A)$

6) Für alle $A \in \mathcal{A}$ ist $P(A^C) = 1 - P(A)$

7) Für paarweise unvereinbare $A_1, A_2, \ldots, A_n \in \mathcal{A}$ ist $P(\bigcup\limits_{i=1}^{n} A_i) = \sum\limits_{i=1}^{n} P(A_i)$

*8) **Ein-Ausschaltregel:** Für beliebige $A_1, A_2, \ldots, A_n \in \mathcal{A}$ gilt*

$$P(\bigcup\limits_{i=1}^{n} A_i) = \sum\limits_{i=1}^{n} P(A_i) - \sum\limits_{\substack{i,j=1 \\ i<j}}^{n} P(A_i \cap A_j) + \sum\limits_{\substack{i,j,k=1 \\ i<j<k}}^{n} P(A_i \cap A_j \cap A_k) - + \ldots$$

$$\ldots + (-1)^{n-1} \cdot P(A_1 \cap \ldots \cap A_n)$$

*9) **Stetigkeit:** Für alle $A_1, A_2, \ldots \in \mathcal{A}$ mit $A_1 \subseteq A_2 \subseteq \ldots$ bzw. $A_1 \supseteq A_2 \supseteq \ldots$ gilt*

$$P(\bigcup\limits_{i=1}^{\infty} A_i) = \lim\limits_{n \to \infty} P(A_n) \quad \text{bzw.} \quad P(\bigcap\limits_{i=1}^{\infty} A_i) = \lim\limits_{n \to \infty} P(A_n)$$

Seit dem Erscheinen dieser bahnbrechenden Arbeit von Kolmogorov hat sich eingebürgert, ein Zufallsexperiment stets durch einen geeigneten **Wahrscheinlichkeitsraum** (kurz W-Raum) $(\Omega, \mathcal{A}, P)$ zu beschreiben. Dabei charakterisiert

* die Menge Ω die möglichen Ausgänge;
* die σ-Algebra $\mathcal{A}$ die interessierenden Ereignisse;
* das W-Maß P den das Experiment steuernden Zufall.

Über die geeignete Wahl von Ω und $\mathcal{A}$ wissen wir mittlerweile schon hinreichend Bescheid. Offen bleibt noch, welches spezielle W-Maß P zur Beschreibung des das Experiment steuernden Zufalls gewählt werden soll. Wir werden uns mit dieser Frage noch ausführlich befassen.

1.2 Laplace-Experimente

Unter einem **Laplace-Experiment** versteht man ein Zufallsexperiment mit endlich vielen möglichen Ausgängen $\omega_1, \omega_2, ..., \omega_n$, bei dem aufgrund von geometrischen oder physikalischen Symmetrieüberlegungen kein Grund dafür besteht, einen dieser Ausgänge hinsichtlich der "Chance" seines Eintretens höher zu bewerten als einen anderen.

Beispiele dafür sind etwa das
* Werfen von (homogenen) Würfeln;
* Ziehen von (bis auf ihre Farbe) gleichartigen Kugeln aus Urnen;
* Verteilen von Spielkarten.

Vom W-Maß P, das den ein Laplace-Experiment steuernden Zufall beschreibt, wird man daher verlangen, daß $P(\{\omega_1\}) = P(\{\omega_2\}) = ... = P(\{\omega_n\}) = 1/n$ ist. Damit ist dieses W-Maß P aber schon vollständig bestimmt und für ein beliebiges Ereignis A ergibt sich die einprägsame Regel

$$P(A) = \sum_{\omega \in A} P(\{\omega\}) = \frac{|A|}{|\Omega|} = \frac{\text{Anzahl der für A günstigen Ausgänge}}{\text{Anzahl der möglichen Ausgänge}}$$

Soll die Wahrscheinlichkeit P(A) eines Ereignisses A nach dieser Regel berechnet werden, so achte man schon bei der Konstruktion des Ereignisraumes $\Omega = \{\omega_1, \omega_2, ..., \omega_n\}$ streng darauf, daß alle Elementarereignisse $\{\omega_1\}, \{\omega_2\}, ..., \{\omega_n\}$ auch tatsächlich "gleichwahrscheinlich" sind! Mit einem historisch interessanten Beispiel wollen wir die damit zusammenhängende Problematik verdeutlichen:

1.7 Beispiel: *Der Glücksritter und Spieler Chevalier de Meré diskutierte einst mit B. Pascal die folgende Frage: Mit drei symmetrischen Würfeln wird gleichzeitig gewürfelt. Besitzen die beiden Ereignisse A_{11} := "es wird dabei die Augensumme 11 gewürfelt" und*

$A_{12} :=$ *"es wird dabei die Augensumme 12 gewürfelt" die gleiche Wahrscheinlichkeit?*

<u>Lösung von de Meré</u>: De Meré vertrat den Standpunkt, die drei Würfel seien **ununterscheidbar** (es wird ja damit gleichzeitig gewürfelt) und verwendete deshalb den Ereignisraum

$$\Omega' := \{(x_1, x_2, \ldots, x_6) \mid x_i \in \{0,1,2,3\} \text{ und } \sum_{i=1}^{6} x_i = 3\}$$

wobei das Sechstupel $(x_1, x_2, \ldots, x_6) \in \Omega'$ dem Ausgang "es werden x_1 Einser, x_2 Zweier, ... und x_6 Sechser gewürfelt" entspricht. Die beiden Ereignisse A_{11} und A_{12} werden damit durch die beiden Mengen

$$A_{11}' := \{(1,0,0,1,0,1),(0,1,1,0,0,1),(1,0,0,0,2,0),(0,1,0,1,1,0),(0,0,2,0,1,0),$$
$$(0,0,1,2,0,0)\}$$

und

$$A_{12}' := \{(1,0,0,0,1,1),(0,1,0,1,0,1),(0,0,2,0,0,1),(0,1,0,0,2,0),(0,0,1,1,1,0),$$
$$(0,0,0,3,0,0)\}$$

charakterisiert. Wegen $|A_{11}'| = |A_{12}'|$ war de Meré davon überzeugt, daß die beiden Ereignisse A_{11} und A_{12} mit der gleichen Wahrscheinlichkeit eintreten.

<u>Lösung von Pascal</u>: Pascal schlug hingegen vor, die drei Würfel als **unterscheidbar** anzusehen (man kann ja verschieden gefärbte Würfel benützen) und verwendete daher den Ereignisraum

$$\Omega'' := \{(x_1, x_2, x_3) \mid x_i \in \{1,2,\ldots,6\}\}$$

wobei das Tripel (x_1, x_2, x_3) dem Ausgang "der erste Würfel zeigt die Augenzahl x_1, der zweite Würfel zeigt die Augenzahl x_2 und der dritte Würfel zeigt die Augenzahl x_3" entspricht. Nun werden die beiden Ereignisse A_{11} und A_{12} aber durch die beiden Mengen

$$A_{11}'' := \{(6,4,1),(6,1,4),(4,6,1),(4,1,6),(1,6,4),(1,4,6),(6,3,2),(6,2,3),(3,6,2),$$
$$(3,2,6), (2,6,3),(2,3,6),(5,5,1),(5,1,5),(1,5,5),(5,4,2),(5,2,4),(4,5,2),$$
$$(4,2,5), (2,5,4),(2,4,5),(5,3,3),(3,5,3),(3,3,5),(4,4,3),(4,3,4),(3,4,4)\}$$

und

$$A_{12}'' := \{(6,5,1),(6,1,5),(5,6,1),(5,1,6),(1,6,5),(1,5,6),(6,4,2),(6,2,4),(4,6,2),$$
$$(4,2,6),(2,6,4),(2,4,6),(6,3,3),(3,6,3),(3,3,6),(5,5,2),(5,2,5),(2,5,5),$$
$$(5,4,3),(5,3,4),(4,5,3),(4,3,5),(3,5,4),(3,4,5),(4,4,4)\}$$

charakterisiert. Aus der Tatsache $|A_{11}''| > |A_{12}''|$ schloß Pascal, daß das Ereignis A_{11} mit etwas größerer Wahrscheinlichkeit eintreten wird als das Ereignis A_{12} (ein Ergebnis, das aus empirischen Befunden damals schon bekannt war).

Analysiert man diese beiden Lösungswege, so erkennt man, daß die der Lösung von Pascal zugrunde liegende Annahme der Unterscheidbarkeit der Würfel zutrifft, während der von de Meré vertretene Standpunkt, wonach die drei Würfel als ununterscheidbar anzusehen seien, zusammen mit der implizit getroffenen Annahme der Gleichwahrscheinlichkeit aller möglichen Elementarereignisse nicht haltbar ist. Das Zufallsexperiment "Beobachten, wieviele Einser, Zweier,..., Sechser beim gleichzeitigen Werfen von drei symmetrischen Würfeln geworfen werden" ist nämlich kein Laplace-Experiment: Beispielsweise ist für das Ereignis "es wird ein Einser, ein Zweier und ein Dreier geworfen" die Chance einzutreffen wesentlich größer als für das Ereignis "es werden drei Sechser geworfen".

1.3 Hilfsmittel aus der Kombinatorik

Für Laplace-Experimente reduziert sich die Berechnung der Wahrscheinlichkeit von Ereignissen auf die Bestimmung der Anzahl der Elemente (= Mächtigkeit) von Mengen. Meistens besitzen diese Mengen aber so viele Elemente, daß ihre Mächtigkeit nicht durch einfaches Abzählen bestimmt werden kann. Man verwendet daher oft kombinatorische Methoden (vgl. beispielsweise [2]):

1.8 Das allgemeine Zählprinzip: *Besitzen die Mengen $M_1, M_2,..., M_k$ die Mächtigkeiten $n_1, n_2,..., n_k$, so besitzt ihr **kartesisches Produkt***

$$M_1 \times M_2 \times ... \times M_k := \{(x_1, x_2,..., x_k) \mid x_1 \in M_1, x_2 \in M_2,..., x_k \in M_k\}$$

die Mächtigkeit $n_1 . n_2 ... n_k$. Falls also ein Zählvorgang in k Einzelschritte zerlegt werden kann und es im i-ten Schritt n_i Möglichkeiten gibt, so gibt es insgesamt $n_1 . n_2 ... n_k$ Möglichkeiten.

1.9 Grundmengen der Kombinatorik:
1) Die Menge

$$A_n^k := \{(x_1, x_2,..., x_k) \mid x_i \in \{1, 2,..., n\} \text{ paarweise verschieden}\}$$

*mit $k, n \in N$ und $k \leq n$ besitzt $n . (n-1) ... (n-k+1)$ Elemente. Jedes k-Tupel $(x_1,..., x_k) \in A_n^k$ entspricht einer möglichen **Permutation** (= Anordnung ohne Wiederholung) **von k aus n Dingen**.*

2) Die Menge

$$B_n^k := \{(x_1, x_2,..., x_k) \mid x_i \in \{1, 2,..., n\}\}$$

*mit $k, n \in N$ besitzt n^k Elemente. Jedes k-Tupel $(x_1,..., x_k) \in B_n^k$ entspricht einer möglichen **Variation** (= Anordnung mit Wiederholung) **von k aus n Dingen**.*

3) *Die Menge*

$$C_n^{\ k} := \{(x_1,x_2,...,x_n) \mid x_i \in \{0,1\} \text{ und } \sum_{i=1}^{n} x_i = k\}$$

mit $k \in N_0$, $n \in N$ *und* $k \leq n$ *besitzt* $\binom{n}{k}$ *Elemente. Jedes n-Tupel* $(x_1,x_2,...,x_n) \in C_n^{\ k}$ *entspricht einer möglichen* **Kombination** *(= Auswahl)* **ohne Wiederholung von k aus n Dingen**.

4) *Die Menge*

$$D_n^{\ k} := \{(x_1,x_2,...,x_n) \mid x_i \in \{0,1,2,...,k\} \text{ und } \sum_{i=1}^{n} x_i = k\}$$

mit $k \in N_0$ *und* $n \in N$ *besitzt* $\binom{n+k-1}{k}$ *Elemente. Jedes n-Tupel* $(x_1,x_2,...,x_n) \in D_n^{\ k}$ *entspricht einer möglichen* **Kombination** *(= Auswahl)* **mit Wiederholung von k aus n Dingen**.

Das folgende für die Physik wichtige Beispiel soll die Einsatzmöglichkeiten dieser Grundmengen der Kombinatorik aufzeigen:

1.10 Beispiel: *k Kugeln (Moleküle, Elementarteilchen) werden zufällig auf n Urnen (Energiezustände) verteilt. Wieviele Möglichkeiten gibt es, wenn man annimmt, daß*
A) *die k Kugeln unterscheidbar sind;*
B) *die k Kugeln nicht unterscheidbar sind;*
a) *in eine Urne höchstens eine Kugel kommen kann (**Pauliverbot**);*
b) *in eine Urne auch mehrere Kugeln kommen können.*

<u>Lösung:</u>
Aa) Der Ausgang "die 1-te Kugel kommt in Urne x_1, die 2-te Kugel kommt in Urne x_2,... ..., die k-te Kugel kommt in Urne x_k" läßt sich durch das k-Tupel $(x_1,x_2,...,x_k) \in A_n^{\ k}$ beschreiben. Es gibt somit n.(n-1)...(n-k+1) derartige Möglichkeiten.

Ab) Der Ausgang "die 1-te Kugel kommt in Urne x_1, die 2-te Kugel kommt in Urne x_2,... ..., die k-te Kugel kommt in Urne x_k" läßt sich durch das k-Tupel $(x_1,x_2,...,x_k) \in B_n^{\ k}$ beschreiben. Es gibt somit n^k derartige Möglichkeiten. Postuliert man, daß alle diese Möglichkeiten gleichwahrscheinlich sind, so gelangt man zum **Maxwell-Boltzmann-Modell**. Dieses ist zur Beschreibung von Gasmolekülen geeignet.

Ba) Der Ausgang "in der ersten Urne sind x_1, in der zweiten Urne sind x_2,..., in der n-ten Urne sind x_n Kugeln" läßt sich durch das n-Tupel $(x_1,x_2,...,x_n) \in C_n^{\ k}$ beschreiben. Es gibt somit $\binom{n}{k}$ derartige Möglichkeiten. Postuliert man, daß alle diese Möglichkeiten gleichwahrscheinlich sind, so gelangt man zum **Fermi-Dirac-Modell**. Dieses ist zur Beschreibung von Elektronen, Neutronen und Protonen geeignet.

Bb) Der Ausgang "in der ersten Urne sind x_1, in der zweiten Urne sind x_2,..., in der n-ten Urne sind x_n Kugeln" läßt sich durch das n-Tupel $(x_1,x_2,...,x_n) \in D_n^k$ beschreiben. Es gibt somit $\binom{n+k-1}{k}$ derartige Möglichkeiten. Postuliert man wieder, daß alle diese Möglichkeiten gleichwahrscheinlich sind, so gelangt man zum **Bose-Einstein-Modell**. Dieses ist zur Beschreibung von Photonen und Pionen geeignet.

Es folgt nun eine Zusammenstellung einiger wichtiger Formeln der Kombinatorik (vgl. [2]):

1.11 Satz: *Für alle $k,m,n \in N$ mit $k \leq n$ und alle $x \in R$ mit $x \neq 1$ gilt:*

$$1)\quad \binom{n}{k} = \binom{n}{n-k} \qquad\qquad 2)\quad \binom{n}{k} + \binom{n}{k+1} = \binom{n+1}{k+1}$$

$$3)\quad \sum_{i=0}^{n} \binom{n}{i} = 2^n \qquad\qquad 4)\quad \sum_{i=0}^{n} (-1)^i \cdot \binom{n}{i} = 0$$

$$5)\quad \sum_{i=k}^{n} \binom{i}{k} = \binom{n+1}{k+1} \qquad\qquad 6)\quad \sum_{i=0}^{m} \binom{n+i}{i} = \binom{n+m+1}{m}$$

$$7)\quad \sum_{i=k}^{n} \binom{n}{i} \cdot \binom{i}{k} = 2^{n-k} \cdot \binom{n}{k} \qquad\qquad 8)\quad \sum_{i=0}^{n} \binom{n}{i}^2 = \binom{2n}{n}$$

$$9)\quad \sum_{i=0}^{n} i \cdot \binom{n}{i} = n \cdot 2^{n-1} \qquad\qquad 10)\quad \sum_{i=0}^{n} i^2 \cdot \binom{n}{i} = n \cdot (n+1) \cdot 2^{n-2}$$

$$11)\quad \sum_{i=0}^{k} \binom{m}{i} \cdot \binom{n}{k-i} = \binom{m+n}{k} \qquad\qquad 12)\quad \sum_{i=0}^{m} (-1)^i \cdot \binom{m}{i} \cdot \binom{n-1}{k} = \binom{n-m}{n-k}$$

$$13)\quad \sum_{i=k}^{n} \binom{n}{i} \cdot \binom{i}{m} = \binom{n}{m} \cdot \sum_{i=k}^{n} \binom{n-m}{i-m} \qquad\qquad 14)\quad \sum_{i=k}^{n} (-1)^{i-k} \cdot \binom{n}{i} \cdot \binom{i}{k} = \begin{cases} 1 & \text{für } k=n \\ 0 & \text{für } k \neq n \end{cases}$$

$$15)\quad \sum_{i=1}^{n} i = \frac{n \cdot (n+1)}{2} \qquad\qquad 16)\quad \sum_{i=1}^{n} i^2 = \frac{n \cdot (n+1) \cdot (2n+1)}{6}$$

$$17)\quad \sum_{i=1}^{n} i \cdot x^{i-1} = \frac{n \cdot x^{n+1} - (n+1) \cdot x^n + 1}{(x-1)^2}$$

1.4 Beispiele zu Laplace-Experimenten

Die folgenden Beispiele wurden unter dem Gesichtspunkt ausgewählt, den Leser einerseits mit einigen für die Praxis typischen Fragestellungen zu konfrontieren und ihm andererseits wichtige "Tricks", die bei der Lösung von Problemen über Laplace-Experimente verwendet werden, zu vermitteln.

1.12 Beispiel (Ein Problem aus der Qualitätskontrolle): *Einem Los von 1000 Glühbirnen*

*wird auf einen Griff eine Stichprobe von k Stück entnommen. Falls von diesen k aus-
gewählten Glühbirnen auch nur eine einzige defekt ist, so wird das ganze Los zurückgehalten. Wie groß muß k gewählt werden, um mit einer Wahrscheinlichkeit von mindestens 95 % sicher zu stellen, daß ein Los mit 100 defekten Glühbirnen diese Qualitätskontrolle nicht passiert?*

Lösung: Wir nehmen an, daß die Glühbirnen dieses Loses numeriert sind und die defekten
Glühbirnen dabei die Nummern 1,2,...,100 tragen. Ein passender Ereignisraum für das
zufällige Herausgreifen von k Glühbirnen aus diesem Los ist dann offenbar

$$\Omega_k := \{(x_1, x_2, ..., x_{1000}) \mid x_i \in \{0,1\} \text{ und } \sum_{i=1}^{1000} x_i = k\} = C_{1000}^{\ k}$$

wobei $(x_1, x_2, ..., x_{1000}) \in \Omega_k$ dem Ausgang "es werden dem Los genau jene k Glühbirnen
$i_1, ..., i_k$ entnommen, für die $x_{i_1} = ... = x_{i_k} = 1$ ist" entspricht. Aus Symmetriegründen sind
alle diese Ausgänge gleichwahrscheinlich. Das Komplementärereignis des uns interessierenden Ereignisses A_k, daß nämlich ein Los mit 100 defekten Glühbirnen diese Qualitätskontrolle nicht passiert, entspricht damit der Menge

$$(A_k)^c := \{(0,0,...,0,x_{101}, x_{102}, ..., x_{1000}) \mid x_i \in \{0,1\} \text{ und } \sum_{i=101}^{1000} x_i = k\} \approx C_{900}^{\ k}$$

Für die von uns gesuchte Wahrscheinlichkeit dafür, daß ein Los mit 100 defekten Glühbirnen bei dieser Qualitätskontrolle zurückgehalten wird, ergibt sich somit

$$P(A_k) = 1 - P((A_k)^c) = 1 - |(A_k)^c|/|\Omega_k| = 1 - \binom{900}{k} / \binom{1000}{k}$$

Anhand von Tabelle 1.1 erkennen wir, daß $P(A_k)$ für k=28 erstmals größer-gleich 0,95 ist.
Wird also das ganze Los zurückgehalten, falls von k=28 überprüften Glühbirnen eine
Glühbirne defekt ist, so ist damit sichergestellt, daß in mindestens 95% aller Fälle ein Los
mit 100 defekten Glühbirnen diese Qualitätskontrolle nicht passieren wird.

k	$P(A_k)$	k	$P(A_k)$	k	$P(A_k)$	k	$P(A_k)$	k	$P(A_k)$
20	0,8813	22	0,9043	24	0,9229	26	0,9379	28	0,9500
21	0,8934	23	0,9141	25	0,9308	27	0,9443	29	0,9552

Tabelle 1.1: Wahrscheinlichkeit $P(A_k)$ dafür, daß ein Los mit 100 defekten Glühbirnen unsere Qualitätskontrolle nicht passiert.

1.13 Beispiel (Das Rencontre-Problem): *n Ehepaare besuchen eine Party. Für ein Tanzspiel werden die Tanzpartner zufällig ausgelost, wodurch jeder Herr jede Dame mit der
gleichen Wahrscheinlichkeit zugeteilt bekommt. Wie groß ist die Wahrscheinlichkeit dafür,
daß kein Herr mit seiner eigenen Frau tanzt?*

<u>Lösung:</u> Unser Zufallsexperiment besteht im zufälligen Auslosen der Tanzpartner. Ein passender Ereignisraum dafür ist

$$\Omega_n := \{(x_1,x_2,...,x_n) \mid x_i \in \{1,2,...,n\} \text{ paarweise verschieden}\} = A_n^{\ n}$$

wobei $(x_1,x_2,...,x_n) \in \Omega_n$ dem Ausgang "der 1-te Herr tanzt mit der x_1-ten Frau, der 2-te Herr tanzt mit der x_2-ten Frau,..., der n-te Herr tanzt mit der x_n-ten Frau" entspricht. Wir können wieder annehmen, daß alle diese Ausgänge gleichwahrscheinlich sind. Das Ereignis "kein Herr tanzt mit seiner eigenen Frau" entspricht damit der Menge

$$A_n := \{(x_1,x_2,...,x_n) \in \Omega_n \mid x_i \neq i \text{ für alle } i = 1,2,...,n\}$$

Die Bestimmung der Mächtigkeit von A_n und damit der Wahrscheinlichkeit von A_n ist aber nicht mehr so einfach: Wir führen dazu für jedes $k \in \{1,2,...,n\}$ die Hilfsmenge

$$T_{n,k} := \{(x_1,x_2,...,x_n) \in \Omega_n \mid x_k = k\}$$

ein, welche dem Ereignis "der k-te Herr tanzt mit seiner eigenen Frau" entspricht. Nun ist aber offenbar $(A_n)^C = T_{n,1} \cup T_{n,2} \cup ... \cup T_{n,n}$ und mit der Ein-Ausschaltregel ergibt sich

$$P(A_n) = 1 - P(A_n^{\ C}) = 1 - P(T_{n,1} \cup T_{n,2} \cup ... \cup T_{n,n}) =$$

$$= 1 - \sum_{i=1}^{n} P(T_{n,i}) + \sum_{\substack{i,j=1 \\ i<j}}^{n} P(T_{n,i} \cap T_{n,j}) - + ... + (-1)^n \cdot P(T_{n,1} \cap T_{n,2} \cap ... \cap T_{n,n}) = (*)$$

Berücksichtigt man nun, daß für paarweise verschiedene Indizes $k_1,k_2,...,k_m \in \{1,2,...,n\}$ die Mengen $T_{n,k_1} \cap T_{n,k_2} \cap ... \cap T_{n,k_m}$ jeweils (n-m)! Elemente besitzen und damit die erste der obigen Summen aus $\binom{n}{1}$, die zweite Summe aus $\binom{n}{2}$,... jeweils gleichen Summanden besteht, so ergibt sich weiter

$$(*) = 1 - \binom{n}{1} \cdot \frac{1}{n} + \binom{n}{2} \cdot \frac{1}{n \cdot (n-1)} - + ... + (-1)^n \cdot \binom{n}{n} \cdot \frac{1}{n!} = \sum_{i=0}^{n} (-1)^i \cdot \frac{1}{i}$$

n	$P(A_n)$	n	$P(A_n)$	n	$P(A_n)$	n	$P(A_n)$	n	$P(A_n)$
1	0,0000	3	0,3333	5	0,3667	7	0,3679	9	0,3679
2	0,5000	4	0,3750	6	0,3681	8	0,3679	10	0,3679

Tabelle 1.2: Wahrscheinlichkeit $P(A_n)$ dafür, daß bei diesem Tanzspiel keines der n Ehepaare mitsammen tanzt.

In Tabelle 1.2 ist diese Wahrscheinlichkeit $P(A_n)$ für einige Werte von n tatsächlich ausgerechnet. Dabei zeigt sich, daß die Wahrscheinlichkeit dafür, daß bei diesem Tanzspiel kein Herr mit seiner eigenen Frau tanzt, ab n=7 Ehepaaren praktisch mit $e^{-1} = 0,367879...$ übereinstimmt.

1.14 Beispiel (Ein Urnenproblem): *k unterscheidbare Kugeln werden auf n ($n \leq k$) Urnen verteilt, wobei jede Kugel mit der gleichen Wahrscheinlichkeit in jede Urne kommen kann (Mehrfachbelegungen sind also erlaubt). Wie groß ist die Wahrscheinlichkeit dafür, daß dabei keine dieser n Urnen leer bleibt?*

k\n	2	3	4	5	6	7	8	9	10
2	0,5000								
3	0,7500	0,2222							
4	0,8750	0,4444	0,0938						
5	0,9350	0,6173	0,2344	0,0384					
6	0,9688	0,7407	0,3809	0,1152	0,0154				
7	0,9844	0,8258	0,5127	0,2150	0,0540	0,0061			
8	0,9922	0,8834	0,6229	0,3226	0,1140	0,0245	0,0024		
9	0,9961	0,9221	0,7114	0,4271	0,1890	0,0577	0,0108	0,0009	
10	0,9980	0,9480	0,7806	0,5225	0,2718	0,1049	0,0282	0,0047	0,0004
20	1,0000	0,9991	0,9873	0,9427	0,8480	0,7093	0,5306	0,3585	0,2147
30	1,0000	1,0000	0,9993	0,9938	0,9748	0,9322	0,8593	0,7559	0,6291
40	1,0000	1,0000	1,0000	0,9993	0,9959	0,9853	0,9620	0,9206	0,8581
50	1,0000	1,0000	1,0000	0,9999	0,9993	0,9969	0,9899	0,9752	0,9491

Tabelle 1.3: Wahrscheinlichkeit $P(A_{k,n})$ dafür, daß bei Verteilung von k Kugeln auf n Urnen keine Urne leer bleibt.

<u>Lösung:</u> Für dieses Zufallsexperiment ist bekanntlich (vgl. Beispiel 1.10)

$$\Omega_k := \{(x_1, x_2, \ldots, x_k) \mid x_i \in \{1, 2, \ldots, n\}\}$$

ein passender Ereignisraum. Für jedes $j \in \{1, 2, \ldots, n\}$ sei nun

$$L_{k,j} := \{(x_1, x_2, \ldots, x_k) \mid x_i \in \{1, 2, \ldots, n\} - \{j\}\}$$

Die Menge $L_{k,j}$ entspricht offenbar dem Ereignis "die j-te Urne bleibt leer"; das uns interessierende Ereignis $A_{k,n}$, daß nämlich bei Verteilung von k Kugeln auf n Urnen keine dieser n Urnen leer bleibt, läßt sich damit in der Form $A_{k,n} = (L_{k,1})^C \cap (L_{k,2})^C \cap \ldots \cap (L_{k,n})^C$ darstellen. Unter Verwendung der Ein-Ausschaltregel ergibt sich somit

$$P(A_{k,n}) = 1 - P((A_{k,n})^C) = 1 - P(L_{k,1} \cup L_{k,2} \cup \ldots \cup L_{k,n}) =$$

$$= 1 - \sum_{i=1}^{n} P(L_{k,i}) + \sum_{\substack{i,j=1 \\ i<j}}^{n} P(L_{k,i} \cap L_{k,j}) - + \ldots + (-1)^n \cdot P(L_{k,1} \cap L_{k,2} \cap \ldots \cap L_{k,n}) = (*)$$

Für paarweise verschiedene Indizes $j_1, \ldots, j_m \in \{1, \ldots, n\}$ besitzen die Mengen $L_{k,j_1} \cap \ldots \cap L_{k,j_m}$ offenbar jeweils $(n-m)^k$ Elemente. Damit erhält man (ählich wie in Beispiel 1.13)

$$(*) = 1 - \binom{n}{1} \cdot (1 - \frac{1}{n})^k + \binom{n}{2} \cdot (1 - \frac{2}{n})^k - + \ldots + (-1)^{n-1} \cdot \binom{n}{n-1} \cdot (1 - \frac{n-1}{n})^k =$$

$$= \sum_{i=0}^{n-1} (-1)^i \cdot \binom{n}{i} \cdot (1 - \frac{i}{n})^k$$

In Tabelle 1.3 ist diese Wahrscheinlichkeitfür einige Werte von k und n tatsächlich ausgerechnet.

1.15 Beispiel (Ein Problem aus der Biologie): *Die Untersuchung der Wirkung radioaktiver Strahlung auf Chromosomen führt auf folgende Aufgabe: n Stäbe werden in je ein langes und ein kurzes Stück zerbrochen. Die entstehenden 2n Stücke werden zufällig wieder zu n Paaren zusammengefügt. Wie groß ist die Wahrscheinlichkeit dafür, daß dabei jedes lange Stück mit einem kurzen Stück vereinigt wird?*

<u>Lösung:</u> Wir numerieren die langen Stücke mit den Zahlen 1,2,...,n und die kurzen Stücke mit den Zahlen n+1,n+2,...,2n. Das zufällige Zusammenfügen dieser 2n Stücke zu n Paaren läßt sich damit durch den Ereignisraum

$$\Omega_n := \{(\{x_1,x_2\},\{x_3,x_4\},...,\{x_{2n-1},x_{2n}\}) \mid x_i \in \{1,2,...,2n\} \text{ paarweise verschieden}\}$$

beschreiben. Das n-Tupel $(\{x_1,x_2\},\{x_3,x_4\},...,\{x_{2n-1},x_{2n}\})$ entspricht dabei dem Ausgang "das erste Paar wird aus den Stücken x_1 und x_2 gebildet, das zweite Paar wird aus den Stücken x_3 und x_4 gebildet,..., das n-te Paar wird aus den Stücken x_{2n-1} und x_{2n} gebildet". Aus Symmetriegründen können wir annehmen, daß alle diese Ausgänge gleichwahrschein- lich sind. Berücksichtigt man nun die Tatsache, daß natürlich $\{x_1,x_2\}=\{x_2,x_1\}$, $\{x_3,x_4\}= \{x_4,x_3\}$,... ist, so folgt aus dem allgemeinen Zählprinzip

$$|\Omega_n| = \frac{2n \cdot (2n-1)}{2} \cdot \frac{(2n-1) \cdot (2n-3)}{2} \, ... \, \frac{2.1}{2} = (2n)!/2^n$$

Das uns interessierende Ereignis "jedes lange Stück wird mit einem kurzen Stück vereinigt" entspricht nun aber der Menge

$$A_n := \{(\{x_1,y_1\},...,\{x_n,y_n\}) \mid x_i \in \{1,...,n\}, \, y_i \in \{n+1,...,2n\} \text{ paarweise verschieden}\}$$

und wieder mit dem allgemeinen Zählprinzip erhalten wir $|A_n| = n^2 \cdot (n-1)^2 ... 2^2 \cdot 1^2 = (n!)^2$, womit sich schließlich

$$P(A_n) = |A_n|/|\Omega_n| = (n!)^2 \cdot 2^n /(2n)!$$

ergibt.

1.16 Beispiel (Ein Beispiel zum Reflexionsprinzip): *Vor einer Theaterkassa stehen n+m Personen, von denen n nur 100-Markscheine und m nur 50-Markscheine bei sich haben. Eine Karte kostet 50 Mark. In der Kassa befinden sich anfangs k 50-Markscheine ($k \geq n-m$). Wie groß ist die Wahrscheinlichkeit dafür, daß der Kartenverkauf nicht ins Stocken gerät, also in einem Moment, in dem sich in der Kassa kein 50-Markschein mehr befindet auch keine Person eine Karte kaufen will, die nur einen 100-Markschein bei sich hat?*

<u>Lösung:</u> Unser Zufallsexperiment besteht in der Feststellung, welche Person dieser Warteschlange nun einen 50-Markschein bzw. einen 100-Markschein bei sich hat.

$$\Omega_{n+m} := \{(x_1, x_2, \ldots, x_{n+m}) \mid x_i \in \{+1, -1\} \text{ und } \sum_{i=1}^{m+n} x_i = m-n\} \approx C_{n+m}{}^m$$

ist dann offensichtlich ein geeigneter Ereignisraum für dieses Zufallsexperiment; dabei bedeutet $x_i=+1$ bzw. $x_i=-1$, daß der i-te Kunde nur einen 50-Markschein bzw. nur einen 100-Markschein bei sich hat. Aus Symmetriegründen können wir annehmen, daß alle durch die Elemente aus Ω_{n+m} beschriebenen Ausgänge gleichwahrscheinlich sind. Das uns interessierende Ereignis "der Kartenverkauf läuft ohne Stockung ab" läßt sich somit durch die Menge

$$A_{n+m,k} := \{(x_1, x_2, \ldots, x_{n+m}) \in \Omega_{n+m} \mid \text{ für alle } j \in \{1, 2, \ldots, n+m\} \text{ ist } \sum_{i=1}^{j} x_i \geq -k\}$$

charakterisieren. Bei der Bestimmung der Wahrscheinlichkeit des Ereignisses $A_{n+m,k}$ leistet nun das sogenannte **Reflexionsprinzip** wertvolle Dienste:

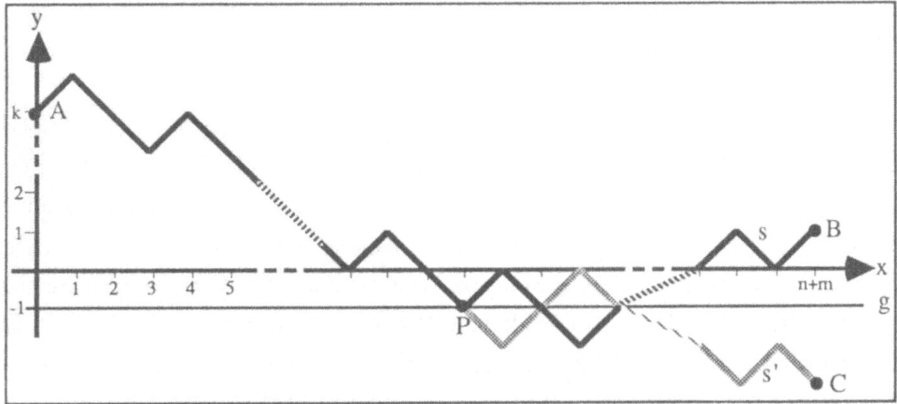

Abb. 1.1: Geometrische Veranschaulichung des Reflexionsprinzips

Trägt man in der x-Richtung die Nummer des gerade abgefertigten Kunden und in der y-Richtung die Anzahl der 50-Markscheine auf, die sich nach Abfertigung dieses Kunden in der Kassa befinden (vgl. Abb. 1.1), so entspricht jedes n+m-Tupel $(x_1, x_2, \ldots, x_{n+m}) \in \Omega_{n+m}$ einem gewissen Streckenzug vom Punkt A = (0,k) zum Punkt B = (n+m, k+m-n). So gesehen entspricht dann das Ereignis $A_{n+m,k}$ der Menge aller jener Streckenzüge von A nach B, welche die x-Achse nicht schneiden. Jeder Streckenzug s von A nach B, der die x-Achse schneidet, trifft aber notgedrungen auf die Gerade g; dies geschehe das erste Mal im Punkt P. Indem man nun den restlichen Streckenzug von P nach B an dieser Geraden g spiegelt, geht unser ursprünglicher Streckenzug s in einen Streckenzug s' von A nach C = (n+m,-k-m+n-2) über. Auf diese Weise wird jedem Streckenzug von A nach B, der die x-Achse schneidet (also jedem Element aus $(A_{n+m,k})^C$) in umkehrbar eindeutiger Weise genau ein Streckenzug von A nach C zugeordnet. Damit besitzen aber die beiden Mengen $(A_{n+m,k})^C$ und

$$B_{n+m,k} := \{(x_1, x_2, \ldots, x_{n+m}) \mid x_i \in \{+1, -1\} \text{ und } \sum_{i=1}^{n+m} x_i = m-n-2k-2\} \approx C_{n+m}^{n-k-1}$$

gleichviel Elemente, sodaß wir insgesamt

$$P(A_{n+m,k}) = 1 - P((A_{n+m,k})^C) = 1 - |B_{n+m,k}|/|\Omega_{n+m}| = 1 - \binom{n+m}{n-k+1}/\binom{n+m}{m}$$

erhalten.

1.5 Simulation stochastischer Vorgänge

Umfangreiche empirische Untersuchungen haben gezeigt: Wird ein Zufallsexperiment unter den gleichen Bedingungen n mal wiederholt, so nähert sich die **relative Häufigkeit**

$$H_n(A) := \frac{1}{n} \cdot (\text{Anzahl der Wiederholungen, in denen A eintritt})$$

eines beliebigen Ereignisses $A \in \mathcal{A}$ mit zunehmender Anzahl der Wiederholungen einem gewissen Wert P(A), und es liegt nahe, diesen Wert P(A) als Wahrscheinlichkeit des Ereignisses A anzusehen. In der Natur gibt es aber keine unendlichen Ereignisfolgen und damit auch keine Möglichkeit, die Wahrscheinlichkeit eines Ereignisses im Sinne dieser Limesdefinition zu bestimmen. Sehr wohl aber kann man für jedes interessierende Ereignis $A \in \mathcal{A}$ die relative Häufigkeit $H_n(A)$ als gute Näherung für den numerischen Wert der Wahrscheinlichkeit von A ansehen. Als Faustregel gilt dabei: Ist $n=10^{2k}$, so unterscheidet sich $H_n(A)$ von P(A) in der Regel um weniger als 10^{-k} (vgl. dazu Beispiel 3.59).

Diese für die Praxis so ungemein wichtige Methode zur näherungsweisen Bestimmung der Wahrscheinlichkeit von Ereignissen hat nur einen Nachteil: Die dazu notwendige oftmalige Wiederholung des Zufallsexperiments ist meist sehr kostspielig, zeitaufwendig und manchmal sogar prinzipiell unmöglich.

Vom Standpunkt der Stochastik aus sind aber zwei Zufallsexperimente, die sich durch den selben W-Raum $(\Omega, \mathcal{A}, P)$ beschreiben lassen, völlig identisch. Man kann daher ein Zufallsexperiment, mit dem (aus welchen Gründen immer) nur schwer experimentiert werden kann, durch ein - vom Standpunkt der Stochastik - gleichwertiges und obendrein leicht, billig und schnell durchführbares **Ersatzexperiment** ersetzen und spricht dabei vom **Simulieren stochastischer Vorgänge**. Dieses Simulieren stochastischer Vorgänge ist eine in der Praxis weitverbreitete Methode um Wahrscheinlichkeiten von komplizierten Ereignissen (näherungsweise) zu bestimmen. Wir illustrieren dies an einem einfachen

1.17 Beispiel: *Ein Teilchen bewegt sich mit der Geschwindigkeit 1 auf der Zahlengeraden; kommt es in den Punkt x=-2, so bleibt es für immer dort (es wird **absorbiert**); kommt es in einen anderen Punkt mit ganzzahliger Abszisse, so bestehen zwei Möglichkeiten: entweder das Teilchen wandert in der gleichen Richtung wie bisher weiter (die Wahrscheinlichkeit dafür sei 1/4), oder es kehrt um und wandert in der entgegengesetzten Richtung fort (die Wahrscheinlichkeit dafür sei 3/4). Zum Zeitpunkt t=0 gelange das Teilchen von links kommend in den Punkt x=0. Wie groß ist die Wahrscheinlichkeit dafür, daß sich das Teilchen zum Zeitpunkt t=10 im Punkt x=-2 befindet?*

Lösung: Der Weg, den unser Teilchen bei seiner zufälligen Wanderung einschlägt, kann ganz einfach dadurch simuliert werden, indem man immer dann, wenn unser Teilchen in einen von x=-2 verschiedenen Punkt mit ganzzahliger Abszisse gelangt, zwei Münzen wirft. Tritt das Ereignis "beide Münzen zeigen Zahl" ein, so läßt man das Teilchen in derselben Richtung wie bisher weiterwandern. Tritt hingegen das Ereignis "nicht beide Münzen zeigen Zahl" ein, so läßt man das Teilchen umkehren und in der entgegengesetzten Richtung fortschreiten (vgl. Abb. 1.2).

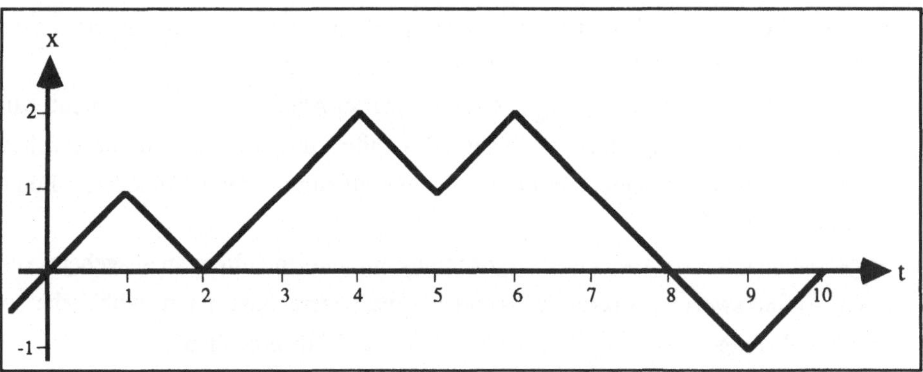

Abb. 1.2: Weg des Teilchens, der den zehn Würfen (Z,Z),(A,Z),(A,A),(Z,Z), (Z,A),(A,A),(Z,A),(Z,Z),(Z,Z),(A,Z) entspricht.

Man erhält nun einen Näherungswert der von uns gesuchten Wahrscheinlichkeit, indem man auf diese Weise n derartige Wege simuliert und die relative Häufigkeit dafür bestimmt, daß ein Weg bis zum Zeitpunkt t=10 den Punkt x=-2 trifft.

Bei einer tatsächlichen Simulation von 65 derartigen Wegen trafen 29 davon den Punkt x=2; die relative Häufigkeit dieses Ereignisses ist somit 29/65 = 0,446. Beachtet man, daß eine exakte Berechnung der Wahrscheinlichkeit dieses Ereignisses den Wert 0,486 liefert, so erkennt man, wie (überraschend) gut dieses Simulationsverfahren funktioniert.

Das "händische" Simulieren stochastischer Vorgänge, bei dem also tatsächlich experimentiert wird (Werfen von Münzen, Ziehen von Kugeln aus Urnen,...) ist infolge der großen Anzahl der für ein einigermaßen zufriedenstellendes Resultat notwendigen Simulationsläufe eine sehr zeitaufwendige und langweilige Tätigkeit. Es liegt nahe, diese Arbeit einem Computer zu überlassen.

Bevor wir uns aber mit der Frage beschäftigen, wie man mit Hilfe eines Computers stochastische Vorgänge simulieren kann, müssen wir abklären, inwiefern man mit einem so vollständig determinierten Gerät dem Zufall überhaupt gerecht werden kann. Wir machen dazu das folgende Gedankenexperiment:

a) Gegeben sei eine Urne mit zehn von 0 bis 9 numerierten aber sonst völlig gleichartigen Kugeln. Aus dieser Urne ziehen wir n Kugeln, wobei wir nach jedem Zug die Nummer der gerade gezogenen Kugel notieren, die Kugel wieder in die Urne zurücklegen und die Kugeln in der Urne gut durchmischen. Für die auf diese Weise notierten Zahlen $x_1, x_2, ..., x_n$ gilt offenbar:
   * Die Folge $x_1, x_2, ..., x_n$ ist nicht periodisch.
   * Die Ziffern 0,1,2,...,9 sind in der Folge $x_1, x_2, ..., x_n$ statistisch gleichverteilt; das heißt, daß jede dieser Ziffern annähernd n/10 mal auftritt.
   * Innerhalb der Folge $x_1, x_2, ..., x_n$ bestehen keinerlei Abhängigkeiten; das heißt, daß sich aus der Gestalt eines beliebigen Abschnittes dieser Folge mit statistischen Mitteln kein signifikanter Einfluß auf die Gestalt eines anderen Teils dieser Folge nachweisen läßt.
b) Angenommen, wir besäßen einen Algorithmus, mit dessen Hilfe man ausgehend von einem Anfangswert y_0 sukzessive Zahlen $y_1, y_2, ...$ berechnen kann, wobei die so entstehende Folge $y_1, y_2, ..., y_n$ die oben erwähnten drei Eigenschaften besitzt.

Ein Beobachter, dem man eine der beiden Folgen $x_1, x_2, ..., x_n$ bzw. $y_1, y_2, ..., y_n$ vorlegt, ist dann nicht in der Lage zu unterscheiden, ob diese Folge durch tatsächliches Experimentieren gewonnen oder unter Verwendung eines derartigen Algorithmus auf einem Computer berechnet wurde. Für unseren Beobachter verhält sich demnach die "berechnete" Folge $y_1, y_2, ..., y_n$ ebenso wie die "zufällige" Folge $x_1, x_2, ..., x_n$.

Nun existieren aber tatsächlich eine ganze Reihe derartiger Algorithmen. Meist liefern diese Algorithmen nicht nur jeweils eine einzige Ziffer, sondern gleich ganze Blöcke von Ziffern, die man als die ersten Stellen einer Dezimalzahl aus dem Intervall [0,1] ansieht. Eine mit Hilfe eines derartigen Algorithmus erzeugte Folge $z_1, z_2, \ldots, z_n$ von Zahlen aus dem Intervall [0,1] nennt man eine **Folge von auf dem Intervall [0,1] gleichverteilten Pseudozufallszahlen** (wobei der Ausdruck "Pseudo" aus Schlampigkeit oft weggelassen wird). Von einer derartigen Folge $z_1, z_2, \ldots, z_n$ kann der Benutzer also erwarten:

* daß sie nicht periodisch ist (bzw. eine sehr lange Periode besitzt);
* daß sie im Intervall [0,1] statistisch gleichverteilt ist, daß also in jedem beliebigen Intervall $[a,b] \subseteq [0,1]$ annähernd n.(b-a) der Zahlen $z_1, z_2, \ldots, z_n$ liegen;
* daß innerhalb dieser Folge keinerlei Abhängigkeiten bestehen.

Abhängig von der verwendeten Programmiersprache werden diese Algorithmen gewöhnlich durch Befehle wie RANDOM, RANDU, RANF, RND,... aufgerufen, wobei der dann tatsächlich zum Einsatz gelangende Algorithmus (man spricht von einem **Zufallszahlengenerator**) von Computer zu Computer verschieden ist. (Neuere Untersuchungen haben gezeigt, daß die in gängigen Tischrechnern verwendeten Algorithmen zur Erzeugung von Zufallszahlen eher ungeeignet sind - kurze Periode, keine Gleichverteilung). Der am besten untersuchte und in der Praxis vor allem von Großrechnern verwendete Algorithmus ist (vgl. dazu etwa [29] und [50])

1.18 Die multiplikative Kongruenzmethode von Lehmer:

Eingabe: m ... *Modul. In der Praxis verwendet man für m die Zahl 2^ω, wobei ω die Wortlänge (in bit) des jeweiligen Computers bezeichnet. Die notwendigen Rechnungen lassen sich dann besonders schnell durchführen.*

       a ... *Multiplikator. Es ist günstig, für a eine Zahl der Form $8p\pm3$ mit $p \in N$ zu verwenden, welche größenordnungsmäßig etwa gleich $2^{\omega-3}.(\sqrt{5}-1)$ ist. Umfangreiche Untersuchungen haben gezeigt, daß dann die statistischen Eigenschaften der mit diesem Algorithmus erzeugten Folgen besonders gut sind.*

       x_0 ... *Startwert. Verwendet man für x_0 eine Zahl der Form $4q+1$ mit $q \in N$, so ist die Periode der mit diesem Algorithmus erzeugten Folge gleich $2^{\omega-2}$ und damit für die meisten praktischen Zwecke genügend groß.*

Algorithmus: *0)* $i = 1$

               1) $x_i = x_{i-1}.a \ (mod \ m)$ *(= Rest von $x_{i-1}.a$ bei Division durch m)*

               2) $z_i = x_i / m$

               3) $i = i+1:$ *Gehe nach 1)*

Ausgabe: *Folge von im Intervall [0,1] gleichverteilten Zufallszahlen $z_1, z_2, \ldots$*

1.19 Beispiel (How to gamble if you must (vgl. [12])): *Angenommen, jemand besitzt momentan 1000 Mark, braucht aber aus irgendeinem Grund unbedingt 5000 Mark. Die einzige Möglichkeit, dieses Geld aufzutreiben, besteht für ihn darin, ein Spielkasino aufzusuchen und dort sein Glück zu versuchen. Unser Spieler begibt sich also an einen Roulettisch und spielt dort so lange, bis er entweder sein ganzes Geld verloren hat oder aber als glücklicher Gewinner mit 5000 Mark das Spielkasino verlassen kann. Welche der folgenden drei Strategien würden Sie empfehlen?*

a) *Der Spieler setzt stets 100 Mark auf "rot" (damit beträgt seine Gewinnwahrscheinlichkeit pro Runde 18/37);*

b) *Der Spieler setzt stets sein gesamtes Kapital bzw. den auf 5000 Mark noch fehlenden Differenzbetrag auf "rot" (seine Gewinnwahrscheinlichkeit pro Runde beträgt ebenfalls 18/37);*

c) *Der Spieler setzt stets 100 Mark auf "eins" (nun beträgt seine Gewinnwahrscheinlichkeit pro Runde nur 1/37; fällt aber eine "eins", so erhält der Spieler den 36-fachen Einsatz - in unserem Fall also 3600 Mark - ausbezahlt).*

Lösung: Um herauszufinden, welche dieser drei Strategien für unseren Spieler die beste ist, simulieren wir für jede dieser drei Strategien N=1000 mögliche Spielverläufe und bestimmen jeweils die relative Häufigkeit dafür, daß unser Spieler zu den gewünschten 5000 Mark gelangt. Anhand von Tabelle 1.4 erkennt man, daß es für unseren Spieler am besten ist, Strategie b) zu wählen.

N	Strategie			N	Strategie		
	a	b	c		a	b	c
100	0,050	0,190	0,120	600	0,050	0,173	0,123
200	0,060	0,150	0,120	700	0,046	0,167	0,140
300	0,057	0,150	0,130	800	0,048	0,174	0,150
400	0,053	0,163	0,135	900	0,050	0,174	0,151
500	0,050	0,168	0,124	1000	0,053	0,173	0,150

Tabelle 1.4: Relative Häufigkeit dafür, daß unser Spieler nach N = 100,200,... ...,1000 simulierten Spielverläufen bei Verwendung der Strategien a), b) bzw. c) zu den gewünschten 5000 Mark gelangt.

§2 Zufallsvariable, Verteilung, Erwartungswert

2.1 Zufallsvariable

In Kapitel 1 haben wir uns mit der Frage beschäftigt, wie man ein vorgegebenes Zufallsexperiment mathematisch beschreiben kann und dabei gesehen, daß dies in idealer Weise durch einen geeigneten W-Raum $(\Omega, \mathcal{A}, P)$ erfolgen kann.

Häufig interessiert man sich aber nicht für den zufälligen Ausgang $\omega \in \Omega$ eines Zufallsexperiments selbst; vielmehr **beobachtet** man oft nur ein gewisses, von $\omega \in \Omega$ abhängiges **Merkmal** $Z(\omega) \in \mathbf{R}$. Dieser Wert $Z(\omega) \in \mathbf{R}$ ist aber ebensowenig vorhersehbar, wie der Ausgang $\omega \in \Omega$; das Beobachten eines Zufallsexperiments ist somit selbst wieder ein Zufallsexperiment.

Beispiele dafür sind etwa das
* Werfen von drei Würfeln und anschließende Beobachten der gewürfelten Augensumme;
* n-malige Werfen eines Würfels und Feststellen der kleinsten dabei gewürfelten Zahl;
* wiederholte Werfen einer Münze und Beobachten, beim wievielten Wurf dabei das erste Mal das Ereignis "Zahl" eintritt;
* Ziehen einer Stichprobe und Auszählen der fehlerhaften Stücke;
* Bestimmen der Anzahl der während einer gewissen Zeitspanne von einer radioaktiven Substanz emittierten Teilchen.

Wird ein Zufallsexperiment beobachtet, so hat man es mit folgenden drei Objekten zu tun:
* **Zufallsexperiment:** Dieses läßt sich in gewohnter Weise durch einen geeigneten W-Raum $(\Omega, \mathcal{A}, P)$ beschreiben.
* **Beobachtung:** Sie kann durch jene Abbildung $Z : \Omega \to \mathbf{R}$ beschrieben werden, welche jedem Ausgang $\omega \in \Omega$ den dabei beobachteten Wert $Z(\omega) \in \mathbf{R}$ zuordnet.
* **Beobachtetes Zufallsexperiment:** Da es sich dabei wieder um ein Zufallsexperiment im herkömmlichen Sinn handelt, bei dem die Ausgänge reelle Zahlen (nämlich die Werte $Z(\omega)$) sind, sollte sich das beobachtete Zufallsexperiment durch den W-Raum $(\mathbf{R}, \mathcal{B}, P_Z)$ mit einem geeignet gewählten W-Maß P_Z auf $\mathcal{B}$ beschreiben lassen. Für jedes $B \in \mathcal{B}$ müßte dabei offenbar $P_Z(B) = P(\{\omega \mid \omega \in \Omega \text{ und } Z(\omega) \in B\})$ sein. Da $P(A)$ aber nur für Ereignisse $A \in \mathcal{A}$ definiert ist, hat der Ausdruck $P(\{\omega \mid \omega \in \Omega \text{ und } Z(\omega) \in B\})$ natürlich nur dann einen Sinn, wenn sichergestellt ist, daß die Menge $\{\omega \mid \omega \in \Omega \text{ und }$

Z(ω)∈ B } - also das Ereignis "bei der Beobachtung unseres Zufallsexperiments wird ein Wert aus der Menge B festgestellt" - stets der σ-Algebra $\mathcal{A}$ angehört. Dies ist jedoch keineswegs automatisch gegeben.

Wir definieren in diesem Zusammenhang:

2.1 Definition: *Gegeben sei ein W-Raum $(\Omega,\mathcal{A},P)$ und eine Abbildung $Z:\Omega\to R$. (Wir stellen uns dabei vor, daß der W-Raum $(\Omega,\mathcal{A},P)$ ein bestimmtes Zufallsexperiment und die Abbildung $Z:\Omega\to R$ eine bestimmte Beobachtung dieses Zufallsexperiments beschreibt.)*

*1) Eine Abbildung $Z:\Omega\to R$ heißt **Zufallsvariable** auf dem W-Raum $(\Omega,\mathcal{A},P)$, wenn für alle $B\in\mathcal{B}$ das Ereignis*

$$\{Z\in B\} := \{\omega \mid \omega\in\Omega \text{ und } Z(\omega)\in B\}$$

ein Element der σ-Algebra $\mathcal{A}$ ist.

2) Ist $Z:\Omega\to R$ eine Zufallsvariable, so ist die Abbildung

$$P_Z:\mathcal{B}\to R \quad \text{mit} \quad P_Z(B) = P(\{Z\in B\})$$

*offenbar ein W-Maß auf $\mathcal{B}$. Man nennt dieses W-Maß P_Z die **Verteilung von Z**.*

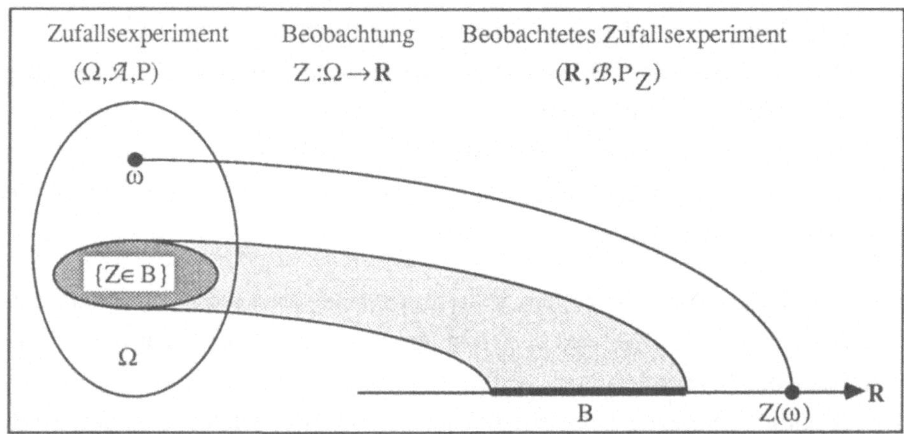

Abb. 2.1: Graphische Veranschaulichung der Beobachtung eines Zufallsexperiments

Die Erfahrung zeigt, daß die in der Praxis auftretenden Abbildungen $Z:\Omega\to R$ fast ausnahmslos Zufallsvariable sind. Wir werden daher der Frage, ob eine gegebene Abbildung $Z:\Omega\to R$ tatsächlich eine Zufallsvariable ist, keine weitere Aufmerksamkeit mehr schenken.

Anhand des Beispiels "Werfen von drei Würfeln und anschließendes Beobachten der dabei gewürfelten Augensumme" lassen sich die drei oben erwähnten Objekte "Zufallsexperiment", "Beobachtung" und "beobachtetes Zufallsexperiment" gut veranschaulichen:

* Das Zufallsexperiment besteht in diesem Fall im Werfen von drei Würfeln; dies ist bekanntlich ein Laplace-Experiment, das durch den W-Raum $(\Omega, \mathcal{A}, P)$ mit

$$\Omega := \{(x_1, x_2, x_3) \mid x_i \in \{1, 2, \dots, 6\}\}, \quad \mathcal{A} := \mathcal{P}(\Omega) \quad \text{und} \quad P : \mathcal{A} \to \mathbf{R} \quad \text{mit} \quad P(A) := |A|/|\Omega|$$

gut beschrieben werden kann.

* Die Beobachtung besteht in der Feststellung der gewürfelten Augensumme und läßt sich gut beschreiben durch die Zufallsvariable

$$Z : \Omega \to \mathbf{R} \quad \text{mit} \quad Z((x_1, x_2, x_3)) := x_1 + x_2 + x_3$$

* Beim beobachteten Zufallsexperiment handelt es sich um die Feststellung der gewürfelten Augensumme. Da dabei nur die Ausgänge $3, 4, \dots, 17, 18$ möglich sind, ist die Verteilung P_Z von Z natürlich auf der Menge $\{3, 4, \dots, 17, 18\}$ "konzentriert" (d.h. $P_Z(\{3, 4, \dots, 17, 18\}) = 1$) und damit durch Angabe von

$$P_Z(\{k\}) = P(\{Z=k\}) = P(\{(x_1, x_2, x_3) \in \Omega \mid x_1 + x_2 + x_3 = k\})$$

mit $k \in \{3, 4, \dots, 18\}$ schon vollständig bestimmt (vgl. dazu Tabelle 2.1).

k	$P_Z(\{k\})$	k	$P_Z(\{k\})$	k	$P_Z(\{k\})$	k	$P_Z(\{k\})$
3	1/216	7	15/216	11	27/216	15	10/216
4	3/216	8	21/216	12	25/216	16	6/216
5	6/216	9	25/216	13	21/216	17	3/216
6	10/216	10	27/216	14	15/216	18	1/216

Tabelle 2.1: Verteilung P_Z der Augensumme Z beim Werfen von drei Würfeln.

2.2 Verteilungsfunktion und Verteilungsdichte

In der Verteilung P_Z einer Zufallsvariablen Z steckt die gesamte Information über ihr zufälliges Verhalten. Man ist deshalb oft mehr an P_Z und weniger an Z selbst interessiert. Um dieses W-Maß P_Z festzulegen, ist es aber keineswegs notwendig, für jedes $B \in \mathcal{B}$ den Wert $P_Z(B)$ tatsächlich anzugeben:

* Kennt man nämlich für ein Ereignis $B \in \mathcal{B}$ die Wahrscheinlichkeit $P_Z(B)$, so kann wegen $P_Z(B^c) = 1 - P_Z(B)$ auf die Angabe von $P_Z(B^c)$ verzichtet werden;

* Kennt man von zwei unvereinbaren Ereignissen $A, B \in \mathcal{B}$ die Wahrscheinlichkeiten $P_Z(A)$ und $P_Z(B)$, so kann wegen $P_Z(A \cup B) = P_Z(A) + P_Z(B)$ auf die Angabe von $P_Z(A \cup B)$ verzichtet werden.

Damit stellt sich uns die Frage: "Wie kann man die Verteilung P_Z einer Zufallsvariablen Z in zweckmäßiger Weise angeben?" Wir definieren in diesem Zusammenhang:

2.2 Definition: *Ist Z eine Zufallsvariable auf dem W-Raum $(\Omega,\mathcal{A},P)$, so heißt die Abbildung*

$$F_Z : R \to R \quad mit \quad F_Z(z) := P(\{Z<z\}) = P(\{\omega \mid \omega \in \Omega \text{ und } Z(\omega)<z\})$$

die Verteilungsfunktion von Z.

Mühelos läßt sich zeigen:

2.3 Satz: *Die Verteilungsfunktion F_Z einer Zufallsvariablen Z besitzt die folgenden charakteristischen Eigenschaften:*

1) F_Z *ist* **monoton nicht abnehmend** *(für alle $z_1,z_2 \in R$ mit $z_1<z_2$ ist $F_Z(z_1) \leq F_Z(z_2)$);*

2) F_Z *ist* **linksseitig stetig** *(für alle $z \in R$ ist $F_Z(z{-}0) := \lim_{h\downarrow 0} F_Z(z{-}h) = F_Z(z)$);*

3) F_Z *ist* **normiert** *($F_Z(-\infty) := \lim_{z\to -\infty} F_Z(z) = 0$ und $F_Z(+\infty) := \lim_{z\to +\infty} F_Z(z) = 1$)*

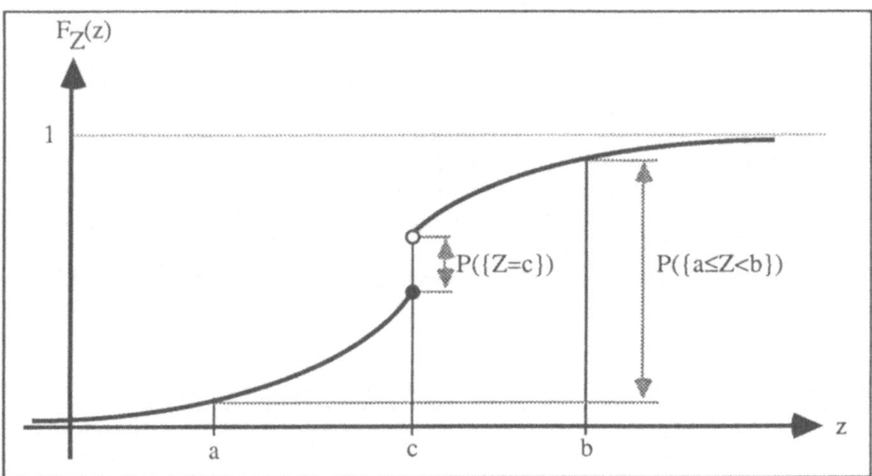

Abb.2.2: Graphische Veranschaulichung der beiden Aussagen von Satz 2.4

Für unsere Frage von zentraler Bedeutung ist nun der tiefliegende (vgl. etwa [5])

2.4 Satz: *Die Verteilung P_Z einer Zufallsvariablen Z ist durch Angabe der Verteilungsfunktion F_Z schon vollständig bestimmt. Speziell gilt dabei für alle $a,b,c \in R$ mit $a<b$*

1) $P_Z([a,b)) = P(\{a \leq Z < b\}) = F_Z(b) - F_Z(a)$

2) $P_Z(\{c\}) = P(\{Z=c\}) = \lim_{h\downarrow 0} F_Z(c{+}h) - F_Z(c) = F_Z(c{+}0) - F_Z(c)$

Für die Praxis von besonderer Bedeutung sind die diskreten bzw. die stetigen Verteilungen:

2.5 Definition: *Eine Zufallsvariable Z bzw. deren Verteilung P_Z heißt* **diskret**, *wenn Z höchstens abzählbar unendlich viele verschiedene Werte annehmen kann und F_Z damit eine Stufenfunktion ist.*

Die Verteilungsfunktion F_Z (und damit auch die Verteilung P_Z) einer diskreten Zufallsvariablen Z ist offenbar durch die Angabe jener Werte $z_1, z_2, \ldots$ welche Z tatsächlich annehmen kann, sowie den zugehörigen Wahrscheinlichkeiten $P(\{Z=z_1\}), P(\{Z=z_2\}), \ldots$ vollständig festgelegt. Wir definieren in diesem Zusammenhang:

2.6 Definition: *Ist die Zufallsvariable Z diskret, so heißt die Abbildung*

$$f_Z : R \to R \ \ mit \ \ f_Z(z) := P(\{Z=z\})$$

dieVerteilungsdichte von Z.

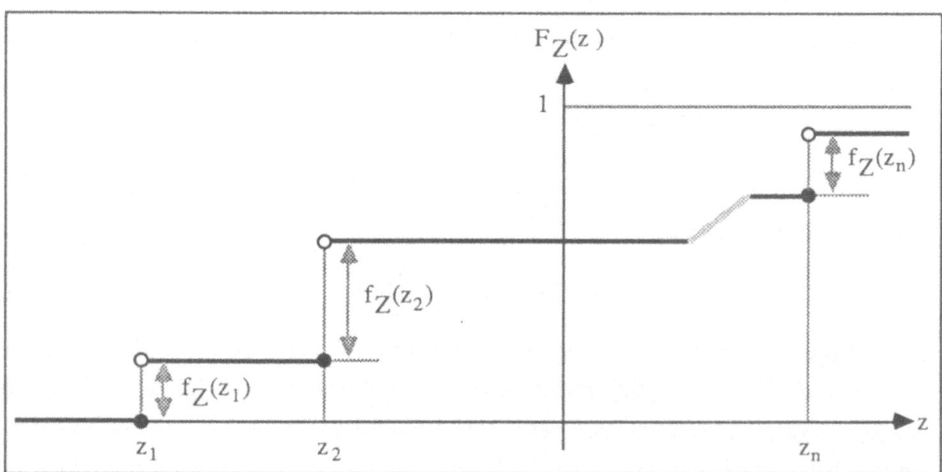

Abb.2.3: Verteilungsfunktion und Verteilungsdichte einer diskreten Zufallsvariablen Z

2.7 Bemerkung: *Die Verteilung P_Z und damit auch die Verteilungsfunktion F_Z einer diskreten Zufallsvariablen Z ist durch die Verteilungsdichte f_Z schon vollständig bestimmt. Für alle $A \in \mathcal{B}$ gilt dabei*

$$P_Z(A) = \sum_{x \in A}{}' f_Z(x)$$

wobei der Strich beim Summenzeichen andeuten soll, daß nur über alle jene $x \in A$ summiert wird, für die $P(\{Z=x\}) > 0$ ist.

Anhand einiger Beispiele sollen diese Begriffsbildungen nun verdeutlicht werden:

2.8 Beispiel (Ein Urnenproblem): *In einer Urne befinden sich N mit den Zahlen 1,2,...* *...,N numerierte Lose. Dieser Urne werden auf einen Griff n (1<n<N) Lose zufällig entnommen. Man bestimme die Verteilung der kleinsten dabei gezogenen Zahl.*

<u>Lösung</u>: Unser Zufallsexperiment besteht im zufälligen Herausgreifen von n Losen aus dieser Urne. Es handelt sich dabei offensichtlich um ein Laplace-Experiment, welches sich durch den W-Raum $(\Omega, \mathcal{A}, P)$ mit

$$\Omega := \{(x_1,...,x_N) \mid x_i \in \{0,1\} \text{ und } \sum_{i=1}^{N} x_i = n\} = C_N^{\ n}, \quad \mathcal{A} := \mathcal{P}(\Omega) \text{ und } P(A) := |A|/|\Omega|$$

gut beschreiben läßt. Das N-Tupel $(x_1, x_2,...,x_N)$ steht dabei für den Ausgang "es werden genau jene Zahlen $i \in \{1,2,...,N\}$ gezogen, für die $x_i=1$ ist".

Die Beobachtung der kleinsten dabei gezogenen Zahl läßt sich nun durch die Zufallsvariable

$$Z : \Omega \to \mathbf{R} \text{ mit } Z((x_1, x_2,...,x_N)) := \min\{i \mid i \in \{1,2,...,N\} \text{ und } x_i=1\}$$

beschreiben. Z kann dabei natürlich nur die Werte $1,2,...,N\text{-}n\text{+}1$ annehmen, ist also eine diskrete Zufallsvariable, deren Verteilung P_Z durch die Verteilungsdichte f_Z vollständig bestimmt ist. Nun gilt aber für jedes $k \in \{1,2,...,N\text{-}n\text{+}1\}$

$$\{Z=k\} = \{(0,0,...,0,1,x_{k+1},x_{k+2},...,x_N) \mid x_i \in \{0,1\} \text{ und } \sum_{i=k+1}^{N} x_i = n\text{-}1\} \approx C_{N-k}^{\ n-1}$$

sodaß wir insgesamt erhalten

$$f_Z(k) = P(\{Z=k\}) = |\{Z=k\}|/|\Omega| = \binom{N-k}{n-1} / \binom{N}{n}$$

2.9 Beispiel: *Eine homogene Münze wird n mal geworfen. Man bestimme die Verteilung der Anzahl der Runs. (Unter der "Anzahl der Runs" einer Folge $x_1, x_2,...,x_n$ mit $x_i \in \{0,1\}$ versteht man die um eins vermehrte Anzahl ihrer Vorzeichenwechsel. So besitzt beispielsweise die Folge $\underline{0\ 0}\ \underline{1\ 1\ 1}\ \underline{0}\ \underline{1}\ \underline{0\ 0}$ fünf Runs, während die Folge $\underline{0\ 0}\ \underline{1\ 1\ 1}\ \underline{0\ 0}\ \underline{1\ 1}$ nur vier Runs besitzt.)*

<u>Lösung</u>: Das Zufallsexperiment "n-maliges Werfen einer homogenen Münze" ist natürlich wieder ein Laplace-Experiment, das sich durch den W-Raum $(\Omega, \mathcal{A}, P)$ mit

$$\Omega := \{(x_1, x_2,...,x_n) \mid x_i \in \{0,1\}\} \approx B_2^{\ n}, \quad \mathcal{A} := \mathcal{P}(\Omega) \text{ und } P(A) := |A|/|\Omega|$$

beschreiben läßt, wobei $x_i=0$ bzw. $x_i=1$ angibt, ob beim i-ten Wurf ein Adler bzw. eine Zahl fällt. Die Beobachtung der Anzahl der dabei auftretenden Runs läßt sich damit durch die Zufallsvariable

$$Z : \Omega \to \mathbf{R} \text{ mit } Z((x_1, x_2,...,x_n)) := 1 + \frac{\text{Anzahl der Vorzeichenwechsel}}{\text{in der Folge } x_1, x_2,...,x_n}$$

beschreiben. Da Z nur die Werte $1,2,...,n$ annehmen kann und damit diskret ist, ist die Verteilung P_Z von Z wieder durch die Verteilungsdichte f_Z vollständig bestimmt. Für jedes k∈ {1,2,...,n} gilt aber: Ein Element $(x_1,x_2,...,x_n)\in \{Z=k\}$ läßt sich in eindeutiger Weise dadurch angeben, indem man einerseits den Wert x_1 feststellt (dafür gibt es zwei Möglichkeiten) und andererseits jene k-1 Stellen bestimmt, in denen ein Vorzeichenwechsel auftritt (dafür gibt es $\binom{n-1}{k-1}$ Möglichkeiten. Wir erhalten somit

$$f_Z(k) = P(\{Z=k\}) = |\{Z=k\}|/|\Omega| = \binom{n-1}{k-1}/2^{n-1}$$

2.10 Beispiel (Die Verteilung der Rückkkehrzeit bei der eindimensionalen symmetrischen Irrfahrt): *Ein Teilchen bewegt sich mit der Geschwindigkeit 1 auf der Zahlengeraden. Kommt es in einen Punkt mit ganzzahliger Abszisse, so bestehen zwei gleichwahrscheinliche Möglichkeiten: entweder das Teilchen geht weiter oder es kehrt um und schreitet in der entgegengesetzten Richtung fort. Zum Zeitpunkt t=0 befindet sich das Teilchen im Ursprung. Wir beobachten, wie lange es dauert, bis das Teilchen wieder in den Ursprung zurückkehrt und fragen nach der Verteilung dieser **Rückkehrzeit** Z (vgl. dazu auch die Abschnitte 4.6 und 4.7).*

Lösung: Die Zufallsvariable Z kann offenbar nur die Werte 2,4,6,... annehmen[*); wir haben es daher wieder mit einer diskreten Zufallsvariablen zu tun, deren Verteilung P_Z durch die Verteilungsdichte f_Z vollständig bestimmt ist und stehen somit vor der Aufgabe, für jedes $n\in N$ den Wert $f_Z(2n) = P(\{Z=2n\})$ zu berechnen.

Die zufällige Wanderung unseres Teilchens bis zum Zeitpunkt t=2n ist natürlich wieder ein Laplace-Experiment, welches sich in gewohnter Weise durch den W-Raum $(\Omega,\mathcal{A},P)$ mit

$$\Omega := \{(x_1,x_2,...,x_{2n}) \mid x_i\in \{+1,-1\}\} \approx B_2^{2n}, \quad \mathcal{A} := \mathcal{P}(\Omega) \quad \text{und} \quad P(A) := |A|/|\Omega|$$

beschreiben läßt. Dabei bedeutet $x_i=+1$ bzw. $x_i=-1$, daß sich das Teilchen zum Zeitpunkt t=i-1 dafür entscheidet, nach rechts bzw. nach links weiterzuwandern. Nun ist aber

$$\{Z=2n\} =$$

$$= \{(+1,x_2,...,x_{2n-1},-1)\in \Omega \mid \sum_{i=2}^{2n-1} x_i = 0 \text{ und für alle } j\in \{2,...,2n-1\} \text{ ist } \sum_{i=2}^{j} x_i \geq 0\} \cup$$

$$\cup \{(-1,x_2,...,x_{2n-1},+1)\in \Omega \mid \sum_{i=2}^{2n-1} x_i = 0 \text{ und für alle } j\in \{2,...,2n-1\} \text{ ist } \sum_{i=2}^{j} x_i \leq 0\}$$

und unter Verwendung des Reflexionsprinzips (vgl. 1.16) ergibt sich somit für alle n>1

$$|\{Z=2n\}| = 2\cdot[\binom{2n-2}{n-1} - \binom{2n-2}{n}] = (2n)!\cdot[(n!)^{-2}\cdot(2n-1)]^{-1}$$

sodaß wir insgesamt erhalten

[*) Streng genommen könnte Z auch den Wert ∞ annehmen - dann nämlich, wenn das Teilchen nie mehr in den Ursprung zurückkehrt. Es läßt sich aber zeigen, daß P({Z=2}) + P({Z=4}) +... = 1 ist, unser Teilchen also mit Sicherheit nach endlicher Zeit wieder in den Ursprung zurückkehrt. Aus diesem Grund vernachlässigen wir den Fall Z=∞.

$$f_Z(2n) = P(\{Z=2n\}) = |\{Z=2n\}| \,/\, |\Omega| = (2n)! \cdot [2^{2n} \cdot (n!)^2 \cdot (2n-1)]^{-1}$$

2.11 Definition: *Eine Zufallsvariable Z bzw. deren Verteilung P_Z heißt* **stetig**, *wenn die Verteilungsfunktion F_Z Stammfunktion einer nichtnegativen, stückweise stetigen Funktion f_Z ist, wenn also für alle $z \in R$*

$$F_Z(z) = \int_{-\infty}^{z} f_Z(x)\, dx$$

ist. Die Abbildung f_Z heißt **Verteilungsdichte von Z**.

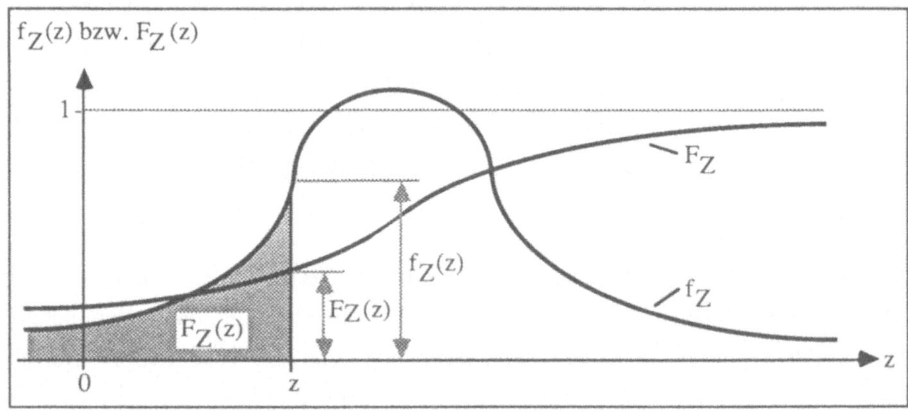

Abb.2.4: Verteilungsfunktion F_Z und Verteilungsdichte f_Z einer stetigen Zufallsvariablen Z. Der Funktionswert $F_Z(z)$ von F_Z an der Stelle z entspricht der Fläche unterhalb der Funktion f_Z im Bereich $(-\infty, z)$.

2.12 Bemerkung:

1) *Die Verteilungsfunktion F_Z und damit auch die Verteilung P_Z einer stetigen Zufallsvariablen Z ist durch die Verteilungsdichte f_Z schon vollständig bestimmt. Für alle $A \in \mathcal{B}$ gilt dabei*

$$P_Z(A) = \int_A f_Z(x)\, dx$$

2) *Die Verteilungsfunktion F_Z einer stetigen Zufallsvariablen Z ist stetig; für alle $z \in R$ gilt daher*

$$P(\{Z=z\}) = F_Z(z+0) - F_Z(z) = \lim_{h \downarrow 0} F_Z(z+h) - F_Z(z) = 0$$

3) *Die Verteilungsfunktion F_Z einer stetigen Zufallsvariablen Z ist in den Stetigkeitspunkten von f_Z differenzierbar; für alle diese Stetigkeitspunkte z gilt dabei*

$$f_Z(z) = \frac{d}{dz} F_Z(z) \approx \frac{P(\{Z \in [z, z+dz)\})}{dz}$$

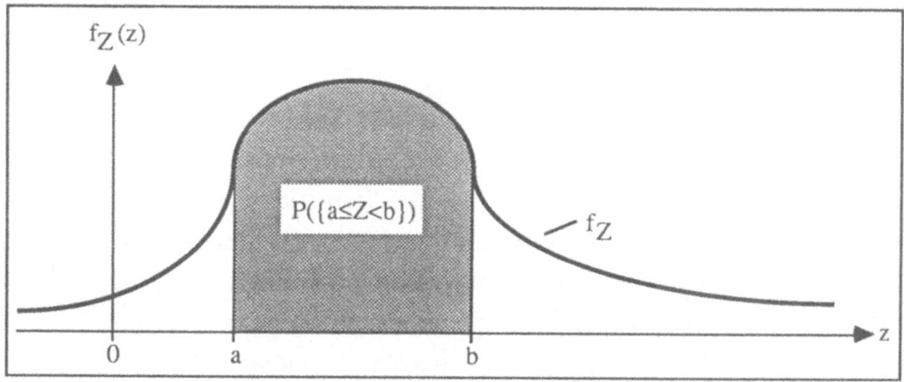

Abb. 2.5: Veranschaulichung der Wahrscheinlichkeit $P(\{a \leq Z < b\})$ einer stetigen Zufallsvariablen Z mit Verteilungsdichte f_Z.

2.3 Wichtige Verteilungen

➤ **Die Binomialverteilung** $B(n,p)$ mit $n \in \mathbf{N}$ und $0 < p < 1$:

2.13 Definition: *Eine diskrete Zufallsvariable Z heißt **binomial-verteilt** mit den Parametern n und p (kurz $P_Z = B(n,p)$), falls für alle $k \in \{0,1,2,...,n\}$ bzw. alle $z \in \mathbf{R}$ gilt*

$$f_Z(k) = \binom{n}{k} \cdot p^k \cdot (1-p)^{n-k} \quad \text{bzw.} \quad F_Z(z) = \begin{cases} 0 & \text{für } z \leq 0 \\ \sum_{i=0}^{k} \binom{n}{i} \cdot p^i \cdot (1-p)^{n-i} & \text{für } k < z \leq k+1 \\ 1 & \text{für } z > n \end{cases}$$

2.14 Typisches Beispiel: *In einer Urne befinden sich M rote und N schwarze Kugeln. Aus dieser Urne wird n mal **mit** Zurücklegen gezogen. Die Zufallsvariable Z gibt an, wie oft dabei eine rote Kugel gezogen wird. Man bestimme die Verteilung von Z.*

Lösung: Wir denken uns die roten Kugeln mit den Zahlen $1,2,...,M$ und die schwarzen Kugeln mit den Zahlen $M+1,M+2,...,M+N$ numeriert. Das n-malige Ziehen mit Zurücklegen läßt sich nun in gewohnter Weise durch den W-Raum $(\Omega, \mathcal{A}, P)$ mit

$$\Omega := \{(x_1,x_2,...,x_n) \mid x_i \in \{1,2,...,M+N\}\} = B_{M+N}^n, \quad \mathcal{A} := \mathcal{P}(\Omega) \text{ und } P(A) := |A|/|\Omega|$$

beschreiben, wobei das n-Tupel $(x_1,x_2,...,x_n)$ für den Ausgang "beim ersten Zug wird die Kugel mit der Nummer x_1 gezogen,..., beim n-ten Zug wird die Kugel mit der Nummer x_n gezogen" steht. Für alle $k \in \{0,1,2,...,n\}$ gilt dann

$$\{Z=k\} = \{(x_1,x_2,...,x_n) \in \Omega \mid \text{Genau } k \text{ der } x_i \text{ sind aus der Menge } \{1,2,...,M\}\}$$

und damit

$$P(\{Z=k\}) = \binom{n}{k} \cdot \frac{M^k \cdot N^{n-k}}{(M+N)^n} = \binom{n}{k} \cdot \left(\frac{M}{M+N}\right)^k \cdot \left(1 - \frac{M}{M+N}\right)^{n-k}$$

Z ist also B(n, M/(M+N)) - verteilt.

2.15 Modell Binomialverteilung: *Wird ein Zufallsexperiment, bei dem ein gewisses Ereignis A mit der Wahrscheinlichkeit p eintreten kann, n mal unabhängig (also so, daß sich die einzelnen Versuchsdurchführungen gegenseitig nicht beeinflussen) wiederholt und wird beobachtet, wie oft dabei das Ereignis A tatsächlich eintritt, so ist die diese Beobachtung beschreibende Zufallsvariable Z B(n,p)-verteilt (vgl. dazu Beispiel 3.25).*

➤ **Die Negative Binomialverteilung** NB(n,p) mit $n \in N$ und $0 < p < 1$:

2.16 Definition: *Eine diskrete Zufallsvariable Z heißt **negativ-binomial-verteilt** mit den Parametern n und p (kurz $P_Z = NB(n,p)$), falls für alle $k \in \{n, n+1, ...\}$ bzw. alle $z \in R$ gilt*

$$f_Z(k) = \binom{k-1}{n-1} \cdot p^n \cdot (1-p)^{k-n} \quad \text{bzw.} \quad F_Z(z) = \begin{cases} 0 & \text{für } z \leq n \\ \sum\limits_{i=1}^{k} \binom{i-1}{n-1} \cdot p^n \cdot (1-p)^{i-n} & \text{für } k < z \leq k+1 \end{cases}$$

2.17 Typisches Beispiel: *In einer Urne befinden sich M rote und N schwarze Kugeln. Aus dieser Urne wird so lange **mit** Zurücklegen gezogen, bis das n-te Mal eine rote Kugel erscheint. Die Zufallsvariable Z gibt an, wieviele Züge dazu nötig sind. Man bestimme die Verteilung von Z.*

Lösung: Mit der in Beispiel 2.14 beschriebenen Numerierung der roten und schwarzen Kugeln läßt sich das k-malige Ziehen aus dieser Urne durch den W-Raum $(\Omega, \mathcal{A}, P)$ mit

$$\Omega_k := \{(x_1, ..., x_n) \mid x_i \in \{1, 2, ..., M+N\}\} = B_{M+N}{}^k, \quad \mathcal{A} := \mathcal{P}(\Omega) \text{ und } P(A) := |A|/|\Omega|$$

beschreiben. Damit gilt für alle $k \geq n$

$$\{Z=k\} = \{(x_1, ..., x_n) \in \Omega_k \mid x_k \text{ und genau n-1 der restlichen } x_i \text{ sind aus } \{1, 2, ..., n\}\}$$

und damit

$$P(\{Z=k\}) = \binom{k-1}{n-1} \cdot \frac{M^n \cdot N^{k-n}}{(M+N)^k} = \binom{k-1}{n-1} \cdot \left(\frac{M}{M+N}\right)^n \cdot \left(1 - \frac{M}{M+N}\right)^{k-n}$$

Z ist also NB(n, M/(M+N)) - verteilt.

2.18 Modell Negative Binomialverteilung: *Wird ein Zufallsexperiment, bei dem ein gewisses Ereignis A mit der Wahrscheinlichkeit p eintreten kann, so lange unabhängig wiederholt, bis dieses Ereignis A genau n mal tatsächlich eingetreten ist und wird beobachtet,* *wieviele Wiederholungen des Zufallsexperiments dazu insgesamt notwendig sind, so ist die diese Beobachtung beschreibende Zufallsvariable Z NB(n,p)-verteilt (vgl. dazu 3.26).*

➤ **Die Hypergeometrische Verteilung** $H(n,M,N)$ mit $n,M,N \in \mathbb{N}$:

2.19 Definition: *Eine diskrete Zufallsvariable Z heißt **hypergeometrisch-verteilt** mit den Parametern n, M und N (kurz $P_Z = H(n,M,N)$), falls für alle $k \in \{max(0,n-N),...$ $...,min(n,M)\}$ bzw. alle $z \in R$ gilt*

$$f_Z(k) = \frac{\binom{M}{k}\cdot\binom{N}{n-k}}{\binom{M+N}{n}} \quad \text{bzw.} \quad F_Z(z) = \begin{cases} 0 & \text{für } z \leq max(0,n-N) \\ \sum\limits_{i=max(0,n-N)}^{k} \frac{\binom{M}{i}\cdot\binom{N}{n-i}}{\binom{M+N}{n}} & \text{für } k < z \leq k+1 \\ 1 & \text{für } z > min(n,M) \end{cases}$$

2.20 Typisches Beispiel: *In einer Urne befinden sich M rote und N schwarze Kugeln. Aus dieser Urne wir n mal **ohne** Zurücklegen gezogen. Die Zufallsvariable Z gibt an, wie oft dabei eine rote Kugel gezogen wird. Man bestimme die Verteilung von Z.*

Lösung: Mit der in Beispiel 2.14 beschriebenen Numerierung der roten und schwarzen Kugeln läßt sich das n-malige Ziehen aus dieser Urne durch den W-Raum $(\Omega,\mathcal{A},P)$ mit

$$\Omega := \{(x_1,...,x_{M+N}) \mid x_i \in \{0,1\} \text{ und } \sum_{i=1}^{M+N} x_i = n\} = C_{M+N}{}^n, \mathcal{A} := \mathcal{P}(\Omega), P(A) := |A|/|\Omega|$$

beschreiben, wobei durch $x_i=1$ bzw. $x_i=0$ angedeutet wird, ob die Kugel mit der Nummer i gezogen bzw. nicht gezogen wird. Die Zufallsvariable Z kann natürlich nur Werte $k \in \{max(0,n-N),...,min(n,M)\}$ annehmen und für alle diese k ist

$$\{Z=k\} = \{(x_1,...,x_{M+N}) \mid x_i \in \{0,1\} \text{ mit } \sum_{i=1}^{M} x_i = k \text{ und } \sum_{i=M+1}^{M+N} x_i = n-k\} \approx C_M{}^k \times C_N{}^{n-k}$$

also gilt

$$P(\{Z=k\}) = \binom{M}{k}\cdot\binom{N}{n-k} / \binom{M+N}{n}$$

Z ist somit $H(n,M,N)$ - verteilt.

2.21 Satz (Approximation der hypergeometrischen Verteilung durch die Binomialverteilung): *Sind M und N sehr groß im Vergleich zu n, so gilt für alle $k \in \{0,1,2,...,n\}$*

$$\binom{M}{k}\cdot\binom{N}{n-k} / \binom{M+N}{n} \approx \binom{n}{k}\cdot(M/(M+N))^k\cdot(1 - M/(M+N))^{n-k}$$

Sind also M und N sehr groß im Vergleich zu n, so läßt sich die H(n,M,N)-Verteilung durch die B(n,M/(M+N)) - Verteilung approximieren. (Werden aus einer Urne mit sehr vielen roten und schwarzen Kugeln nur einige wenige Kugeln gezogen, so ist unbedeutend, ob dieses Ziehen mit oder ohne Zurücklegen erfolgt!)

➤ **Die Poissonverteilung** $P(\lambda)$ **mit** $\lambda > 0$:

2.22 Definition: *Eine diskrete Zufallsvariable Z heißt* **poisson-verteilt** *mit dem Parameter λ (kurz $P_Z = P(\lambda)$), falls für alle $k \in \{0,1,2,...\}$ bzw. alle $z \in R$ gilt*

$$f_Z(k) = \exp\{-\lambda\}.\frac{\lambda^k}{k!} \qquad \text{bzw.} \qquad F_Z(z) = \begin{cases} 0 & \text{für } z \leq 0 \\[2mm] \displaystyle\sum_{i=0}^{k} \exp\{-\lambda\}.\frac{\lambda^i}{i!} & \text{für } k < z \leq k+1 \end{cases}$$

2.23 Satz (Approximation der Binomialverteilung durch die Poissonverteilung): *Ist n sehr groß und ist p sehr klein, so gilt für alle $k \in N_0$ (welche im Vergleich zu n klein sind)*

$$\binom{n}{k}.p^k.(1-p)^{n-k} \approx \exp\{-np\}.\frac{(np)^k}{k!}$$

Ist also n sehr groß und ist p sehr klein, so läßt sich die B(n,p)-Verteilung durch die P(np)-Verteilung approximieren. (Man nennt diese Tatsache das **Gesetz der seltenen Ereignisse***).*

2.24 Modell Poissonverteilung: *In der Physik, der Technik sowie den Sozial- und Wirtschaftswissenschaften treten oft sogenannte* **Poissonströme von zufälligen Ereignissen** *auf. Typische Beispiele dafür sind etwa*

* *die Zeitpunkte, in denen eine radioaktive Substanz α-Teilchen emittiert;*

* *die Zeitpunkte, in denen bei einer Telefonzentrale Anrufe eintreffen;*

* *die Zeitpunkte, in denen Fahrzeuge eine bestimmte Straßenstelle passieren;*

* *die Zeitpunkte, in denen Forderungen (etwa Personen) eine Bedienungsanlage (etwa eine Bank) betreten.*

Aufgrund des Gesetzes der seltenen Ereignisse sowie der Tatsache, daß sich die einzelnen zufälligen Ereignisse gegenseitig nicht beeinflussen, kann man annehmen, daß die Anzahl der während einer vorgegebenen Zeitspanne der Länge τ auftretenden zufälligen Ereignisse eines Poissonstromes $P(\lambda\tau)$-verteilt ist. Der Parameter λ kennzeichnet dabei die **Intensität** *(= mittlere Anzahl der in der Zeiteinheit auftretenden zufälligen Ereignisse) des Poissonstromes (vgl. dazu Abschnitt 4.3).*

➤ **Die Gleichverteilung** $G(a,b)$ **mit** $-\infty < a < b < \infty$:

2.25 Definition: *Eine stetige Zufallsvariable Z heißt* **gleich-verteilt** *auf dem Intervall [a,b] (kurz $P_Z = G(a,b)$), falls für alle $z \in R$ gilt*

$$f_Z(z) = \begin{cases} 1/(b-a) & \text{für } a < z \leq b \\ 0 & \text{sonst} \end{cases} \qquad \text{bzw.} \qquad F_Z(z) = \begin{cases} 0 & \text{für } z \leq a \\ (z-a)/(b-a) & \text{für } a < z \leq b \\ 1 & \text{für } z > b \end{cases}$$

2.26 Modell Gleichverteilung: *Auf dem Intervall [a,b] gleichverteilte Zufallsvariable eignen sich zur Beschreibung von Beobachtungen, bei denen die Beobachtungsergebnisse nur Zahlen des Intervalls [a,b] sein können, und wobei die Chance dafür, daß das Ergebnis in ein bestimmtes Teilintervall [u,v] von [a,b] fällt, proportional zu dessen Länge v-u ist.*

➤ **Die Erlangverteilung** $E(n,\lambda)$ mit $n \in N$ und $\lambda > 0$:

2.27 Definition: *Eine stetige Zufallsvariable Z heißt* **erlang-verteilt** *mit den Parametern n und λ (kurz $P_Z = E(n,\lambda)$), falls für alle $z \in R$ gilt*

$$f_Z(z) = \begin{cases} 0 & \text{für } z \le 0 \\ \dfrac{\lambda . \exp\{-\lambda z\}}{(n-1)!} . (\lambda z)^{n-1} & \text{für } z > 0 \end{cases} \quad \text{bzw.} \quad F_Z(z) = \begin{cases} 0 & \text{für } z \le 0 \\ 1 - \exp\{-\lambda z\} . \sum_{k=0}^{n-1} \dfrac{(\lambda z)^k}{k!} & \text{für } z > 0 \end{cases}$$

2.28 Typisches Beispiel: *Zum Zeitpunkt t=0 wird mit der Beobachtung eines Poissonstromes mit Intensität λ begonnen. Die Zufallsvariable Z gibt an, wann das n-te zufällige Ereignis eintritt. Man bestimme die Verteilung von Z.*

Lösung: Für alle $z > 0$ bezeichne die Zufallsvariable $N_{[0,z)}$ die Anzahl der im Intervall $[0,z)$ auftretenden zufälligen Ereignisse unseres Poissonstromes. Wegen 2.24 ist $N_{[0,z)}$ $P(\lambda z)$-verteilt und damit gilt

$$P(\{Z < z\}) = 1 - P\{Z \ge z\}) = 1 - P(\{N_{[0,z)} < n\}) = 1 - \exp\{-\lambda z\} . \sum_{k=0}^{n-1} \frac{(\lambda z)^k}{k!}$$

Z ist also $E(n,\lambda)$-verteilt.

2.29 Modell Erlangverteilung: *Wird bei einem Poissonstrom mit Intensität λ beobachtet, wann das n-te zufällige Ereignis eintritt bzw. wieviel Zeit zwischen dem Eintreten des k-ten und des k+n-ten zufälligen Ereignisses vergeht, so ist die diese Beobachtung beschreibende Zufallsvariable $E(n,\lambda)$-verteilt (vgl. dazu Abschnitt 4.3).*

➤ **Die Exponentialverteilung** $E(\lambda)$ mit $\lambda > 0$:

2.30 Definition: *Eine stetige Zufallsvariable Z heißt* **exponential-verteilt** *mit Parameter λ (kurz $P_Z = E(\lambda)$), falls für alle $z \in R$ gilt*

$$f_Z(z) = \begin{cases} 0 & \text{für } z \le 0 \\ \lambda . \exp\{-\lambda z\} & \text{für } z > 0 \end{cases} \quad \text{bzw.} \quad F_Z(z) = \begin{cases} 0 & \text{für } z \le 0 \\ 1 - \exp\{-\lambda z\} & \text{für } z > 0 \end{cases}$$

2.31 Modell Exponentialverteilung: *Wegen $E(1,\lambda) = E(\lambda)$ folgt aus 2.29 unmittelbar: Wird bei einem Poissonstrom mit Intensität λ beobachtet, wann das erste zufällige Ereignis* *eintritt bzw. wieviel Zeit zwischen dem Eintreten von zwei aufeinanderfolgenden zufälligen Ereignissen vergeht, so ist die diese Beobachtung beschreibende Zufallsvariable Z $E(\lambda)$-verteilt.*

*Darüber hinaus eignen sich exponential-verteilte Zufallsvariablen aber auch zur Beschreibung der Lebensdauer von **nichtalternden** Geräten. Unter einem nichtalternden Gerät versteht man dabei ein Gerät, bei dem die restliche Lebensdauer nicht vom gegenwärtigen Alter des Geräts abhängt; von vielen elektronischen Bauteilen kann man in erster Näherung annehmen, daß es sich dabei um nichtalternde Geräte handelt (vgl. dazu 3.33 und 3.34).*

➤ **Die Normalverteilung** $N(\mu,\sigma^2)$ mit $\mu \in \mathbf{R}$ und $\sigma > 0$:

2.32 Definition: *Eine stetige Zufallsvariable Z heißt **normal-verteilt** mit den Parametern μ und σ^2 (kurz $P_Z = N(\mu,\sigma^2)$), falls für alle $z \in R$ gilt*

$$f_Z(z) = \frac{1}{(2\pi\sigma^2)^{1/2}} \cdot \exp\left\{- \frac{(z-\mu)^2}{2\sigma^2}\right\} \quad \text{bzw.} \quad F_Z(z) = \frac{1}{(2\pi\sigma^2)^{1/2}} \cdot \int_{-\infty}^{z} \exp\left\{-\frac{(x-\mu)^2}{2\sigma^2}\right\} dx$$

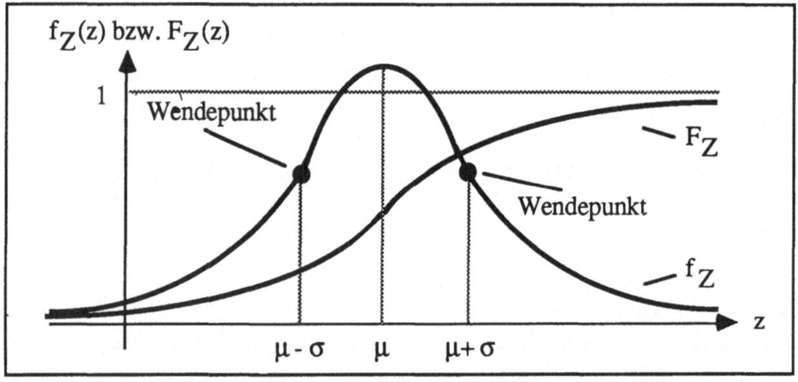

Abb. 2.6: Verteilungsdichte f_Z und Verteilungsfunktion F_Z einer $N(\mu,\sigma^2)$-verteilten Zufallsvariablen Z. Die Funktion f_Z nennt man auch **Gauß'-sche Glockenkurve.**

2.33 Satz (Approximation der Binomialverteilung durch die Normalverteilung): *Ist n sehr groß und $0<p<1$ mit $np \in N$ beliebig, so gilt für alle $k \in Z$*

$$\binom{n}{np+k} \cdot p^{np+k} \cdot (1-p)^{n-np-k} \approx \frac{1}{[2\pi.np.(1-p)]^{1/2}} \cdot exp\left\{- \frac{k^2}{2.np.(1-p)}\right\}$$

*Ist also n sehr groß, so läßt sich die B(n,p)-Verteilung durch die N(np,np(1-p))-Verteilung approximieren. Man nennt diese Tatsache den **lokalen Grenzverteilungssatz von Moivre-Laplace** (vgl. dazu 3.57).*

2.34 Modell Normalverteilung: *Ist die Zufallsvariable Z Summe von vielen (weitgehend) unabhängigen (also einander nicht beeinflussenden) Zufallsvariablen gleicher Grössenordnung, so ist Z annähernd normalverteilt. Man nennt diese Tatsache einen **zentralen Grenzverteilungssatz** (vgl. dazu Abschnitt 3.7). Er ist der Grund dafür, daß man eine Meßgröße, die sich aus vielen unabhängigen Einflußgrößen additiv zusammensetzt (etwa den Stromverbrauch einer Stadt während einer gewissen Zeitspanne), stets als normalverteilt ansehen kann.*

2.35 Standardisieren der Normalverteilung: *Ist die Zufallsvariable Z $N(\mu,\sigma^2)$-verteilt, so ist die sogenannte **standardisierte Zufallsvariable** $(Z-\mu)/\sigma$ $N(0,1)$-verteilt. Es genügt daher, nur die Verteilungsfunktion*

$$\Phi(x) := \frac{1}{(2\pi)^{1/2}} \cdot \int_{-\infty}^{x} \exp\{-t^2/2\}\, dt$$

der $N(0,1)$-Verteilung zu tabellieren. Für alle $z \in \mathbf{R}$ gilt nämlich

$$P(\{Z<z\}) = P(\{(Z-\mu)/\sigma < (z-\mu)/\sigma\}) = \Phi((z-\mu)/\sigma)$$

2.4 Erwartungswert und Varianz

J. Bernoulli wurde einmal mit folgender Frage befaßt: Bei einem Glücksspiel kann ein Spieler mit der Wahrscheinlichkeit p_1 den Betrag x_1, mit der Wahrscheinlichkeit p_2 den Betrag x_2.... und mit der Wahrscheinlichkeit p_n den Betrag x_n gewinnen. Wie groß ist der dabei für den Spieler zu erwartende (= mittlere) Gewinn?

Bernoulli argumentierte folgendermaßen: Angenommen, es werden insgesamt N (N groß) Runden gespielt. Dann wird der Spieler in etwa $N.p_1$ Runden den Betrag x_1, in etwa $N.p_2$ Runden den Betrag $N.p_2$,... und in etwa $N.p_n$ Runden den Betrag x_n gewinnen. Sein Gesamtgewinn wird somit etwa

$$N.p_1.x_1 + N.p_2.x_2 +...+ N.p_n.x_n = N.(p_1x_1 + p_2x_2 + ... + p_nx_n)$$

betragen; also wird der Spieler je Runde einen durchschnittlichen Gewinn von

$$p_1x_1 + p_2x_2 + ... + p_nx_n$$

erzielen.

Diese Überlegung motiviert uns zu folgender

2.36 Definition:

1) *Die diskrete Zufallsvariable Z auf dem W-Raum $(\Omega, \mathcal{A}, P)$ heißt **integrierbar**, falls*

$$\sum_{z=-\infty}^{\infty}{}' \; |z|.f_Z(z) < \infty$$

ist. In diesem Fall heißt die reelle Zahl

$$E(Z) \;=\; \int_{-\infty}^{\infty} z.P(\{Z \in [z,z+dz]\}) \;:=\; \sum_{z=-\infty}^{\infty}{}' \; z.P(\{Z=z\}) \;=\; \sum_{z=-\infty}^{\infty}{}' \; z.f_Z(z)$$

*der **Erwartungswert von Z**. Der Strich beim Summenzeichen bedeutet dabei, daß nur über jene $z \in R$ zu summieren ist, für die $P(\{Z=z\})>0$ ist.*

2) *Die stetige Zufallsvariable Z auf dem W-Raum $(\Omega, \mathcal{A}, P)$ heißt **integrierbar**, falls*

$$\int_{-\infty}^{\infty} |z|.f_Z(z)\,dz < \infty$$

ist. In diesem Fall heißt die reelle Zahl

$$E(Z) \;=\; \int_{-\infty}^{\infty} z.P(\{Z \in [z,z+dz]\}) \;:=\; \int_{-\infty}^{\infty} z.f_Z(z)\,dz$$

*der **Erwartungswert von Z**.*

3) *Gelegentlich treten in den Anwendungen auch noch sogenannte **gemischte** Zufallsvariable auf. Unter einer gemischten Zufallsvariablen Z versteht man dabei eine Zufallsvariable, deren Verteilungsfunktion F_Z die Form $F_Z = \alpha.F_{Z_d} + (1-\alpha).F_{Z_s}$ besitzt, wobei $0<\alpha<1$ ist und F_{Z_d} bzw. F_{Z_s} Verteilungsfunktionen einer diskreten Zufallsvariablen Z_d bzw. einer stetigen Zufallsvariablen Z_s sind.*
*Die gemischte Zufallsvariable Z heißt nun **integrierbar**, falls Z_d und Z_s integrierbar sind. In diesem Fall heißt die reelle Zahl $E(Z) := \alpha.E(Z_d)+ (1-\alpha).E(Z_s)$ der **Erwartungswert von Z**.*

Wir fassen die wichtigsten Eigenschaften des Erwartungswerts in einem Satz zusammen:

2.37 Satz: *Sind X, Y, Z Zufallsvariable auf dem W-Raum $(\Omega, \mathcal{A}, P)$, sind $a,b \in R$ und ist $g : R \to R$ eine Abbildung, so gilt*

1) ***Linearität:** Sind X und Y integrierbar, so ist auch $aX+bY$ integrierbar und es gilt*

$$E(aX+bY) = a.E(X) + b.E(Y)$$

2) ***Monotonie:** Sind X und Y integrierbar, so gilt*

Aus $X \leq Y$ folgt $E(X) \leq E(Y)$

3) ***Hintereinanderausführung:***

   a) *Ist Z diskret und $g \circ Z$ integrierbar, so gilt*

$$E(goZ) = \sum_{z=-\infty}^{\infty}{}' \, g(z).f_Z(z)$$

b) *Ist Z stetig, ist g stückweise stetig und ist goZ integrierbar, so gilt*

$$E(goZ) = \int_{-\infty}^{\infty} g(z).f_Z(z)\,dz$$

c) *Ist Z gemischt, ist g stückweise stetig und ist goZ integrierbar, so gilt*

$$E(goZ) = \alpha.E(goZ_d) + (1-\alpha).E(goZ_s)$$

Der Erwartungswert E(Z) einer Zufallsvariablen Z hängt **nur** von der Verteilung P_Z und **nicht** von der speziellen Abbildungsvorschrift $Z:\Omega\to\mathbf{R}$ ab. Wir berechnen deshalb ein für allemal die

2.38 Erwartungswerte der wichtigsten Verteilungen:

1) $P_Z = B(n,p) \Rightarrow E(Z) = n.p$ 2) $P_Z = NB(n,p) \Rightarrow E(Z) = n/p$

3) $P_Z = H(n,M,N) \Rightarrow E(Z) = n.M/(M+N)$ 4) $P_Z = P(\lambda) \Rightarrow E(Z) = \lambda$

5) $P_Z = G(a,b) \Rightarrow E(Z) = (a+b)/2$ 6) $P_Z = E(n,\lambda) \Rightarrow E(Z) = n/\lambda$

7) $P_Z = E(\lambda) \Rightarrow E(Z) = 1/\lambda$ 7) $P_Z = N(\mu,\sigma^2) \Rightarrow E(Z) = \mu$

Wir machen dazu wieder einige Beispiele:

2.39 Beispiel (Ein Urnenproblem): *In einer Urne befinden sich N mit den Zahlen 1,2,... ...,N numerierte Lose. Dieser Urne werden auf einen Griff n (1<n<N) Lose zufällig entnommen. Man bestimme den Erwartungswert der kleinsten dabei gezogenen Zahl.*

Lösung: Die Zufallsvariable Z beschreibe die kleinste dabei gezogene Zahl. Z ist offenbar diskret; in Beispiel 2.8 haben wir bereits die Verteilungsdichte f_Z von Z bestimmt. Unter Berücksichtigung von Formel 5 aus 1.11 gilt damit

$$E(Z) = \sum_{z=-\infty}^{\infty}{}' \, z.f_Z(z) = \sum_{k=1}^{N-n+1} k.\binom{N-k}{n-1}/\binom{N}{n} =$$

$$= \binom{N}{n}^{-1}.\{[\binom{N-1}{n-1}+\binom{N-2}{n-1}+...+\binom{n-1}{n-1}] + [\binom{N-2}{n-1}+\binom{N-3}{n-1}+...+\binom{n-1}{n-1}] +...+ [\binom{n-1}{n-1}]\} =$$

$$= \binom{N}{n}^{-1}.\{\binom{N}{n}+\binom{N-1}{n}+...+\binom{n}{n}\} = \binom{N}{n}^{-1}.\binom{N+1}{n} = (N+1)/(n+1) \quad \maltese$$

2.40 Beispiel (Ein Urnenproblem): *k unterscheidbare Kugeln werden zufällig auf n Urnen verteilt, wobei in die einzelnen Urnen auch mehrere Kugeln kommen können. Wir nehmen an, daß alle möglichen Aufteilungen gleichwahrscheinlich sind (Maxwell-Boltzmann-Modell) und fragen nach der mittleren Anzahl der Urnen, in die dabei genau m Kugeln gelangen.*

<u>Lösung:</u> Die Zufallsvariable Z_m gebe an, in wieviele Urnen bei dieser Aufteilung genau m Kugeln gelangen. Man könnte nun von der diskreten Zufallsvariablen Z_m die Verteilungsdichte f_{Z_m} bestimmen und dann den Erwartungswert von Z_m in der üblichen Weise berechnen. Dieser Weg erweist sich aber als wenig zielführend, da die Bestimmung der Verteilungsdichte f_{Z_m} von Z_m recht umständlich ist. Wir beschreiten daher einen anderen Weg:

Für jedes $i \in \{1,2,...,n\}$ sei $\quad Z_{m,i} := \begin{cases} 1 & \text{falls in die i-te Urne genau m Kugeln gelangen} \\ 0 & \text{sonst} \end{cases}$

Als erstes berechnen wir $P(\{Z_{m,i}=1\})$. Berücksichtigt man dazu, daß

* man die m Kugeln, welche dabei in die Urne i gelangen auf $\binom{k}{m}$ verschiedene Arten auswählen kann;

* man die verbleibenden k-m Kugeln auf $(n-1)^{k-m}$ verschiedene Arten auf die restlichen n-1 Urnen verteilen kann;

* sich k Kugeln auf insgesamt n^k verschiedene Arten auf n Urnen aufteilen lassen;

so erhält man für alle $i \in \{1,2,...,n\}$

$$P(\{Z_{m,i}=1\}) = \binom{k}{m} \cdot (n-1)^{k-m} \cdot n^{-k}$$

Nun ist aber offenbar $Z_m = Z_{m,1} + Z_{m,2} + ... + Z_{m,n}$, sodaß wir schließlich erhalten

$$E(Z_m) = E(Z_{m,1})+...+E(Z_{m,n}) = P(\{Z_{m,1}=1\})+...+P(\{Z_{m,n}=1\}) = \binom{k}{m} \cdot \frac{(n-1)^{k-m}}{n^{k-1}} \quad \text{◉}$$

2.41 Beispiel: *Ein Betrieb erzeugt Kugeln, wobei der Radius dieser Kugeln produktionsbedingten, geringfügigen Schwankungen unterliegt. Messungen ergaben, daß der Radius R einer zufällig aus der Produktion herausgegriffenen Kugel als G(a,b)-verteilte Zufallsvariable angesehen werden kann. Man bestimme das mittlere Volumen der von diesem Betrieb erzeugten Kugeln.*

<u>Lösung:</u> Zwischen der Zufallsvariablen V, welche das Volumen einer zufällig aus der Produktion herausgegriffenen Kugel beschreibt, und der Zufallsvariablen R besteht bekanntlich die Beziehung $V = (4\pi/3) \cdot R^3$. Damit gilt aber

$$E(V) = E((4\pi/3) \cdot R^3) = \int_{-\infty}^{\infty} (4\pi/3) \cdot r^3 \cdot f_R(r)\, dr = \int_a^b (4\pi/3) \cdot r^3 \cdot (b-a)^{-1}\, dr =$$

$$= \frac{\pi}{3} \cdot (a^3+a^2b+ab^2+b^3)$$

(Man hüte sich vor folgendem Fehlschluß: Der Radius R der Kugeln ist G(a,b)-verteilt, also besitzen die Kugeln im Mittel den Radius (a+b)/2 und damit im Mittel das Volumen $(4\pi/3) \cdot [(a+b)/2]^3$.) $\quad$ ◉

2.42 Beispiel (Die mittlere freie Weglänge der Moleküle eines idealen Gases): *Wir betrachten ein ideales Gas, bei dem sich in einem Kubikzentimeter durchschnittlich a Moleküle befinden, die wir uns als Kugeln vom Radius r vorstellen. Man bestimme die mittlere freie Weglänge eines Moleküls dieses Gases.*

Lösung: Unter einem idealen Gas versteht der Physiker ein Gas, bei dem die einzelnen Moleküle miteinander nicht in Wechselwirkung stehen. Wie sich zeigen läßt hat dies zur Folge, daß die Anzahl N_V der Moleküle, welche sich in einem Raumstück V vom Volumen |V| befinden, stets $P(\lambda.|V|)$-verteilt ist. Da sich nun laut Angabe in einem Kubikzentimeter durchschnittlich a Moleküle des Gases befinden, muß wegen Formel 4) von 2.38 $\lambda=a$ sein.

Wir wählen nun zufällig ein Gasmolekül aus und beobachten dessen freie Weglänge Z, also jenen Weg, den dieses Molekül zurücklegt, bis es mit einem anderen Molekül zusammenstößt. Mit Hilfe von ziemlich tiefliegenden Überlegungen kann man nun zeigen, daß die Verteilung der freien Weglänge Z gleich bleibt, egal ob man annimmt,

* daß alle Moleküle "ganz zufällig durcheinanderfliegen" oder
* daß sich alle Moleküle bis auf das von uns ausgewählte in Ruhe befinden.

Für alle z>0 gilt damit

$$P(\{Z<z\}) = 1 - P(\{Z\geq z\}) = 1 - P(\{ \begin{array}{c} \text{In einem Zylinder mit Ra-} \\ \text{dius 2r und Höhe z befin-} \\ \text{det sich kein Gasmolekül} \end{array} \}) =$$

$$= 1 - \exp\{-4r^2\pi a.z\})$$

Damit haben wir gezeigt, daß Z $E(4r^2\pi a)$-verteilt ist. Als mittlere freie Weglänge ergibt sich somit $E(Z) = 1/(4r^2\pi a)$. ❦

2.43 Beispiel (Die mittlere Rückkehrzeit bei der eindimensionalen symmetrischen Irrfahrt): *Im Anschluß an Beispiel 2.10 bestimme man nun die mittlere Rückkehrzeit. (Man vergleiche dazu auch die Abschnitte 4.6 und 4.7.)*

Lösung: Mit den Bezeichnungen und Ergebnissen von Beispiel 2.10 gilt

$$\sum_{z=-\infty}^{\infty}{}' |z|.f_Z\{z\} = \sum_{n=1}^{\infty} 2n.\frac{(2n)!}{2^{2n}.(n!)^2.(2n-1)} = \sum_{n=1}^{\infty} \frac{(2n)^2.(2n-1).(2n-2)...3.2}{(2n)^2.(2n-2)^2...(2)^2.(2n-1)} \geq \sum_{n=1}^{\infty} \frac{1}{2n}$$

Die Zufallsvariable Z ist also nicht integrierbar. Da wir den Erwartungswert aber nur für integrierbare Zufallsvariable definiert haben, existiert E(Z) somit streng genommen nicht. (Inhaltlich interpretiert heißt dieses Ergebnis, daß es im Mittel unendlich lange dauert, bis unser Teilchen wieder in den Ursprung zurückkehrt. Diese Tatsache ist insoferne von Bedeutung, als daß die symmetrische Irrfahrt oft zur Simulation stochastischer Vorgänge herangezogen wird und deshalb eine ungeschickte Konstruktion des Simulationsmodells eine äußerst lange Rechenzeit zur Folge haben kann.) ❦

Man kann den Erwartungswert einer Zufallsvariablen als jenen für sie charakteristischen Wert auffassen, um den diese Zufallsvariable schwankt; über die Größe dieser "Schwankung" selbst gibt der Erwartungswert jedoch keinerlei Auskunft. Es liegt nun nahe, als Maß für die Größe dieser "Schwankung" die **mittlere quadratische Abweichung der Zufallsvariablen von ihrem Erwartungswert** einzuführen. Wir definieren also:

2.44 Definition: *Die Zufallsvariable Z auf dem W-Raum $(\Omega, \mathcal{A}, P)$ heißt **quadratisch integrierbar**, falls $E(Z^2) < \infty$ (und damit auch $E(|Z|) < \infty$) ist. In diesem Fall heißt die Zahl*

$$Var(Z) := E((Z - E(Z))^2)$$

*die **Varianz von Z**; die positive Wurzel der Varianz heißt **Streuung von Z**.*

Wir fassen die wichtigsten Eigenschaften der Varianz einer Zufallsvariablen wieder in einem Satz zusammen:

2.45 Satz: *Ist die Zufallsvariable Z auf dem W-Raum $(\Omega, \mathcal{A}, P)$ quadratisch integrierbar, so gilt:*

1) $Var(Z) = E(Z^2) - (E(Z))^2$

2) Für alle $a, b \in R$ ist $Var(a.Z + b) = a^2.Var(Z)$

*3) **Ungleichung von Tschebyscheff:** Für alle $\varepsilon > 0$ ist*

$$P(\{|Z - E(Z)| \geq \varepsilon\}) \leq \varepsilon^{-2}.Var(Z)$$

Natürlich hängt auch die Varianz $Var(Z)$ einer Zufallsvariablen Z **nur** von der Verteilung P_Z und **nicht** von der speziellen Abbildungsvorschrift $Z : \Omega \to R$ ab. Wir berechnen daher wieder ein für allemal die

2.46 Varianzen der wichtigsten Verteilungen:

1) $P_Z = B(n,p)$ $\Rightarrow Var(Z) = n.p.(1-p)$ 2) $P_Z = NB(n,p)$ $\Rightarrow Var(Z) = n.(1-p)/p^2$

3) $P_Z = H(n,M,N)$ $\Rightarrow Var(Z) = n. \dfrac{M}{M+N}.(1 - \dfrac{M}{M+N}).(1 - \dfrac{n-1}{M+N-1})$

4) $P_Z = P(\lambda)$ $\Rightarrow Var(Z) = \lambda$ 5) $P_Z = G(a,b)$ $\Rightarrow Var(Z) = (b-a)^2/12$

6) $P_Z = E(n,\lambda)$ $\Rightarrow Var(Z) = n/\lambda^2$ 7) $P_Z = E(\lambda)$ $\Rightarrow Var(Z) = 1/\lambda^2$

8) $P_Z = N(\mu, \sigma^2)$ $\Rightarrow Var(Z) = \sigma^2$

An folgendem Sachverhalt läßt sich die inhaltliche Bedeutung der Varianz gut demonstrieren: Bei der industriellen Produktion von elektrischen Widerständen wird der tatsächliche Widerstandswert eines zufällig der Produktion entnommenen Widerstandes nicht exakt gleich seinem Nennwert sein, sondern um diesen Wert etwas schwanken. Jemand, der derartige Widerstände verwendet, ist natürlich an der Größe dieser Schwankungen interessiert.

Der Hersteller von Widerständen gibt deshalb nicht nur deren Nennwert, sondern auch die Streuung (in % des Nennwerts) an. Die Angabe $10k\Omega\pm3\%$ bedeutet beispielsweise, daß man es mit einem Widerstand aus einer Produktion von Widerständen zu tun hat, welche im Mittel einen Widerstandswert von $10k\Omega$ bei einer Streuung von 300Ω besitzen.

Nun darf man aber annehmen (vgl. dazu 2.34), daß der Widerstandswert W eines zufällig dieser Produktion entnommenen Widerstandes $N(10000,300^2)$-verteilt ist. Wegen

$$P(\{|W - 10000| \leq 300\}) = P(\{|\frac{W - 10000}{300}| \leq 1\}) = \Phi(1) - \Phi(-1) = 0.6827$$

bzw.

$$P(\{|W - 10000| \leq 600\}) = P(\{|\frac{W - 10000}{300}| \leq 2\}) = \Phi(2) - \Phi(-2) = 0.9545$$

liegt damit der tatsächliche Widerstandswert eines zufällig dieser Produktion entnommenen Widerstandes in 68,27% aller Fälle im sogenannten **Ein-σ-Bereich** [9700,10300] und in 95,45% aller Fälle im **Zwei-σ-Bereich** [9400,10600].

2.47 Beispiel (Die asymptotische Verteilung der Anzahl der Runs): *Eine homogene Münze wird n mal (n groß) geworfen. Man bestimme die Verteilung der Anzahl der Runs Z.*

Lösung: In Beispiel 2.9 haben wir die Verteilungsdichte f_Z der diskreten Zufallsvariablen Z berechnet. Unter Verwendung der Formeln 3),9) und 10) aus 1.11 erhalten wir damit

$$E(Z) = \sum_{k=1}^{n} k.f_Z(k) = \frac{1}{2^{n-1}} . \sum_{i=0}^{n-1} (i+1).\binom{n-1}{i} = \frac{1}{2^{n-1}} .[(n-1).2^{n-2} + 2^{n-1}] = (n+1)/2$$

bzw.

$$E(Z^2) = \sum_{k=1}^{n} k^2.f_Z(k) = \frac{1}{2^{n-1}} . \sum_{i=0}^{n-1} (i^2+2i+1).\binom{n-1}{i} =$$

$$= \frac{1}{2^{n-1}}.[n(n-1).2^{n-3} + 2(n-1).2^{n-2} + 2^{n-1}] = (n^2+3n)/4$$

und somit $Var(Z) = E(Z^2) - (E(Z))^2 = (n-1)/4$.

Für jedes $i \in \{2,3,...,n\}$ sei nun Y_i gleich 1 bzw. 0 je nachdem, ob die beim (i-1)-ten und beim i-ten Wurf eingetretenen Realisierungen verschieden bzw. gleich sind. Da

* die Zufallsvariablen $Y_2, Y_3,...,Y_n$ einander offenbar nicht beeinflussen (unabhängig davon, welchen Wert $Y_2,Y_3,..,Y_{i-1}$ annehmen, ist Y_i mit der Wahrscheinlichkeit 1/2 gleich 1 und mit der Wahrscheinlichkeit 1/2 gleich 0);

* sich die Zufallsvariable Z in der Form $Z = 1+Y_2+Y_3+...+Y_n$ darstellen läßt ;

* n voraussetzungsgemäß groß ist,

folgt aus 2.34, daß Z annähernd $N((n+1)/2,(n-1)/4)$ - verteilt ist.

2.5 Gemeinsame Verteilung von Zufallsvariablen

2.48 Definition: *Sind $Z_1,...,Z_r$ Zufallsvariable auf einem W-Raum $(\Omega,\mathcal{A},P)$, so ist die Abbildung*

$$P_{Z_1,...,Z_r} : \mathcal{B}^r \to R \quad mit \quad P_{Z_1,...,Z_r}(B) := P(\{\omega \mid \omega \in \Omega \ und \ (Z_1(\omega),...,Z_r(\omega) \in B\})$$

*offenbar ein W-Maß auf $\mathcal{B}^r$. Man nennt dieses W-Maß $P_{Z_1,...,Z_r}$ die **gemeinsame Verteilung** der Zufallsvariablen $Z_1,...,Z_r$.*

2.49 Bemerkung:

1) *In der gemeinsamen Verteilung $P_{Z_1,...,Z_r}$ der Zufallsvariablen $Z_1,...,Z_r$ steckt die gesamte Information über ihr gemeinsames zufälliges Verhalten. Insbesondere gilt: Kennt man die gemeinsame Verteilung $P_{Z_1,...,Z_r}$ der Zufallsvariablen $Z_1,...,Z_r$, so ist wegen*

$$P(\{Z_k < z_k\}) = P(\{Z_k < z_k\} \cap \bigcap_{\substack{i=1 \\ i \neq k}}^{r} \{Z_i \in R\}) = P_{Z_1,...,Z_r}(R \times ... \times R \times (-\infty,z_k) \times R \times ... \times R)$$

*auch die Verteilung P_{Z_k} von Z_k bekannt. Man beachte aber, daß umgekehrt die gemeinsame Verteilung $P_{Z_1,...,Z_r}$ der Zufallsvariablen $Z_1,...,Z_r$ durch die sogenannten **Marginalverteilungen** (= Randverteilungen) $P_{Z_1},...,P_{Z_r}$ im allgemeinen noch nicht vollständig bestimmt ist.*

2) *Die gemeinsame Verteilung $P_{Z_1,...,Z_r}$ der Zufallsvariablen $Z_1,...,Z_r$ ist ebenso wie im eindimensionalen Fall durch Angabe der sogenannten **gemeinsamen Verteilungsfunktion***

$$F_{Z_1,...,Z_r} : R^r \to R \quad mit \quad F_{Z_1,...,Z_r}(z_1,...,z_r) := P(\bigcap_{i=1}^{r} \{Z_i < z_i\})$$

vollständig bestimmt.

Für die Praxis von besonderer Bedeutung sind wieder die diskreten bzw. die stetigen Verteilungen:

2.50 Definition: *Die Zufallsvariablen $Z_1,...,Z_r$ bzw. deren gemeinsame Verteilung $P_{Z_1,...,Z_r}$ heißen **diskret**, wenn die Zufallsvariablen $Z_1,...,Z_r$ jeweils nur höchstens abzählbar unendlich viele verschiedene Werte annehmen können und $F_{Z_1,...,Z_r}$ damit eine Stufenfunktion ist. In diesem Fall heißt die Abbildung*

$$f_{Z_1,...,Z_r} : R^r \to R \quad mit \quad f_{Z_1,...,Z_r}(z_1,...,z_r) := P(\bigcap_{i=1}^{r} \{Z_i = z_i\})$$

*die **gemeinsame Verteilungsdichte** von $Z_1,...,Z_r$.*

2.51 Bemerkung:

1) Wie im eindimensionalen Fall ist die gemeinsame Verteilung $P_{Z_1,...,Z_r}$ und damit auch die gemeinsame Verteilungsfunktion $F_{Z_1,...,Z_r}$ von diskreten Zufallsvariablen $Z_1,...,Z_r$ durch die gemeinsame Verteilungsdichte $f_{Z_1,...,Z_r}$ schon vollständig bestimmt. Speziell gilt

$$P_{Z_1,...,Z_r}(A) = \sum_{(z_1,...,z_r)\in A}' f_{Z_1,...,Z_r}(z_1,...,z_r) \qquad (A\in \mathcal{B}^r)$$

*2) Die gemeinsame Verteilungsdichte von zwei diskreten Zufallsvariablen X und Y gibt man gewöhnlich durch eine sogenannte **zweidimensionale Verteilungstabelle** an. (Vgl. dazu Tabelle 2.2.)*

$_x\backslash^y$	y_1	y_2	$\cdots$	y_j	$\cdots$	y_n	
x_1	p_{11}	p_{12}	$\cdots$	p_{1j}	$\cdots$	p_{1n}	$p_{1.}$
x_2	p_{21}	p_{22}	$\cdots$	p_{2j}	$\cdots$	p_{2n}	$p_{2.}$
$\vdots$	$\vdots$	$\vdots$		$\vdots$		$\vdots$	$\vdots$
x_i	p_{i1}	p_{i2}	$\cdots$	p_{ij}	$\cdots$	p_{in}	$p_{i.}$
$\vdots$	$\vdots$	$\vdots$		$\vdots$		$\vdots$	$\vdots$
x_m	p_{m1}	p_{m2}	$\cdots$	p_{mj}	$\cdots$	p_{mn}	$p_{m.}$
	$p_{.1}$	$p_{.2}$	$\cdots$	$p_{.j}$	$\cdots$	$p_{.n}$	1

$$p_{ij} := f_{X,Y}(x_i,y_j) = P(\{X=x_i\}\cap\{Y=y_j\})$$

$$p_{i.} := \sum_{j=1}^{m} p_{ij} = f_X(x_i) = P(\{X=x_i\})$$

$$p_{.j} := \sum_{i=1}^{n} p_{ij} = f_Y(y_j) = P(\{Y=y_j\})$$

Tabelle 2.2: Zweidimensionale Verteilungstabelle für die Zufallsvariablen X und Y.

2.52 Definition:
*Die Zufallsvariablen $Z_1,...,Z_r$ bzw. deren gemeinsame Verteilung $P_{Z_1,...,Z_r}$ heißen **stetig**, wenn die gemeinsame Verteilungsfunktion $F_{Z_1,...,Z_r}$ Stammfunktion einer nichtnegativen, stückweise stetigen Funktion $f_{Z_1,...,Z_r}$ ist, wenn also für alle $z_1,...,z_r\in R$ gilt*

$$F_{Z_1,...,Z_r}(z_1,...,z_r) = \int_{-\infty}^{z_1} \cdots \int_{-\infty}^{z_r} f_{Z_1,...,Z_r}(x_1,...,x_r)\, dx_1...dx_r$$

*Die Abbildung $f_{Z_1,...,Z_r}$ heißt dabei die **gemeinsame Verteilungsdichte** von $Z_1,...,Z_r$.*

2.53 Bemerkung:

1) Die gemeinsame Verteilungsfunktion $F_{Z_1,...,Z_r}$ und damit auch die gemeinsame Verteilung $P_{Z_1,...,Z_r}$ von stetigen Zufallsvariablen $Z_1,...,Z_r$ ist durch die gemeinsame Verteilungsdichte $f_{Z_1,...,Z_r}$ natürlich wieder vollständig bestimmt. Speziell gilt

$$P_{Z_1,\ldots,Z_r}(A) = \int_A f_{Z_1,\ldots,Z_r}(x_1,\ldots,x_r)\, dx_1\ldots dx_r \qquad\qquad (A\in \mathcal{B}^r)$$

2) *Die Verteilungsfunktion $F_{Z_1,\ldots,Z_r}$ von stetigen Zufallsvariablen $Z_1,\ldots,Z_r$ ist in den Stetigkeitspunkten von $f_{Z_1,\ldots,Z_r}$ differenzierbar; für alle diese Stetigkeitspunkte gilt*

$$f_{Z_1,\ldots,Z_2}(z_1,\ldots,z_r) = \frac{\partial^r F_{Z_1,\ldots,Z_r}(z_1,\ldots,z_r)}{\partial z_1\ldots\partial z_r} \approx$$

$$\approx \frac{P(\{Z_1\in[z_1,z_1+dz_1)\}\cap\ldots\cap\{Z_r\in[z_r,z_r+dz_r)\})}{dz_1\ldots dz_r}$$

2.54 Bemerkung:

1) *Zwischen der gemeinsamen Verteilungsfunktion $F_{Z_1,\ldots,Z_r}$ und den marginalen Verteilungsfunktionen F_{Z_i} besteht folgende Beziehung:*

$$F_{Z_i}(z_i) = F_{Z_1,\ldots,Z_i,\ldots,Z_r}(\infty,\ldots,\infty,z_i,\infty,\ldots,\infty)$$

2) *Zwischen der gemeinsamen Verteilungsdichte $f_{Z_1,\ldots,Z_r}$ und den marginalen Verteilungsdichten f_{Z_i} von diskreten bzw. stetigen Zufallsvariablen $Z_1,\ldots,Z_r$ besteht folgende Beziehung:*

$$f_{Z_i}(z_i) = \sum_{z_1=-\infty}^{\infty}{}'\ldots\sum_{z_{i-1}=-\infty}^{\infty}{}'\ \sum_{z_{i+1}=-\infty}^{\infty}{}'\ldots\sum_{z_r=-\infty}^{\infty}{}' f_{Z_1,\ldots,Z_{i-1},Z_i,Z_{i+1},\ldots,Z_r}(z_1,\ldots,z_{i-1},z_i,z_{i+1},\ldots,z_r)$$

bzw.

$$f_{Z_i}(z_i) = \int_{-\infty}^{\infty}\ldots\int_{-\infty}^{\infty} f_{Z_1,\ldots,Z_{i-1},Z_i,Z_{i+1},\ldots,Z_r}(z_1,\ldots,z_{i-1},z_i,z_{i+1},\ldots,z_r)\, dz_1\ldots dz_{i-1}dz_{i+1}\ldots dz_r$$

Wir machen dazu zwei Beispiele.

2.55 Beispiel (Ein Urnenproblem): *In einer Urne befinden sich N mit den Zahlen 1,2,... ...,N numerierte Lose. Dieser Urne werden auf einen Griff n ($1<n<N$) Lose zufällig entnommen. Man bestimme die gemeinsame Verteilung der kleinsten und der größten dabei gezogenen Zahl.*

<u>Lösung:</u> Die Zufallsvariable X bezeichne die kleinste, die Zufallsvariable Y bezeichne die größte der bei unserem Zufallsexperiment gezogenen Zahlen. Nun sind X und Y aber offenbar diskret und mit den in Beispiel 2.8 verwendeten Bezeichnungen gilt somit für alle $k,l\in\{1,2,\ldots,N\}$ mit $l-k \geq n-1$

$$\{X=k\}\cap\{Y=l\} = \{(0,\ldots,1,x_{k+1},\ldots,x_{l-1},1\ldots,0) \mid x_i\in\{0,1\} \text{ und } \sum_{i=k+1}^{l-1} x_i = n-2\} \approx C_{l-k-1}^{\,n-2}$$

und damit

$$f_{X,Y}(k,l) = P(\{X=k\}\cap\{Y=l\}) = |\{X=k\}\cap\{Y=l\}| \,/\, |\Omega| = \binom{l-k-1}{n-2} \Big/ \binom{N}{n}$$

2.56 Beispiel (Ein Problem aus der Zuverlässigkeitstheorie): *Um die Zuverlässigkeit eines elektronischen Geräts zu erhöhen, kann man bei besonders störanfälligen Komponenten zusätzlich sogenannte "Standby-Komponenten" einbauen, die bei Ausfall der originalen Komponente sofort deren Arbeit übernehmen. Es bezeichne X die Zeit bis zum Ausfall der originalen Komponente und Y die Zeit bis zum Ausfall der Standby-Komponente. Unter der (für die Praxis durchaus plausiblen) Annahme, daß X und Y stetig sind und die gemeinsame Dichtefunktion*

$$f_{X,Y}(x,y) = \begin{cases} \lambda\mu.\exp\{-\mu x-\lambda(y-x)\} & \text{für } y\geq x>0 \\ 0 & \text{sonst} \end{cases}$$

mit $\lambda\neq\mu$ besitzen, berechne man den Erwartungswert von Y.

Lösung: Wegen Bemerkung 2.54 ergibt sich für alle y>0 offenbar

$$f_Y(y)= \int_{-\infty}^{\infty} f_{X,Y}(x,y)\,dx = \int_{0}^{y} \lambda\mu.\exp\{-\mu x-\lambda(y-x)\}\,dx = \frac{\lambda\mu}{\lambda-\mu}.[\exp\{-\mu y\}- \exp\{-\lambda y\}]$$

und damit gilt

$$E(Y) = \int_{-\infty}^{\infty} y.f_Y(y)\,dy = \int_{0}^{\infty} y.\frac{\lambda\mu}{\lambda-\mu}.[\exp\{-\mu y\} - \exp\{-\lambda y\}]\,dy = \frac{\lambda+\mu}{\lambda\mu}$$

Es folgen nun noch einige wichtige gemeinsame Verteilungen:

➤ **Die Multinomialverteilung** $M(n,p_1,...,p_r)$ mit $n\in N$, $0<p_i<1$ und $p_1+...+p_r = 1$:

2.57 Definition: *Die diskreten Zufallsvariablen $Z_1,...,Z_r$ heißen **multinomial-verteilt** mit den Parametern n und $p_1,...,p_r$ (kurz $P_{Z_1,...,Z_r} = M(n,p_1,...,p_r)$), falls für alle Zahlen $k_1,...,k_r\in\{0,1,...,n\}$ mit $k_1+...+k_r = n$ gilt*

$$f_{Z_1,...,Z_2}(k_1,...,k_r) = \frac{n!}{k_1!...k_r!} \cdot p_1^{k_1} ... p_r^{k_r}$$

2.58 Bemerkung: *Aus Bemerkung 2.54 folgt für alle $s\in\{1,2,...,r\}$ sofort:*

$$P_{Z_1,Z_2,...,Z_r} = M(n,p_1,p_2,...,p_r) \;\Rightarrow\; P_{Z_s} = B(n,p_s)$$

2.59 Typisches Beispiel: *In einer Urne befinden sich M_1 Kugeln der Farbe 1, M_2 Kugeln der Farbe 2,... und M_r Kugeln der Farbe r. Aus dieser Urne wird n mal mit Zurücklegen gezogen. Die Zufallsvariable Z_i gibt an, wie oft dabei eine Kugel der Farbe i gezogen wird. Man bestimme die gemeinsame Verteilung von $Z_1,...,Z_r$.*

<u>Lösung:</u> Zunächst numerieren wir die $N := M_1 + M_2 + ... + M_r$ Kugeln der Urne so, daß die M_i Kugeln der Farbe i die Nummern $M_1 + ... + M_{i-1} + 1, ..., M_1 + ... + M_{i-1} + M_i$ erhalten. Das n-malige Ziehen mit Zurücklegen läßt sich dann in gewohnter Weise durch den W-Raum $(\Omega, \mathcal{A}, P)$ mit

$$\Omega := \{(x_1, x_2, ..., x_n) \mid x_i \in \{1, 2, ..., N\}\} = B_N^n, \quad \mathcal{A} := \mathcal{P}(\Omega) \text{ und } P(A) := |A|/|\Omega|$$

beschreiben. Für alle $k_1, k_2, ..., k_r \in \{0, 1, 2, ..., n\}$ mit $k_1 + k_2 + ... + k_r = n$ gilt dann

$$\bigcap_{i=1}^{r} \{Z_i = k_i\} = \left\{ (x_1, ..., x_n) \in \Omega \; \middle| \; \begin{array}{l} \text{Für alle } i \in \{1, ..., r\} \text{ gilt: Genau } k_i \text{ der } x_j \text{ sind aus} \\ \text{der Menge } \{M_1 + ... + M_{i-1} + 1, ..., M_1 + ... + M_{i-1} + M_i\} \end{array} \right\}$$

und damit

$$P(\bigcap_{i=1}^{r} \{Z_i = k_i\}) = \binom{n}{k_1} \cdot \binom{n-k_1}{k_2} \cdots \binom{k_r}{k_r} \cdot \frac{M_1^{k_1} \cdot M_2^{k_2} ... M_r^{k_r}}{N^n} =$$

$$= \frac{n!}{k_1! k_2! ... k_r!} \cdot (M_1/N)^{k_1} \cdot (M_2/N)^{k_2} ... (M_r/N)^{k_r}$$

Die Zufallsvariablen $Z_1, Z_2, ..., Z_r$ sind somit $M(n, M_1/N, M_2/N, ..., M_r/N)$ - verteilt. &

2.60 Modell Multinomialverteilung: *Wir betrachten ein Zufallsexperiment bei dem die paarweise unvereinbaren Ereignisse $A_1, ..., A_r$ mit den Wahrscheinlichkeiten $p_1, ..., p_r$ eintreten können und setzen voraus, daß $A_1 \cup ... \cup A_r = \Omega$ und damit $p_1 + ... + p_r = 1$ ist. Wird dieses Zufallsexperiment n mal unabhängig wiederholt und beobachtet, wie oft dabei die Ereignisse $A_1, ..., A_r$ eintreten, so sind die diese Beobachtung beschreibenden Zufallsvariablen $Z_1, ..., Z_r$ $M(n, p_1, ..., p_r)$ - verteilt.*

▶ **Die Gleichverteilung G(B) mit $B \subset \mathbf{R}^r$ und $0 < \|B\| < \infty$:**[*]

2.61 Definition: *Die stetigen Zufallsvariablen $Z_1, ..., Z_r$ heißen **gleich-verteilt** auf der Menge B (kurz $P_{Z_1, ..., Z_r} = G(B)$), falls für alle $z_1, ..., z_r \in \mathbf{R}$ gilt*

$$f_{Z_1, ..., Z_r}(z_1, ..., z_r) = \begin{cases} 1/\|B\| & \text{für } (z_1, .., z_r) \in B \\ 0 & \text{sonst} \end{cases}$$

2.62 Bemerkung: *Für alle $s \in \{1, 2, ..., r\}$ gilt offenbar*

$$P_{Z_1, ..., Z_r} = G([a_1, b_1] \times ... \times [a_r, b_r]) \Rightarrow P_{Z_s} = G(a_s, b_s)$$

---

[*] $\|B\|$ bezeichnet dabei das elementargeometrische r-dimensionale Volumen von B.

2.63 Typisches Beispiel: *Während eines Zeitintervalls der Länge T wird von zwei Sendern jeweils ein Signal ausgesendet. Das betrachtete Empfangsgerät kann diese zwei Signale nur dann unterscheiden, wenn ihre Zeitdifferenz größer als t ist. Wie groß ist die Wahrscheinlichkeit dafür, daß das Empfangsgerät die beiden Signale nicht trennen kann?*

<u>Lösung:</u> Die Zufallsvariable Z_i (mit $i \in \{1,2\}$) beschreibe den Zeitpunkt, zu dem der i-te Sender sein Signal aussendet. Über die gemeinsame Verteilung von Z_1 und Z_2 ist abgesehen von der Tatsache, daß sowohl Z_1 als auch Z_2 nur Werte aus dem Intervall $[0,T]$ annehmen können, nichts bekannt. In so einem Fall pflegt man in erster Näherung anzunehmen, daß Z_1 und Z_2 auf der Menge $[0,T] \times [0,T]$ gleichverteilt sind. Mit der Bezeichnung

$$A := \{(x_1,x_2) \mid x_1,x_2 \in \mathbf{R} \text{ und } |x_1-x_2| < t\}$$

gilt dann wegen Bemerkung 2.53

$$P(\{|Z_1 - Z_2| < t\}) = \int_A f_{Z_1,Z_2}(z_1,z_2)\, dz_1 dz_2 = \frac{\| A \|}{\| [0,T]\times[0,Z] \|} = \frac{2tT - t^2}{T}$$

2.64 Modell Gleichverteilung: *Auf einer Menge $B \subset \mathbf{R}^r$ gleichverteilten Zufallsvariablen $Z_1,...,Z_r$ begegnet man vor allem in Zusammenhang mit "geometrischen Problemen". Man verwendet diese Verteilung, wenn die Chance dafür, daß das Beobachtungsergebnis $(z_1,...,z_r)$ in eine gewisse Teilmenge von B fällt, stets proportional zum elementargeometrischen Volumen dieser Teilmenge ist.*

➤ **Die r-dimensionale Normalverteilung $N(\mu,\Sigma)$ mit $\mu \in \mathbf{R}^r$ und $\Sigma \in \mathbf{R}_r^{\ r}$ mit $\Sigma > 0$:**[*)]

2.65 Definition: *Die stetigen Zufallsvariablen $Z_1,...,Z_r$ heißen* **r-dimensional normalverteilt** *mit den Parametern $\mu = (\mu_1,...,\mu_r)$ und $\Sigma = (\sigma_{ik})_{i,k \in \{1,2,...r\}}$ (kurz $P_{Z_1,...,Z_r} = N(\mu,\Sigma)$), falls für alle $z = (z_1,z_2,...,z_r) \in \mathbf{R} \times \mathbf{R} \times ... \times \mathbf{R}$ gilt*

$$f_{Z_1,...,Z_r}(z_1,...,z_r) = \frac{1}{(2\pi)^{r/2}.(\det \Sigma)^{1/2}} \cdot \exp\{-\frac{1}{2}.(z - \mu).\Sigma^{-1}.(z - \mu)^t\}$$

2.66 Bemerkung: *Sind die Zufallsvariablen $Z_1,...,Z_r$ $N(\mu,\Sigma)$ - verteilt, so gilt:*
1) Aus Bemerkung 2.54 folgt, daß Z_s für alle $s \in \{1,2,...,r\}$ $N(\mu_s,\sigma_{ss})$ - verteilt ist.
2) Eine positiv definite Matrix $\Sigma \in \mathbf{R}_r^{\ r}$ läßt sich stets in der Form

$$\Sigma = \begin{pmatrix} \sigma_1^{\ 2} & \rho_{12}\sigma_1\sigma_2 & ... & \rho_{1r}\sigma_1\sigma_r \\ \rho_{21}\sigma_2\sigma_1 & \sigma_2^{\ 2} & ... & \rho_{2r}\sigma_2\sigma_r \\ \vdots & & & \\ \rho_{r1}\sigma_r\sigma_1 & \rho_{r2}\sigma_r\sigma_2 & ... & \sigma_r^{\ 2} \end{pmatrix}$$

[*)] Eine Matrix $\Sigma \in \mathbf{R}_r^{\ r}$ heißt **positiv definit** (wir schreiben dafür $\Sigma > 0$), falls Σ mit ihrer transformierten Matrix Σ^t übereinstimmt (Σ also symmetrisch ist) und für alle $x \in \mathbf{R}^r$ mit $x \neq 0$ gilt, daß $x \Sigma x^t > 0$ ist.

mit $\sigma_i > 0$ und $-1 < \rho_{ik} < 1$ darstellen. Wegen 1) ist damit $Var(Z_i) = \sigma_i^2$. Hinsichtlich der Bedeutung der Parameter ρ_{ik} vgl. 2.84.

3) Die gemeinsame Verteilungsdichte $f_{X,Y}$ von $N((\mu_1\mu_2),\ \begin{pmatrix} \sigma_1^2 & \rho\sigma_1\sigma_2 \\ \rho\sigma_1\sigma_2 & \sigma_2^2 \end{pmatrix})$ - verteilten Zufallsvariablen X,Y besitzt die Gestalt

$$f_{X,Y}(x,y) = \frac{1}{2\pi\sigma_1\sigma_2.(1-\rho^2)^{1/2}}.exp\{- \frac{1}{2(1-\rho^2)}.[(\frac{x-\mu_1}{\sigma_1})^2 - 2\rho(\frac{x-\mu_1}{\sigma_1}).(\frac{x-\mu_2}{\sigma_2}) + (\frac{x-\mu_2}{\sigma_2})^2]\}$$

Diese Funktion $f_{X,Y}$ läßt sich geometrisch recht anschaulich deuten (vgl Abb. 2.7):

*   * Der "Gipfel" von $f_{X,Y}$ befindet sich über dem Punkt (μ_1,μ_2);*
*   * Schnitte parallel zur x,y-Ebene liefern Ellipsen mit dem Mittelpunkt (μ_1,μ_2);*
*   * Schnitte parallel zur x,z-Ebene bzw. y,z-Ebene liefern "nichtnormierte Gauß'-sche Glockenkurven".*

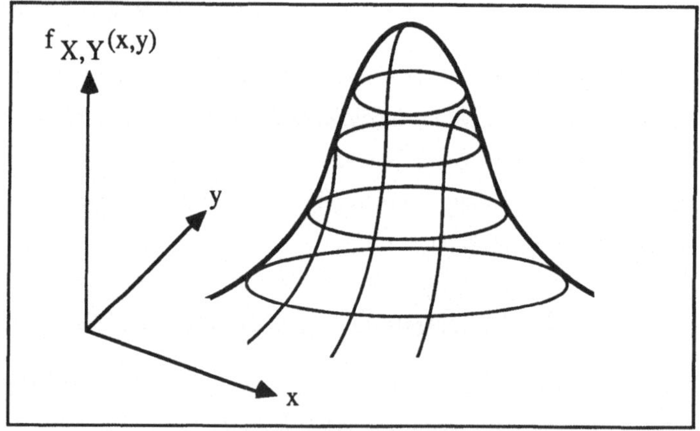

Abb. 2.7: Gemeinsame Verteilungsdichte $f_{X,Y}$ von zweidimensional nor-malverteilten Zufallsvariablen X und Y.

2.67 Modell r-dimensionale Normalverteilung: *Ähnlich wie im eindimensionalen Fall gilt auch hier: Ist der **Zufallsvektor** $Z = (Z_1,...,Z_r)$ Summe von vielen weitgehend unabhängigen (also einander nicht beeinflussenden) Zufallsvektoren gleicher Größenordnung, so ist Z annähernd r-dimensional normal-verteilt. Aufgrund dieser Tatsache kann man r Meßgrößen, die sich aus vielen unabhängigen Effekten additiv zusammensetzen, (etwa den Gas- und den Stromverbrauch einer Stadt) stets als r-dimensional normalverteilt ansehen.*

2.6 Funktionen von Zufallsvariablen

Wir wollen uns nun mit folgendem Problem befassen: Gegeben seien Zufallsvariable Z_1, Z_2, ...,Z_r auf dem W-Raum $(\Omega, \mathcal{A}, P)$ sowie Abbildungen $g_1 : \mathbb{R}^r \to \mathbb{R}$, $g_2 : \mathbb{R}^r \to \mathbb{R}$,..., $g_s : \mathbb{R}^r \to \mathbb{R}$, welche so beschaffen sein sollen, daß die **Hintereinanderausführungen**

$$Y_i := g_i o(Z_1, Z_2,...,Z_r) : \Omega \to \mathbb{R} \quad \text{mit} \quad Y_i(\omega) := g_i(Z_1(\omega), Z_2(\omega),...,Z_r(\omega))$$

wieder Zufallsvariable auf dem W-Raum $(\Omega, \mathcal{A}, P)$ sind. (Für alle in der Praxis vorkommenden Abbildungen $g : \mathbb{R}^r \to \mathbb{R}$, insbesondere für alle stückweise stetigen Abbildungen ist dies stets der Fall.) Gesucht ist nun die gemeinsame Verteilung $P_{Y_1,...,Y_s}$ von $Y_1,...,Y_s$.

Wir machen dazu zunächst einige Beispiele:

2.68 Beispiel (Erzeugung einer exponentialverteilten Zufallsvariablen): *Die Zufallsvariable Z auf dem W-Raum $(\Omega, \mathcal{A}, P)$ sei G(0,1)-verteilt. Man bestimme für ein beliebiges $\lambda > 0$ die Verteilung von $(-1/\lambda).\ln Z$.*

Lösung: Für alle $z > 0$ gilt

$$P(\{(-1/\lambda).\ln Z < z\}) = P(\{Z > \exp\{-\lambda z\}\}) = 1 - P(\{Z \leq \exp\{-\lambda z\}\}) = 1 - \exp\{-\lambda z\}$$

also ist $(-1/\lambda).\ln Z$ damit $E(\lambda)$ - verteilt.   ♠

2.69 Beispiel (Ein geometrisches Problem): *Die kartesischen Koordinaten X,Y eines zufälligen Punktes der Ebene seien auf dem Einheitskreis gleichverteilt. Man bestimme die gemeinsame Verteilungsfunktion $F_{R,\Phi}$ bzw. die gemeinsame Verteilungsdichte $f_{R,\Phi}$ seiner Polarkoordinaten*

$$R := (X^2+Y^2)^{1/2} \quad und \quad \Phi := arctg(Y/X)$$

Lösung: Für alle $0 < r \leq 1$ und alle $0 \leq \varphi < 2\pi$ gilt

$$F_{R,\Phi}(r,\varphi) = P(\{R < r\} \cap \{\Phi < \varphi\}) = P(\{X^2+Y^2 < r^2\} \cap \{arctg(Y/X) < \varphi\}) =$$

$$= \frac{\|\{(x,y) \in \mathbb{R}^2 \mid x^2+y^2 < r^2 \text{ und } arctg(y/x) < \varphi\}\|}{\|\{(x,y) \in \mathbb{R}^2 \mid x^2+y^2 < 1\}\|} = \frac{r^2 \varphi}{2\pi}$$

und damit

$$f_{R,\Phi}(r,\varphi) = \frac{\partial^2 F_{R,\Phi}(r,\varphi)}{\partial r \, \partial \varphi} = \frac{r}{\pi} \qquad\qquad ♠$$

2.70 Beispiel (Die Maxwell'sche Geschwindigkeitsverteilung): *Wir betrachten ein Gas, das in einem (sehr großen) Behälter eingeschlossen ist. Zwischen den einzelnen Molekülen dieses Gases soll keinerlei Wechselwirkung bestehen (**ideales Gas**), und im ganzen Be-*

hälter soll die gleiche Temperatur und der gleiche Druck herrschen. Wir greifen nun zufällig ein Molekül heraus und bezeichnen mit V_1, V_2, V_3 die drei Komponenten seines Geschwindigkeitsvektors V. Unter den getroffenen Voraussetzungen rechtfertigt die Physik die Annahme

$$P_{V_1, V_2, V_3} = N((0,0,0), \sigma^2.E)$$

wobei die Konstante σ die physikalische Bedeutung

$$\sigma^2 = \frac{Boltzmann\text{-}Konstante \, . \, Absolute \, Temperatur}{Masse \, des \, Moleküls} = \frac{k.T}{m}$$

besitzt. Man bestimme die Verteilung der Geschwindigkeit $|V| := (V_1^2 + V_2^2 + V_3^2)^{1/2}$ des Moleküls.

<u>Lösung:</u> Für alle v>0 bezeichne

$$S(v) := \{(v_1, v_2, v_3) \in \mathbf{R}^3 \mid v_1^2 + v_2^2 + v_3^2 < v^2\}$$

die Kugel mit Mittelpunkt (0,0,0) und Radius v. Unter Verwendung von Bemerkung 2.53 ergibt sich damit

$$P(\{|V| < v\}) = P(\{V_1^2 + V_2^2 + V_3^2 < v^2\}) =$$

$$= \int_{S(v)} \frac{1}{(2\pi)^{3/2}.\sigma^3} . \exp\{-\frac{1}{2\sigma^2} . (v_1^2 + v_2^2 + v_3^2)\} \, dv_1 dv_2 dv_3 = (*)$$

Wir führen nun die Kugelkoordinaten

$$\rho := v_1^2 + v_2^2 + v_3^2, \quad \varphi := arctg \, (v_2/v_1), \quad \vartheta := arcsin \, (v_3/(v_1^2 + v_2^2 + v_3^2)^{1/2})$$

ein und erhalten (Transformationsformel für mehrfache Integrale)

$$(*) = \frac{1}{(2\pi)^{3/2}.\sigma^3} . \int_0^v (\int_{-\pi/2}^{\pi/2} (\int_0^{2\pi} d\varphi) \cos\vartheta \, d\vartheta) \, \rho^2.\exp\{-\frac{\rho^2}{2\sigma^2}\} \, d\rho = \frac{\sqrt{2}}{\sigma^3.\sqrt{\pi}} . \int_0^v \rho^2.\exp\{-\frac{\rho^2}{2\sigma^2}\} \, d\rho$$

Setzen wir nun die der Konstanten σ entsprechenden physikalischen Größen ein, so ergibt sich die den Physikern als **Maxwell'sche Geschwindigkeitsverteilung** wohlbekannte Formel

$$f_{|V|}(v) = \frac{\sqrt{2}}{\sqrt{\pi}} . (\frac{m}{kT})^{3/2} . v^2 . \exp\{-\frac{mv^2}{2kT}\} \qquad \qquad \clubsuit$$

Zentral für die eingangs gestellte Frage ist der sogenannte **Transformationssatz**. Wir erwähnen hier nur einen wichtigen Spezialfall dieses Satzes und verweisen im übrigen auf die einschlägige Literatur (vgl. dazu etwa [11] und [46]).

<u>**2.71 Transformationssatz:**</u>

1) Ist Z eine beliebige Zufallsvariable auf dem W-Raum $(\Omega, \mathcal{A}, P)$ und ist $g : R \rightarrow R$ streng *monoton*[*]), *so gilt für alle* $y \in \{g(x)/x \in R\}$

$$F_{goZ}(y) = P(\{goZ<y\}) = \begin{cases} P(\{Z < g^{-1}(y)\}) = F_Z(g^{-1}(y)) & \text{für zunehmendes } g \\ P(\{Z > g^{-1}(y)\}) = 1 - F_Z(g^{-1}(y)+0) & \text{für abnehmendes } g \end{cases}$$

2) *Sind* F_Z *und* g *außerdem stückweise stetig differenzierbar, so ist auch* F_{goZ} *stückweise stetig differenzierbar und für alle* $y \in \{g(x)/x \in R\}$, *in denen* F_{goZ} *differenzierbar ist, gilt*

$$f_{goZ}(y) = \frac{d\,F_{goZ}(y)}{dy} = f_Z(g^{-1}(y)) \cdot |(g^{-1})'(y)|$$

Aus diesem Transformationssatz folgen unmittelbar einige wichtige

2.72 Transformationsformeln: *Ist* Z *eine Zufallsvariable auf dem W-Raum* $(\Omega, \mathcal{A}, P)$, *so gilt:*

1) *Z ist G(0,1) - verteilt* $\Rightarrow$ $Y := a + (b-a).Z$ *ist G(a,b) - verteilt*

   Z ist G(a,b) - verteilt $\Rightarrow$ $Y := (Z-a)/(b-a)$ *ist G(0,1) - verteilt*

2) *Z ist N(0,1) - verteilt* $\Rightarrow$ $Y := \mu + \sigma Z$ *ist N(μ,σ^2) - verteilt*

   Z ist N(μ,σ^2) - verteilt $\Rightarrow$ $Y := (Z-\mu)/\sigma$ *ist N(0,1) - verteilt*   *(vgl. 2.35)*

3) *Z ist G(0,1) - verteilt* $\Rightarrow$ $Y := (-1/\lambda).\ln Z$ *ist E(λ) - verteilt*   *(vgl. 2.68)*

   Z ist E(λ) - verteilt $\Rightarrow$ $Y := \exp\{-\lambda Z\}$ *ist G(0,1) - verteilt*

Von großer Bedeutung für die Erzeugung von nach einem vorgegebenen Gesetz verteilten Zufallszahlen (vgl. dazu Abschnitt 2.7) ist außerdem das sogenannte

2.73 Inversionsverfahren: *Gegeben sei eine Verteilungsfunktion F (also eine monoton nicht abnehmende, linksseitig stetige Abbildung* $F : R \rightarrow R$ *mit* $F(-\infty) = 0$ *und* $F(+\infty) = 1$). *Bezeichnet nun*

$$F^- : R \rightarrow R \quad \text{mit} \quad F^-(z) := \begin{cases} \sup \{x \mid F(x) \leq z\} & \text{für } 0<z<1 \\ 0 & \text{sonst} \end{cases}$$

die **verallgemeinerte inverse Funktion von F**, *so gilt: Ist die Zufallsvariable Z G(0,1) - verteilt, so stimmt die Verteilungsfunktion von* F^-oZ *mit der vorgegebenen Verteilungsfunktion F überein.*

Wir machen dazu das einfache

2.74 Beispiel (Erzeugung einer B(1,p) - verteilten Zufallsvariablen): *Gegeben sei eine im Intervall [0,1] gleichverteilte Zufallsvariable Z. Gesucht ist eine Abbildung* $g : R \rightarrow R$ *mit der Eigenschaft, daß die Zufallsvariable goZ B(1,p) - verteilt ist.*

---

[*]) Ist $g : R \rightarrow R$ streng monoton, so existiert für jedes $y \in \{g(x)/x \in R\}$ ein eindeutig bestimmtes $g^{-1}(y) \in R$ mit $g(g^{-1}(y))=y$.

- 60 -

<u>Lösung:</u> Es bezeichne F die Verteilungsfunktion der B(1,p) - Verteilung und F$^-$ die verallgemeinerte inverse Funktion von F, also (vgl. Abb. 2.8)

$$F : \mathbf{R} \to \mathbf{R} \text{ mit } F(x) = \begin{cases} 0 & \text{für } x \leq 0 \\ 1\text{-p} & \text{für } 0 < x \leq 1 \\ 1 & \text{für } x > 1 \end{cases} \text{ und } F^- : \mathbf{R} \to \mathbf{R} \text{ mit } F^-(z) = \begin{cases} 1 & \text{für } 1\text{-p} \leq z < 1 \\ 0 & \text{sonst} \end{cases}$$

Aus dem Inversionsverfahren 2.73 folgt nun, daß F$^-$oZ B(1,p) - verteilt ist und F$^-$ damit die gewünschte Eigenschaft besitzt.

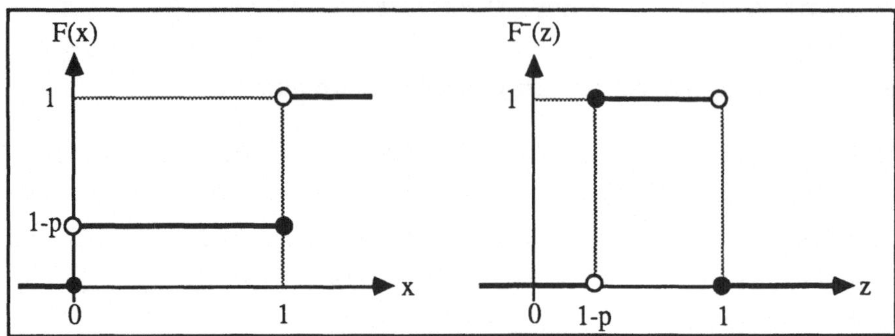

Abb. 2.8: Geometrische Veranschaulichung der beiden Funktionen F und F$^-$.

Schließlich erwähnen wir noch den wichtigen Satz über die

2.75 Lineare Transformation der r-dimensionalen Normalverteilung: *Gegeben sei der Zufallsvektor $Z := (Z_1,...,Z_r)$ sowie ein Vektor $v \in R^s$ und eine Matrix $C \in R_s^{\,r}$ mit Rang s. Bezeichnet nun $Y := (Y_1,...,Y_s) = v + (Z_1,...,Z_r).C^t$, so gilt:*

$$Z \text{ ist } N(\mu,\Sigma) \text{ - verteilt} \quad \Rightarrow \quad Y \text{ ist } N(v + \mu.C^t, C.\Sigma.C^t) \text{ - verteilt.}$$

Wir demonstrieren die Anwendungsmöglichkeiten dieses Transformationssatzes an einem

2.76 Beispiel (Ein trigonometrisches Problem): *Zur Bestimmung des Standortes C eines Objekts wird dieses von den beiden c km voneinander entfernten Beobachtungspunkten A und B angepeilt. Nun sind Winkelmessungen in der Regel mit Fehlern behaftet, also können wir die beiden Winkel U und V als Zufallsvariable auf einem geeigneten W-Raum ansehen. Unter der Annahme, daß U und V $N((\alpha,\beta),\sigma^2.E)$ - verteilt sind, bestimme man die gemeinsame Verteilung $P_{X,Y}$ der Koordinaten X und Y des Punktes C (vgl. Abb. 2.9).*

<u>Lösung:</u> Offenbar ist Y= X.tgU und Y = (c-X).tgV und damit gilt

$$X = \frac{c.cosU.sinU}{sin(U+V)} \quad \text{und} \quad Y = \frac{c.sinU.sinV}{sin(U+V)}$$

Da σ (als Maß für die Größe des Meßfehlers) aber im allgemeinen klein sein wird und damit U nur wenig von α und V nur wenig von β abweichen wird, gilt in erster Näherung (Taylorreihe)

$$X = \frac{c.\cos\alpha.\sin\beta}{\sin(\alpha+\beta)} - \frac{c.\sin\beta.\cos\beta}{\sin^2(\alpha+\beta)} . (U-\alpha) + \frac{c.\sin\alpha.\cos\alpha}{\sin^2(\alpha+\beta)} . (V-\beta)$$

$$Y = \frac{c.\sin\alpha.\sin\beta}{\sin(\alpha+\beta)} + \frac{c.\sin^2\beta.}{\sin^2(\alpha+\beta)} . (U-\alpha) + \frac{c.\sin^2\alpha}{\sin^2(\alpha+\beta)} . (V-\beta)$$

oder in Matrixschreibweise

$$(X,Y) = v + (U,V).C^t \quad \text{mit}$$

$$v := \frac{c.\sin\beta}{\sin(\alpha+\beta)} .(\cos\alpha,\sin\alpha) - (\alpha,\beta).C^t \quad \text{und}$$

$$C := \frac{c}{\sin^2(\alpha+\beta)} . \begin{pmatrix} -\sin\beta.\cos\beta & \sin\alpha.\cos\alpha \\ \sin^2\beta & \sin^2\alpha \end{pmatrix}$$

Aus 2.75 folgt damit aber sofort

$$P_{X,Y} = N(v + (\alpha,\beta).C^t, \sigma^2.C.E.C^t) = N(\mu,\Sigma) \quad \text{mit}$$

$$\mu := \frac{c.\sin\beta}{\sin(\alpha+\beta)} . (\cos\alpha,\sin\alpha) \quad \text{und}$$

$$\Sigma := \frac{\sigma^2.c^2}{\sin^4(\alpha+\beta)} . \begin{pmatrix} \sin^2\alpha.\cos^2\alpha + \sin^2\beta.\cos^2\beta & \sin^3\alpha.\cos\alpha - \sin^3\beta.\cos\beta \\ \sin^3\alpha.\cos\alpha + \sin^3\beta.\cos\beta & \sin^4\alpha + \sin^4\beta \end{pmatrix}$$

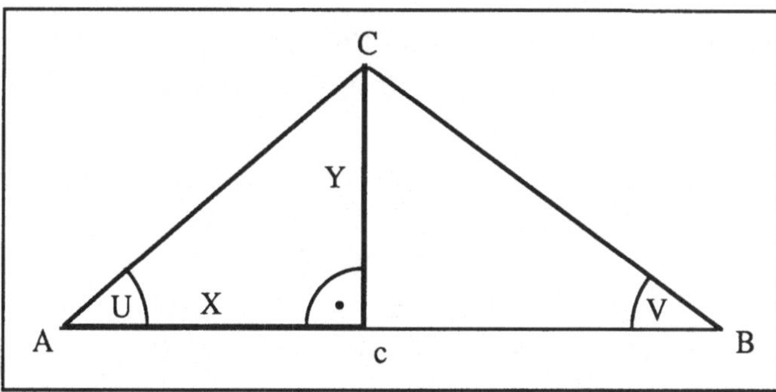

Abb. 2.9: Lage der Punkte A,B,C, der Winkel U, V und der Koordinaten X,Y.

Es soll nun der Erwartungswert einer Zufallsvariablen der Form $go(Z_1,...,Z_r)$ berechnet werden. Dazu könnte man zuerst die Verteilung (Verteilungsdichte) von $go(Z_1,...,Z_r)$ bestimmen und dann den Erwartungswert gemäß Definition 2.36 berechnen. Es geht aber auch einfacher (vgl. Satz 2.37):

2.77 Satz:

1) *Sind die Zufallsvariablen $Z_1,...,Z_r$ diskret und ist $go(Z_1,...,Z_r)$ integrierbar, so gilt*

$$E(go(Z_1,...,Z_r)) = {\sum_{z_1=-\infty}^{\infty}}' ... {\sum_{z_r=-\infty}^{\infty}}' g((z_1,...,z_r) \cdot f_{Z_1,...,Z_r}(z_1,...,z_r)$$

(Die Striche " ' " bei den Summenzeichen bedeuten dabei wieder, daß nur über jene $z_1,...,z_r \in R$ summiert wird, für die $f_{Z_1,...,Z_r}(z_1,...,z_r) > 0$ ist.)

2) *Sind die Zufallsvariablen $Z_1,...,Z_r$ stetig, ist g stückweise stetig und ist $go(Z_1,...,Z_r)$ integrierbar, so gilt*

$$E(go(Z_1,...,Z_r)) = \int_{-\infty}^{\infty} ... \int_{-\infty}^{\infty} g((z_1,...,z_r) \cdot f_{Z_1,...,Z_r}(z_1,...,z_r)\, dz_1...dz_r$$

Es folgen wieder einige Beispiele:

2.78 Beispiel: *Die Zufallsvariablen X und Y seien auf der Menge $[a,b] \times [a,b]$ gleichverteilt. Man berechne den Erwartungswert von $\min(X,Y)$.*

Lösung: Unter Verwendung von Satz 2.77 ergibt sich nach kurzer Rechnung

$$E(\min(X,Y)) = \frac{1}{(b-a)^2} \cdot \int_a^b \int_a^b \min(x,y)\, dx\, dy = \frac{1}{(b-a)^2} \cdot \int_a^b (\int_a^y x\, dx + \int_y^b y\, dx)\, dy =$$

$$= a + (b-a)/3$$

2.79 Beispiel: *Man berechne den Erwartungswert der kinetischen Energie der Moleküle eines idealen Gases mit absoluter Temperatur T, dessen Moleküle die Masse m besitzen.*

Lösung: Mit den Bezeichnungen von Beispiel 2.70 ergibt sich unter Verwendung von Satz 2.77 sofort (also ohne Benützung der in 2.70 abgeleiteten Maxwell'schen Geschwindigkeitsverteilung)

$$E(\frac{m|V|^2}{2}) = \int_{-\infty}^{\infty} \int_{-\infty}^{\infty} \int_{-\infty}^{\infty} \frac{m(v_1^2+v_2^2+v_3^2)}{2} \cdot \frac{1}{(2\pi)^{3/2} \cdot \sigma^2} \times$$

$$\times \exp\{-\frac{1}{\sigma^2} \cdot (v_1^2+v_2^2+v_3^2)\}\, dv_1 dv_2 dv_3 = (*)$$

Führt man nun wie in 2.70 wieder die Kugelkoordinaten ρ, φ und ϑ ein und verwendet man die bekannte Tatsache, daß für alle $n \in N_0$

$$\int_0^{\infty} x^{n+1/2} \cdot \exp\{-x\}\, dx = \frac{2n+1}{2} \cdot \frac{2n-1}{2} ... \frac{1}{2} \cdot \sqrt{\pi}$$

ist, so ergibt sich die den Physikern wohlbekannte Formel

$$(*) = \frac{m}{(2\pi)^{1/2}.\sigma^3} . \int_0^\infty \rho^4.\exp\{-\frac{r^2}{2\sigma^2}\} \, d\rho = \frac{2m\sigma^2}{\sqrt{\pi}} . \int_0^\infty x^{1+1/2}.\exp\{-x\} \, dx = \frac{3kT}{2}$$

2.80 Beispiel: *Ein Projektil wird zum Zeitpunkt t=0 unter dem Winkel α mit der Anfangsgeschwindigkeit v abgeschossen. Unter Vernachlässigung des Luftwiderstandes bewegt sich dieses Geschoß dann bekanntlich längs einer Parabel. Der Zündmechanismus des Geschoßes sei so konstruiert, daß dieses mit Sicherheit während der Sinkphase explodiert, wobei die Wahrscheinlichkeit dafür, daß die Explosion innerhalb des Höhenbereiches [y,y+dy) stattfindet, proportional zu 1/√y ist. Man berechne die mittlere Entfernung des Explosionsorts vom Abschußort.*

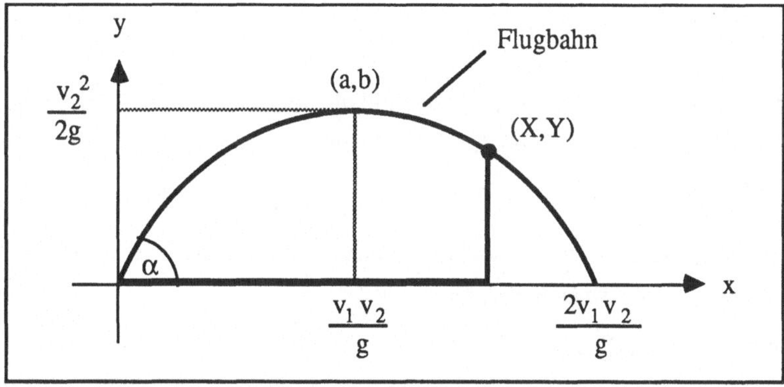

Abb. 2.10: Flugbahn des Geschoßes

<u>Lösung:</u> Mit den Abkürzungen $v_1 := v.\cos\alpha$ und $v_2 := v.\sin\alpha$ genügt die Flugbahn des Geschoßes bekanntlich den Gleichungen

$$x(t) = v_1.t \quad \text{und} \quad y(t) = v_2.t - g.t^2/2$$

wobei g die Erdbeschleunigung bezeichnet. Der höchste Punkt der Flugbahn besitzt damit die Koordinaten (a,b) mit $a := v_1.v_2/g$ und $b := v_2^2/2g$. Zwischen den die Koordinaten des Explosionsorts beschreibenden Zufallsvariablen X und Y besteht somit die Beziehung

$$X = a.[1 + (1-Y/b)^{1/2}]$$

Aus der Angabe über die Arbeitsweise des Zündmechanismus ergibt sich für die Verteilungsdichte f_Y von Y

$$f_Y(y) = \frac{P(\{Y \in [y,y+dy)\})}{dy} = \begin{cases} \dfrac{1}{2.(by)^{1/2}} & \text{für } 0<y<b \\ 0 & \text{sonst} \end{cases}$$

Unter Verwendung der Substitution $(\sin u)^2 := y/b$ erhalten wir mit Satz 2.77 somit

$$E(X) = \int_0^b a.[1 + (1-y/b)^{1/2}]. \frac{1}{2.(by)^{1/2}} \, dy = a. \int_0^{\pi/2} (\cos u + \cos^2 u) \, du = a.(1+ \pi/4) =$$

$$= \frac{v^2}{g}.(1+ \pi/4).\sin \alpha.\cos \alpha$$

Abschließend befassen wir uns noch mit dem Begriff der **Covarianz** und beginnen mit der für theoretische Überlegungen wichtigen

2.81 Ungleichung von Cauchy-Schwarz: *Sind die beiden Zufallsvariablen X und Y auf dem W-Raum ($\Omega,\mathcal{A},P$) quadratisch integrierbar, so gilt*

$$(E(|X.Y|))^2 \leq E(X^2).E(Y^2)$$

Aus dieser Ungleichung folgt unmittelbar: Sind die beiden Zufallsvariablen X und Y quadratisch integrierbar, so ist ihr Produkt X.Y jedenfalls integrierbar. Damit ist folgende Definition sinnvoll:

2.82 Definition: *Sind die beiden Zufallsvariablen X und Y auf dem W-Raum ($\Omega,\mathcal{A},P$) quadratisch integrierbar, so heißt die reelle Zahl*

$$Cov(X,Y) := E((X-E(X)).(Y-E(Y)))$$

*die **Covarianz** von X und Y. Haben X und Y außerdem positive Varianz, so heißt die reelle Zahl*

$$R(X,Y) := \frac{Cov(X,Y)}{(Var(X))^{1/2}.(Var(Y))^{1/2}}$$

*der **Korrelationskoeffizient** von X und Y.*

Wir fassen die wichtigsten Eigenschaften dieser beiden Begriffe wieder in einem Satz zusammen:

2.83 Satz: *Sind X und Y quadratisch integrierbare Zufallsvariable auf einem W-Raum ($\Omega,\mathcal{A},P$), so gilt*

1) $Cov(X,Y) = E(X.Y) - E(X).E(Y)$

2) $Var(X+Y) = Var(X) + 2Cov(X,Y) + Var(Y)$

3) $-1 \leq R(X,Y) \leq 1$

4) $R(X,Y)$ ist genau dann gleich +1 bzw. -1, wenn Zahlen $a,b \in R$ mit $P(\{Y=aX+b\}) = 1$ existieren. Der Koeffizient a hat dabei stets dasselbe Vorzeichen wie $R(X,Y)$.

Die Covarianz Cov(X,Y) bzw. der Korrelationskoeffizient R(X,Y) der beiden Zufallsvariablen X und Y hängt wieder **nur** von der gemeinsamen Verteilung $P_{X,Y}$ und **nicht** von den speziellen Abbildungsvorschriften $X : \Omega \to \mathbf{R}$ und $Y : \Omega \to \mathbf{R}$ ab. Wir berechnen daher wieder ein für allemal

2.84 Covarianz und Korrelationskoeffizient der wichtigsten Verteilungen:

Für alle $k,l \in \{1,2,...,r\}$ mit $k \neq l$ gilt mit den in 2.57 und 2.66 verwendeten Bezeichnungen

1) $P_{Z_1,...,Z_r} = M(N,p_1,,...,p_r) \quad \Rightarrow \quad \begin{cases} Cov(Z_k,Z_l) = -n.p_k p_l \\ R(Z_k,Z_l) = (p_k p_l)^{1/2} / [(1-p_k).(1-p_l)]^{1/2} \end{cases}$

2) $P_{Z_1,...,Z_r} = N(\mu,\Sigma) \quad \Rightarrow \quad \begin{cases} Cov(Z_k,Z_l) = \sigma_{kl} \\ R(Z_k,Z_l) = \rho_{kl} \end{cases}$

*(Deshalb heißt die Matrix Σ auch **Covarianzmatrix** der $N(\mu,\Sigma)$-Verteilung.)*

2.7 Erzeugung von Zufallszahlen

In Kapitel 1.5 haben wir uns ausführlich mit der Erzeugung von auf dem Intervall [0,1] gleichverteilten Pseudozufallszahlen befaßt. In der Praxis benötigt man jedoch sehr oft auch Folgen von Pseudozufallszahlen, die anderen Verteilungsgesetzen genügen. Wir definieren in diesem Zusammenhang:

2.85 Definition: *Sei V eine beliebige Verteilung (also ein beliebiges W-Maß auf $\mathcal{B}$). Eine mit Hilfe eines Algorithmus erzeugte Folge $z_1,z_2,...,z_n$ von reellen Zahlen heißt **Folge von V-Pseudozufallszahlen** (wobei der Ausdruck "Pseudo" aus Schlampigkeit oft weggelassen wird), wenn*

* *diese Folge nicht periodisch ist;*
* *diese Folge gemäß dem Gesetz V verteilt ist, also in jedem beliebigen Intervall I annähernd $n.V(I)$ der Zahlen $z_1,z_2,...,z_n$ liegen;*
* *innerhalb dieser Folgen keinerlei Abhängigkeiten bestehen.*

Verwendet man diese Sprachregelung, so handelt es sich bei auf dem Intervall [0,1] gleichverteilten Pseudozufallszahlen einfach um G(0,1)-Pseudozufallszahlen.

In diesem Kapitel werden wir nun zeigen, wie man mit Hilfe von G(0,1)-Zufallszahlen beliebige V-Zufallszahlen erzeugen kann. Dazu stellen wir zunächst grundsätzlich fest:

2.86 Bemerkung: *Das Verteilungsgesetz von Zufallszahlen ändert sich bei Transformationen genau so, wie das Verteilungsgesetz von Zufallsvariablen.*

Aufbauend auf dieser Tatsache liefert das in 2.73 angeführte Inversionsverfahren eine universell einsetzbare Möglichkeit zur Erzeugung von V-Zufallszahlen (vgl. dazu Abb. 2.11):

2.87 Erzeugung von V-Zufallszahlen mit Hilfe des Inversionsverfahrens:

Gegeben sei die Verteilungsfunktion F des W-Maßes V.

1) Man wählt auf der y-Achse eine G(0,1)-Zufallszahl y aus.

2) Man zeichnet die durch den Punkt (0,y) gehende Parallele zur x-Achse und bestimmt deren "Schnittpunkt" (F⁻(y),y) mit F.

3) Die x-Koordinate F⁻(y) dieses "Schnittpunktes" verwende man als V-Zufallszahl.

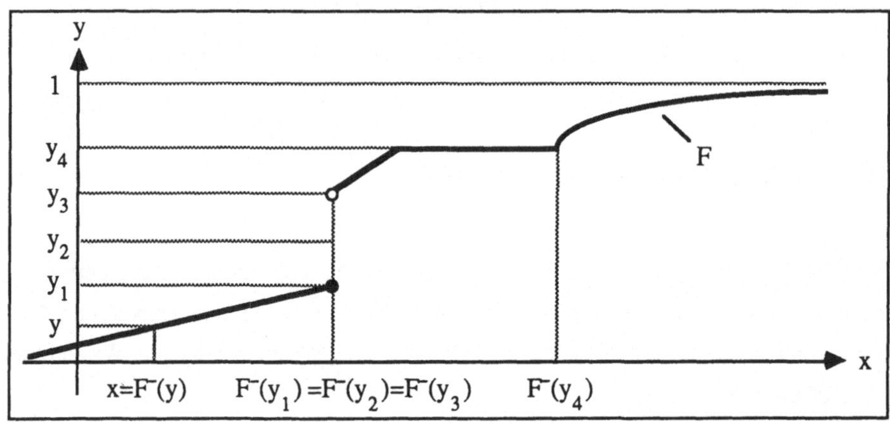

Abb. 2.11: Geometrische Veranschaulichung der Erzeugung von V-Zufallszahlen mit Hilfe des Inversionsverfahrens.

Mit diesem Verfahren kann man zwar prinzipiell beliebige V-Zufallszahlen erzeugen. Von praktischem Interesse ist diese Methode aber nur dann, wenn sich die verallgemeinerte inverse Funktion F⁻ der Verteilungsfunktion F von V in einfacher Weise ausdrücken läßt. So ist es beispielsweise wenig sinnvoll, mit dieser Methode N(0,1) - Zufallszahlen zu erzeugen, da sich in diesem Fall ja sogar schon die Verteilungsfunktion F nur als unhandliches unbestimmtes Integral darstellen läßt.

Eine Weitere Möglichkeit zur Erzeugung von V-Zufallszahlen liefert das sogenannte Verwerfungsverfahren (vgl. dazu Beispiel 3.41 und Abb. 2.12).

2.88 Erzeugung von V-Zufallszahlen mit Hilfe des Verwerfungsverfahrens:

Gegeben sei die Verteilungsdichte f des stetigen W-Maßes V.

1) Man wählt ein stetiges W-Maß W auf $\mathcal{B}$ mit den Eigenschaften:

   ** zwischen der Dichte f von V und der Dichte h von W besteht die Beziehung $f \leq \xi.h$ mit einer geeignet gewählten Konstanten $\xi \geq 1$;*

*   *es lassen sich leicht W-Zufallszahlen erzeugen.*

2) *Man erzeugt auf der x-Achse eine W-Zufallszahl x und auf der y-Achse eine G(0,1) -
    Zufallszahl y.*

3) *Ist $y > f(x)/\xi.h(x)$, so verwirft man dieses x. Ist jedoch $y \leq f(x)/\xi.h(x)$, so verwendet
    man dieses x als V-Zufallszahl.*

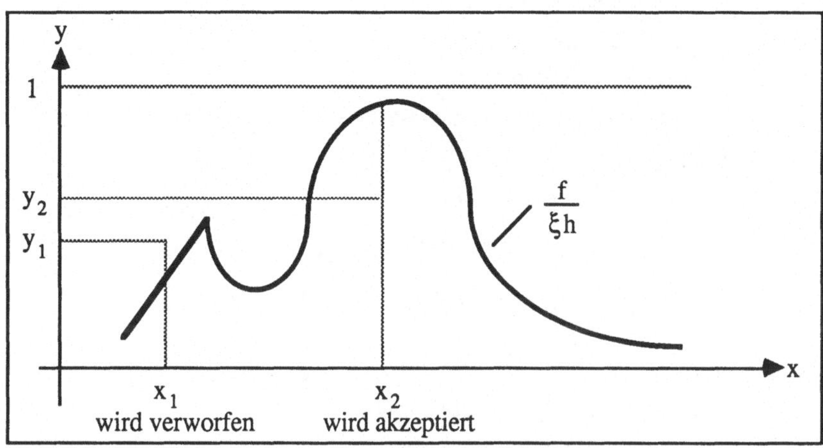

Abb. 2.12: Geometrische Veranschaulichung der Erzeugung von V-Zufallszahlen
mit Hilfe des Verwerfungsverfahrens.

Außer diesen beiden allgemeinen Methoden verwendet man bei der Erzeugung von V-Zufallszahlen oft spezielle Eigenschaften der Verteilung V. Wir stellen nun einige der ge-
bräuchlichsten Algorithmen zusammen:

2.89 Erzeugung von B(n,p)-Zufallszahlen: *Der folgende Algorithmus verwendet
die Tatsache, daß die Summe von n B(1,p)-Zufallszahlen eine B(n,p)-Zufallszahl ist (vgl.
dazu 2.15, 3.25 und 3.47) sowie die auf 2.74 zurückgehende Methode zur Erzeugung von
B(1,p)-Zufallszahlen.*

Algorithmus: 0) *$i=1:j=1$*

1) *Erzeuge eine G(0,1)-Zufallszahl y*

2) $x_j = \begin{cases} 0 & \text{für } 0 < y \leq 1\text{-}p \\ 1 & \text{für } 1\text{-}p < y < 1 \end{cases}$

3) *Ist $j < n$, so setze $j = j+1$ und gehe nach 1)*

4) *$z_i = x_1 + x_2 + ... + x_n$*

5) *$i=i+1:j=1:$ Gehe nach 1)*

Ausgabe: *Folge von B(n,p)-Zufallszahlen $z_1, z_2, ...$*

2.90 Erzeugung von NB(n,p)-Zufallszahlen: *Der folgende Algorithmus verwendet die Tatsache, daß die minimale Anzahl von B(1,p)-Zufallszahlen, welche aufsummiert gerade den Wert n ergeben, eine NB(n,p)-Zufallszahl ist (vgl. dazu 2.18 und 3.26) sowie die schon oben angeführte Methode zur Erzeugung von B(1,p)-Zufallszahlen.*

Algorithmus: 0) $i=1:j=1$

1) *Erzeuge eine G(0,1)-Zufallszahl y*

2) $x_j = \begin{cases} 0 & \text{für } 0<y\leq 1-p \\ 1 & \text{für } 1-p<y<1 \end{cases}$

3) *Ist* $x_1 + x_2 + \ldots + x_j < n$, *so setze* $j=j+1$ *und gehe nach 1)*

4) $z_i = j$

5) $i=i+1:j=1:$ *Gehe nach 1)*

Ausgabe: *Folge von NB(n,p)-Zufallszahlen* $z_1,z_2,\ldots$

Ohne nähere Begründung erwähnen wir noch den wesentlich schnelleren

Algorithmus: 0) $i=1:j=1$

1) *Erzeuge eine G(0,1)-Zufallszahl y*

2) $x_j = $ *größtes Ganzes von* $\dfrac{ln\,y}{ln\,(1-p)}$

3) *Ist* $j<n$, *so setze* $j=j+1$ *und gehe nach 1)*

4) $z_i = n + x_1 + x_2 + \ldots + x_n$

5) $i=i+1:j=1:$ *Gehe nach 1)*

Ausgabe: *Folge von NB(n,p)-Zufallszahlen* $z_1,z_2,\ldots$

2.91 Erzeugung von E(λ)-Zufallszahlen: *Als unmittelbare Folgerung von Beispiel 2.68 erhält man den einfachen*

Algorithmus: 0) $i=1$

1) *Erzeuge eine G(0,1)-Zufallszahl y*

2) $z_i = (-1/\lambda).ln\,y$

3) $i=i+1:$ *Gehe nach 1)*

Ausgabe: *Folge von E(λ)-Zufallszahlen* $z_1,z_2,\ldots$

2.92 Erzeugung von E(n,λ)-Zufallszahlen: *Dieser Algorithmus beruht auf der Tatsache, daß die Summe von n E(λ)-Zufallszahlen eine E(n,λ)-Zufallszahl ist (vgl. 3.47).*

Algorithmus: 0) $i=1:j=1$

1) *Erzeuge eine G(0,1)-Zufallszahl y*

2) $x_j = ln\,y$

3) *Ist* $j<n$, *so setze* $j=j+1$ *und gehe nach 1)*

$4)\ \ z_i = (-1/\lambda).(x_1 + x_2 + ... + x_n)$

$5)\ \ i=i+1:j=1:\ Gehe\ nach\ 1)$

Ausgabe: *Folge von $E(n,\lambda)$-Zufallszahlen $z_1,z_2,...$*

2.93 Erzeugung von $P(\lambda)$-Zufallszahlen: *Der folgende Algorithmus beruht auf der Tatsache, daß die maximale Anzahl von $E(\lambda)$-Zufallszahlen, deren Summe gerade noch kleiner als 1 ist, eine $P(\lambda)$-Zufallszahl ist (vgl. dazu Satz 4.23). Außerdem wird verwendet, daß die beiden Beziehungen*

$$(-1/\lambda).(ln\ y_1 + ln\ y_2 + ... + ln\ y_n) < 1\ \ \ \ und\ \ \ \ y_1.y_2...y_n > exp\{-\lambda\}$$

offenbar gleichbedeutend sind.

Algorithmus: $0)\ \ i=1:j=1:x=1$

                 $1)\ \ Erzeuge\ eine\ G(0,1)\text{-}Zufallszahl\ y$

                 $2)\ \ x = x.y$

                 $3)\ \ Ist\ x > exp\{-\lambda\},\ so\ setze\ j=j+1\ und\ gehe\ nach\ 1)$

                 $4)\ \ z_i = j\text{-}1$

                 $5)\ \ i=i+1:j=1:x=1:\ Gehe\ nach\ 1)$

Ausgabe: *Folge von $P(\lambda)$-Zufallszahlen $z_1,z_2,...$*

2.94 Erzeugung von $N(0,1)$-Zufallszahlen: *Der folgende Algorithmus benützt einen Spezialfall des zentralen Grenzverteilungssatzes (vgl. dazu 2.34 und 3.55), welcher besagt, daß die um den Wert 6 verringerte Summe von zwölf $G(0,1)$-Zufallszahlen näherungsweise als $N(0,1)$- Zufallszahl angesehen werden kann.*

Algorithmus: $0)\ \ i=1:j=1:x=0$

                 $1)\ \ Erzeuge\ eine\ G(0,1)\text{-}Zufallszahl\ y$

                 $2)\ \ x = x+y$

                 $3)\ \ Ist\ j<12,\ so\ setze\ j=j+1\ und\ gehe\ nach\ 1)$

                 $4)\ \ z_i = x - 6$

                 $5)\ \ i=i+1:j=1:x=0:\ Gehe\ nach\ 1)$

Ausgabe: *Folge von $N(0,1)$-Zufallszahlen $z_1,z_2,...$*

Gelegentlich verwendet man auch den als **Log-Trig-Algorithmus** (vgl. 3.40) bekannten

Algorithmus: $0)\ \ i=1$

                 $1)\ \ Erzeuge\ zwei\ G(0,1)\text{-}Zufallszahlen\ x\ und\ y$

                 $2)\ \ z_i = (-2.ln\ x)^{1/2}.cos\ 2\pi y:\ \ \ z_{i+1} = (-2.ln\ x)^{1/2}.sin\ 2\pi y$

                 $3)\ \ i=i+2:\ Gehe\ nach\ 1)$

Ausgabe: *Folge von $N(0,1)$-Zufallszahlen $z_1,z_2,...$*

Schließlich erwähnen wir noch den auf der Verwerfungsmethode beruhenden

Algorithmus: 0) *$i=1$*

1) *Erzeuge zwei G(0,1)-Zufallszahlen u und y*

2) $x = \begin{cases} \ln 2u & \text{für } 0 < u \leq 1/2 \\ -\ln 2(1-u) & \text{für } 1/2 < u < 1 \end{cases}$

3) *Ist $y > \exp\{|x| - x^2/2 - 1/2\}$, so verwirf x und gehe nach 1)*

4) *$z_i = x$*

5) *$i=i+1$: Gehe nach 1)*

Ausgabe: *Folge von $N(0,1)$-Zufallszahlen $z_1, z_2,...$*

V-Zufallszahlen kann man auffassen als zufällige, nach dem Verteilungsgesetz V ausgewählte Punkte auf **R**. Bei einer Reihe von Anwendungen benötigt man aber auch "zufällige, nach einem Verteilungsgesetz V ausgewählte Punkte auf **R**^{r}". In Verallgemeinerung von Definition 2.85 definieren wir daher:

2.95 Definition: *Sei $r \in N$ und sei V ein beliebiges W-Maß auf $\mathcal{B}^r$. Eine mit Hilfe eines Algorithmus erzeugte Folge $z_1, z_2,...,z_n$ von Elementen des R^r heißt Folge von **V-Pseudozufallsvektoren**, wenn*

* *diese Folge nicht periodisch ist;*

* *diese Folge gemäß dem Gesetz V verteilt ist, also in jedem beliebigen Quader Q annähernd $n.V(Q)$ der Vektoren $z_1, z_2,...,z_n$ liegen;*

* *innerhalb dieser Folge keinerlei Abhängigkeiten bestehen.*

Für die Praxis von besonderer Bedeutung sind in diesem Zusammenhang die beiden folgenden Algorithmen:

2.96 Erzeugung von G(B)-Zufallsvektoren: *Unter der Annahme, daß B beschränkt ist, bestimmen wir zunächst einen möglichst kleinen, die Menge B umfassenden, r-dimensionalen Quader Q der Form $Q = [a_1,b_1] \times [a_2,b_2] \times ... \times [a_r,b_r]$. Der folgende Algorithmus beruht auf einer naheliegenden Verallgemeinerung der Verwerfungsmethode.*

Algorithmus: 0) *$i=1$*

1) *Erzeuge r G(0,1)-Zufallszahlen $y_1, y_2,...,y_r$*

2) *$x = (x_1,x_2,...,x_r)$ mit $x_i := a_i + (b_i - a_i).y_i$*

3) *Ist $x \notin B$, so gehe nach 1)*

4) *$z_i = x$*

5) *$i=i+1$: Gehe nach 1)*

Ausgabe: *Folge von $G(B)$-Zufallsvektoren $z_1, z_2,...$*

2.97 Erzeugung von $N(\mu,\Sigma)$-Zufallsvektoren: *Da Σ positiv definit ist, existiert stets eine reguläre Matrix C mit $C.C^t = \Sigma$. Der folgende Algorithmus beruht auf dem Satz über lineare Transformationen der r-dimensionalen Normalverteilung sowie der Tatsache (vgl. dazu Bemerkung 3.32), daß ein aus r $N(0,1)$-Zufallszahlen $y_1,y_2,...,y_r$ bestehender Vektor $y = (y_1,y_2,...,y_r)$ offenbar ein $N(0,E)$-Zufallsvektor ist.*

Algorithmus: *0) $i=1$*

                    1) Erzeuge r $N(0,1)$-Zufallszahlen $y_1,y_2,...,y_r$

                    2) $z_i = \mu + (y_1,y_2,...,y_r).C^t$

                    3) $i=i+1$: Gehe nach 1)

Ausgabe: *Folge von $N(\mu,\Sigma)$-Zufallsvektoren $z_1,z_2,...$*

Das folgende Beispiel soll schließlich die mannigfaltigen Einsatzmöglichkeiten von Zufallszahlen bei der Simulation stochastischer Vorgänge verdeutlichen:

2.98 Beispiel: (Simulation eines Wartesystems (vgl. dazu [31]): *An Samstagen ist bei Supermärkten mit einem besonders starken Kundenandrang zu rechnen. Der Verkaufsleiter möchte nun gerne wissen, wieviele Kassen er einrichten soll, und macht seine Entscheidung von der Wahrscheinlichkeit dafür, daß ein Kunde mindestens eine Kassa findet, bei der höchstens eine Person auf Bedienung wartet, sowie dem durchschnittlichen Auslastungsgrad der Kassen abhängig.*

Aufgrund von statistischen Untersuchungen ist bekannt, daß

* *die Kunden bei den Kassen des Warenhauses gemäßt einem Poissonstrom mit Intensität $\lambda=4,7$ eintreffen; damit sind die Zeitintervalle zwischen den Ankunftszeiten von zwei hintereinander eintreffenden Kunden $E(\lambda)$-verteilt (vgl. 2.31 und Satz 4.23);*

* *die Bedienungszeiten der einzelnen Kunden annähernd $G(a,b)$-verteilt sind mit $a=0,5$ und $b=4,5$.*

Man beschaffe sich durch Simulation die notwendigen Entscheidungsgrundlagen.

Lösung: Wir simulieren das Geschehen an den einzelnen Kassen über einen längeren Zeitraum und verwenden dabei eine sogenannte **ereignisorientierte Ablaufsteuerung.** Dazu ist erforderlich, allen Ereignissen (Ankunft eines Kunden bei den Kassen, Beginn und Ende der Bedienung eines Kunden) den Zeitpunkt ihres Stattfindens zuzuordnen und stets eine aktuelle Liste aller momentanen und künftigen Ereignisse zu führen. Um die Startwerte (Länge der einzelnen Warteschlangen) einigermaßen realistisch festzulegen und damit den "Einschwingvorgang" auszuschalten, führen wir zu Beginn eines jeden Simulationslaufes einen sogenannten **Vorlauf** durch, dessen Ergebnisse noch nicht ausgewertet werden.

Der Ablauf dieser Simulation ist aus dem Flußdiagramm in Abb. 2.13 ersichtlich. Dabei bezeichne

T ... Modellzeit;

T0 ... Länge des Zeitraums, für den simuliert werden soll;

T1 ... Länge des Vorlaufs;

H ... Häufigkeit dafür, daß ein Kunde keine Kassa findet, bei der weniger als zwei Personen auf Bedienung warten;

F ... Summe aller Zeitspannen, in denen eine Kassa keinen Kunden zu bedienen hat;

M ... Anzahl der Kassen;

N ... Anzahl der bedienten Kunden;

Sj ... Zeitpunkte, zu denen Kunden die j-te Kassa verlassen;

Lj ... Anzahl der Kunden, die vor der j-ten Kassa auf Bedienung warten;

fl ... Flagge, mit der gesteuert wird, daß ein eintreffender Kunde gerade jene Kassa wählt, bei der er am wenigsten lang auf Bedienung warten muß.

In Tab. 2.3 sind für einige Werte von M (=Anzahl der Kassen) die zugehörigen, durch Simulation gewonnenen Werte von

A ... Auslastungsgrad der Kassen und

P ... Wahrscheinlichkeit dafür, daß ein Kunde eine Kassa findet, bei der höchstens eine Person auf Bedienung wartet

angeführt. (Macht man mehrere Simulationsläufe, so erkennt man, daß der Wert von P in den Fällen M=11 und M=12 sehr stark schwankt - das System ist in der Gegend von M=11 und M=12 also "kritisch".) Es ist anzunehmen, daß sich der Verkaufsleiter aufgrund dieser Ergebnisse für die Variante M=13 entscheiden wird.

M	A	P
10	1,000	0,000
11	0,996	0,256
12	0,965	0,747
13	0,942	0,993
14	0,840	1,000

Tabelle 2.3: Auslastungsgrad A und Wahrscheinlichkeit P dafür, daß ein Kunde eine Kassa findet, bei der höchstens eine Person auf Bedienung wartet.

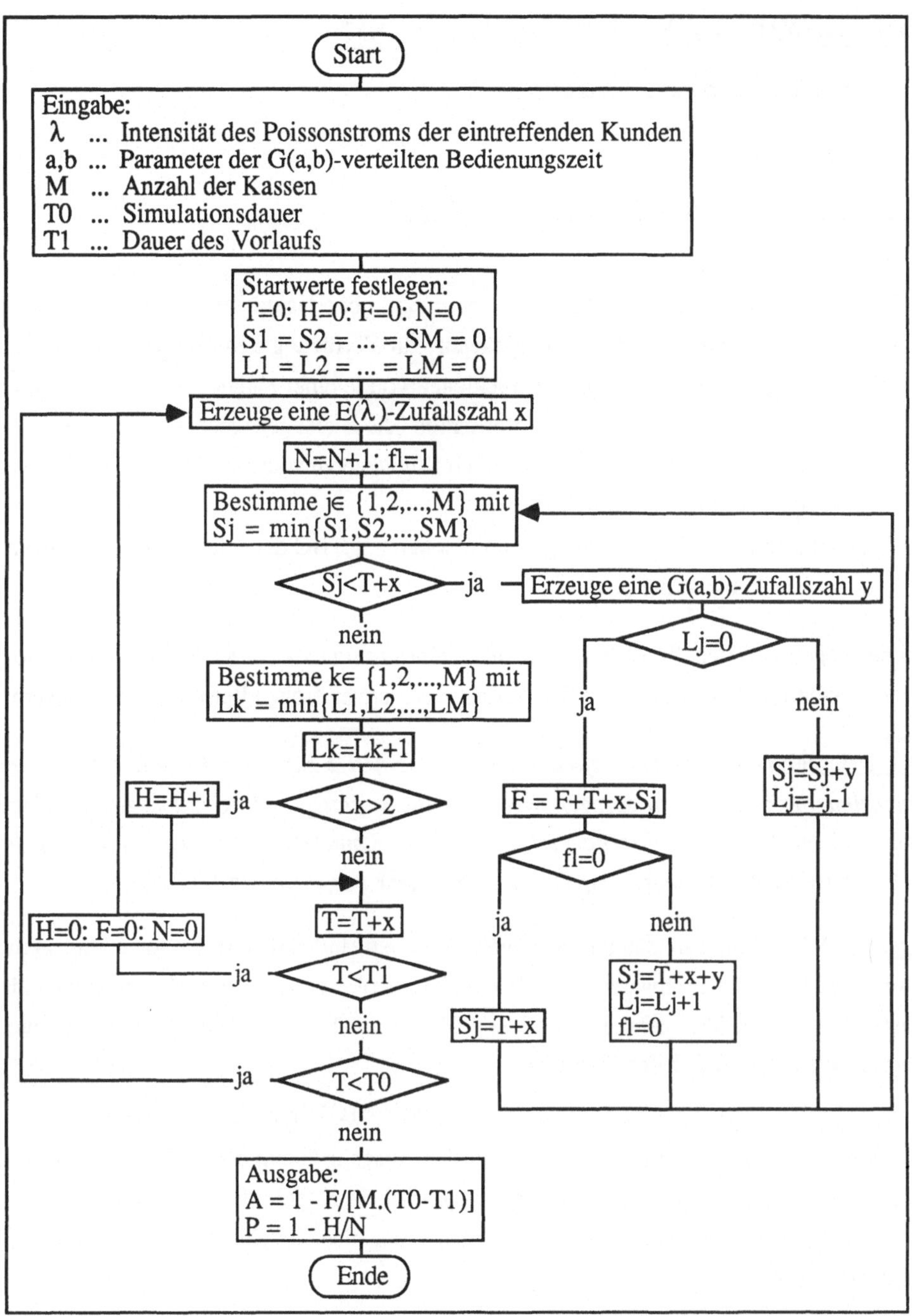

Abb 2.13: Flußdiagramm für die Simulation des Wartesystems aus Beispiel 2.98.

§3 Bedingte Wahrscheinlichkeit und Unabhängigkeit

3.1 Die bedingte Wahrscheinlichkeit

Oft hat man es mit einem Zufallsexperiment zu tun, über das die zusätzliche Information "ein gewisses Ereignis Ω' ist bereits eingetreten" zur Verfügung steht. Beispiele dafür sind:

* Beim zweimaligen Ziehen ohne Zurücklegen von je einer Kugel aus einer Urne mit r roten und s schwarzen Kugeln die Information "die zuerst gezogene Kugel war rot".

* Beim Austeilen von Spielkarten die (durch Kiebitzen gewonnene) Information "ein gewisser Spieler erhielt nur rote Spielkarten".

* Bei der klinischen Untersuchung von Personen auf TBC die Information "eine Röntgenuntersuchung verlief positiv".

In der Regel wird sich die Wahrscheinlichkeit eines Ereignisses durch eine derartige Information ändern. Wir wollen diesen Sachverhalt an einem einfachen Beispiel näher erläutern:

3.1 Beispiel: *In einer Urne befinden sich 2 rote und 2 schwarze Kugeln. Es werden nacheinander zwei Kugeln gezogen, wobei die zuerst gezogene Kugel nicht zurückgelegt wird. Wie groß ist die Wahrscheinlichkeit dafür, daß mindestens eine der beiden Kugeln schwarz ist, wenn bekannt ist, daß die zuerst gezogene Kugel rot war?*

Lösung: Wir nehmen an, daß unsere Kugeln numeriert sind und dabei die roten Kugeln die Nummern 1,2 und die schwarzen Kugeln die Nummern 3,4 tragen. Berücksichtigt man die Zusatzinformation "die zuerst gezogene Kugel ist rot" nicht, so läßt sich unser zweimaliges Ziehen bekanntlich durch den W-Raum

$$\Omega := \{(x_1,x_2) \mid x_i \in \{1,2,3,4\} \text{ und } x_1 \neq x_2\}, \quad \mathcal{A} := \mathcal{P}(\Omega) \text{ und } P(A) := |A|/|\Omega|$$

beschreiben. Dabei steht das Paar (x_1,x_2) für den Ausgang "beim ersten Zug wird die Kugel mit der Nummer x_1 und beim zweiten Zug wird die Kugel mit der Nummer x_2 gezogen". Das Ereignis "mindestens eine der beiden gezogenen Kugeln ist schwarz" entspricht dann der Menge

$$A := \{(1,3),(1,4),(2,3),(2,4),(3,1),(3,2),(3,4),(4,1),(4,2),(4,3)\}$$

und wir erhalten somit $P(A) = |A|/|\Omega| = 0{,}833$.

Berücksichtigt man hingegen die Zusatzinformation "die zuerst gezogene Kugel ist rot", so läßt sich unser zweimaliges Ziehen offenbar durch den W-Raum

$$\Omega' := \{(1,2),(1,3),(1,4),(2,1),(2,3),(2,4)\}, \quad \mathcal{A} := \mathcal{P}(\Omega') \quad \text{und} \quad P'(A') := |A'|/|\Omega'|$$

beschreiben. Dem Ereignis "mindestens eine der beiden gezogenen Kugeln ist schwarz" entspricht dann aber die Menge

$$A' = \{(1,3),(1,4),(2,3),(2,4)\}$$

sodaß wir insgesamt erhalten $P'(A') = |A'|/|\Omega'| = 0,666$.   🍎

Man könnte nun ein Zufallsexperiment, über das die zusätzliche Information "ein gewisses Ereignis Ω' ist eingetreten" zur Verfügung steht, als neues Zufallsexperiment mit Ω' als Ereignisraum auffassen und in der üblichen Weise behandeln. Anhand des eben vorgeführten Beispiels erkennt man aber, daß

$$P'(A') = |A'|/|\Omega'| = |A\cap\Omega'|/|\Omega'| = (|A\cap\Omega'|/|\Omega|).(|\Omega|/|\Omega'|) = P(A\cap\Omega')/P(\Omega')$$

ist - daß sich also die "bedingte" Wahrscheinlichkeit eines Ereignisses in einfacher Weise durch "unbedingte" Wahrscheinlichkeiten ausdrücken läßt. Wir definieren daher:

3.2 Definition: *Sei $(\Omega,\mathcal{A},P)$ ein W-Raum und sei $\Omega'\in\mathcal{A}$ mit $P(\Omega')>0$.*

1) Für jedes $A\in\mathcal{A}$ heißt die Zahl

$$P(A/\Omega') := P(A\cap\Omega')/P(\Omega')$$

*die **bedingte Wahrscheinlichkeit von A unter Ω'.***

2) Man überzeugt sich mühelos davon, daß die Abbildung

$$P(\,.\,/\Omega') : \mathcal{A}\to R \quad mit \quad P(\,.\,/\Omega')(A) := P(A/\Omega')$$

*ein W-Maß auf $\mathcal{A}$ ist. Dieses W-Maß heißt **das durch Ω' bedingte W-Maß auf $\mathcal{A}$**.*

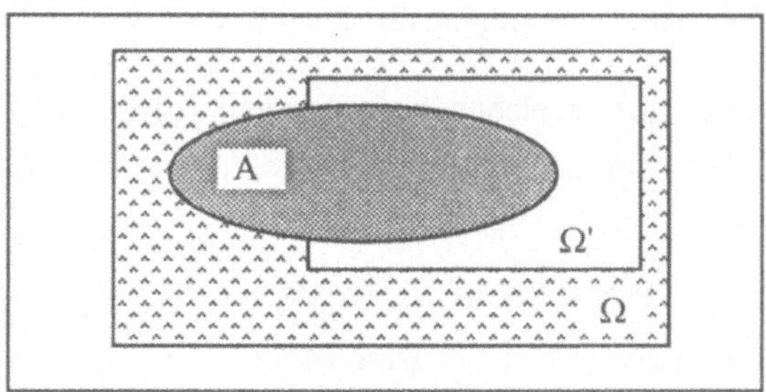

Abb. 3.1: Geometrische Veranschaulichung der bedingten Wahrscheinlichkeit $P(A/\Omega')$.

Anhand einer Zeichnung kann der Unterschied zwischen "bedingter" und "unbedingter" Wahrscheinlichkeit gut veranschaulicht werden: Interpretiert man in Abb. 3.1 die "unbedingte" Wahrscheinlichkeit des Ereignisses A als Verhältnis der Fläche von A zur Fläche von Ω, so entspricht die "bedingte" Wahrscheinlichkeit von A unter Ω' dem Verhältnis der

Fläche von $A \cap \Omega'$ zur Fläche von Ω'.

Die bedingte Wahrscheinlichkeit besitzt einige elementare, für praktische Belange aber äußerst wichtige Eigenschaften:

3.3 Satz: *Sei $(\Omega, \mathcal{A}, P)$ ein W-Raum.*

1) Multiplikationssatz: Für alle $A_1, A_2, ..., A_n, A_{n+1} \in \mathcal{A}$ mit $P(A_1 \cap A_2 \cap ... \cap A_n) > 0$ ist

$$P(A_1 \cap A_2 \cap ... \cap A_n \cap A_{n+1}) = P(A_1) \cdot P(A_2/A_1) \cdot P(A_3/A_1 \cap A_2) ... P(A_{n+1}/A_1 \cap A_2 \cap ... \cap A_n)$$

2) Satz von der totalen Wahrscheinlicheit: Ist $B_1, B_2, ..., B_n \in \mathcal{A}$ ein vollständiges Ereignissystem[*], so gilt[**] für alle Ereignisse $A \in \mathcal{A}$

$$P(A) = \sum_{i=1}^{n} P(A \cap B_i) = \sum_{i=1}^{n} P(A/B_i) \cdot P(B_i)$$

3) Satz von Bayes: Ist $B_1, B_2, ..., B_n \in \mathcal{A}$ ein vollständiges Ereignissystem, so gilt für alle Ereignisse $A \in \mathcal{A}$ mit $P(A) > 0$ und alle $i_0 \in \{1, 2, ..., n\}$

$$P(B_{i_0}/A) = P(A/B_{i_0}) \cdot P(B_{i_0}) \cdot \left[\sum_{i=1}^{n} P(A/B_i) \cdot P(B_i) \right]^{-1}$$

Anhand einiger typischer Beispiele soll nun gezeigt werden, wie der Begriff der bedingten Wahrscheinlichkeit Verwendung findet:

3.4 Beispiel (Polya'sches Urnenmodell): *Eine Urne enthält zu Beginn unseres Experiments r rote und s schwarze Kugeln. Dieser Urne wird eine Kugel zufällig entnommen und ihre Farbe registriert. Anschließend wird die gezogene Kugel zusammen mit c weiteren Kugeln derselben Farbe in die Urne zurückgelegt. Dieser Vorgang wird n mal wiederholt. Man bestimme die Wahrscheinlichkeit dafür, daß dabei lauter rote Kugeln gezogen werden.*

Lösung: Für jedes $i \in \{1, 2, ..., n\}$ bezeichne A_i das Ereignis "beim i-ten Versuch wird eine rote Kugel gezogen". Aus dem Multiplikationssatz folgt dann für die von uns gesuchte Wahrscheinlichkeit

$$P(A_1 \cap A_2 \cap ... \cap A_n) = P(A_1) \cdot P(A_2/A_1) ... P(A_n/A_1 \cap A_2 \cap ... \cap A_{n-1}) = (*)$$

Beim ersten Versuch befinden sich in der Urne r rote und s schwarze Kugeln, also ist $P(A_1) = r/(r+s)$; wurde beim ersten Versuch eine rote Kugel gezogen, so befinden sich beim zweiten Versuch $r+c$ rote und s schwarze Kugeln in der Urne, also ist $P(A_2/A_1) = (r+c)/(r+s+c)$; wurde bei den ersten beiden Versuchen jeweils eine rote Kugel gezogen, so

---

[*] Sind die Ereignisse $B_1, B_2, ..., B_n, ... \in \mathcal{A}$ paarweise unvereinbar und ist $B_1 \cup B_2 \cup ... \cup B_n \cup ... = \Omega$, so sagt man, die Ereignisses $B_1, B_2, ..., B_n, ...$ bilden ein **vollständiges Ereignissystem**.

[**] Ist $P(B_i) = 0$, so ist zwar $P(A/B_i)$ nicht definiert, es ist aber sinnvoll, $P(A/B_i) \cdot P(B_i) := 0$ zu setzen.

befinden sich beim dritten Versuch r+2c rote und s schwarze Kugeln in der Urne, also ist $P(A_3|A_1 \cap A_2) = (r+2c)/(r+s+2c)$; usw. Wir erhalten daher insgesamt

$$(*) = \frac{r}{r+s} \cdot \frac{r+c}{r+s+c} \cdot \frac{r+2c}{r+s+2c} \cdots \frac{r+(n-1)c}{r+s+(n-1)c}$$

3.5 Beispiel: *In einem Kasten liegen 15 Tennisbälle, wovon 9 neu sind. Für das erste Spiel werden willkürlich drei Bälle genommen, die dann wieder in der Kasten zurückgelegt werden. Für das zweite Spiel nimmt man ebenfalls willkürlich drei Bälle. Wie groß ist die Wahrscheinlichkeit dafür, daß alle Bälle, die zum zweiten Spiel genommen werden, neu sind?*

Lösung: Es bezeichne A das Ereignis "alle für das zweite Spiel verwendeten Bälle sind neu", sowie B_1 (bzw. B_2, B_3, B_4) das Ereignis "nach dem ersten Spiel sind noch 9 (bzw. 8, 7, 6) der 15 Bälle neu". Aus der Angabe ergibt sich dann sofort

$$P(B_1) = \frac{\binom{6}{3} \cdot \binom{9}{0}}{\binom{15}{3}}; \quad P(B_2) = \frac{\binom{6}{2} \cdot \binom{9}{1}}{\binom{15}{3}}; \quad P(B_3) = \frac{\binom{6}{1} \cdot \binom{9}{2}}{\binom{15}{3}}; \quad P(B_4) = \frac{\binom{6}{0} \cdot \binom{9}{3}}{\binom{15}{3}}$$

sowie

$$P(A|B_1) = \frac{\binom{9}{3}}{\binom{15}{3}}; \quad P(A|B_2) = \frac{\binom{8}{3}}{\binom{15}{3}}; \quad P(A|B_3) = \frac{\binom{7}{3}}{\binom{15}{3}}; \quad P(A|B_4) = \frac{\binom{6}{3}}{\binom{15}{3}}$$

sodaß wir mit Hilfe des Satzes von der totalen Wahrscheinlichkeit - die Ereignisse B_1, B_2, B_3 und B_4 bilden ein vollständiges Ereignissystem - insgesamt

$$P(A) = \sum_{i=1}^{4} P(A|B_i) \cdot P(B_i) = 0{,}089$$

erhalten.

3.6 Beispiel (Das modifizierte Ehrenfest'sche Urnenmodell (vgl. auch 4.73 und 4.88)): *Gegeben seien zwei Urnen I und II. Zu Beginn unseres Experiments befinden sich in Urne I r rote und in Urne II s schwarze Kugeln. Im ersten Schritt nehmen wir zufällig eine Kugel aus Urne I und geben diese in Urne II; daraufhin nehmen wir zufällig eine Kugel aus Urne II und geben diese in Urne I. Wir wiederholen diese Prozedur n mal und fragen nach der mittleren Anzahl der roten Kugeln, welche sich dann in Urne I befinden.*

Lösung: Für jedes $i \in \mathbb{N}_0$ beschreibe die Zufallsvariable Z_i die Anzahl der roten Kugeln, welche sich nach i derartigen Austauschschritten in Urne I befinden. Bei einem Austauschschritt verändert sich die Anzahl der roten Kugeln in Urne I offenbar höchstens um eins.

Zusammen mit dem Satz von der totalen Wahrscheinlichkeit - die Ereignisse $\{Z_i=0\}$, $\{Z_i=1\},...,\{Z_i=r\}$ bilden nämlich ein vollständiges Ereignissystem - erhalten wir somit

$$E(Z_{i+1}) - E(Z_i) = E(Z_{i+1} - Z_i) = P(\{Z_{i+1} - Z_i = +1\}) - P(\{Z_{i+1} - Z_i = -1\}) =$$

$$= \sum_{k=0}^{r} [P(\{Z_{i+1} - Z_i = +1\}|\{Z_i=k\}) - P(\{Z_{i+1} - Z_i\}|\{Z_i=k\})].P(\{Z_i=k\}) = (*)$$

Wir betrachten nun den Fall, daß sich nach i Schritten in Urne I k rote Kugeln befinden. Offenbar sind dann in Urne I noch r-k schwarze Kugeln sowie in Urne II r-k rote und s-r+k schwarze Kugeln. Um nun beim nächsten Schritt die Anzahl der roten Kugeln in Urne I um eins zu erhöhen, muß zuerst aus Urne I eine schwarze Kugel und daraufhin aus Urne II eine rote Kugel gezogen werden (die Wahrscheinlichkeiten dafür sind (r-k)/r bzw. (r-k)/(s+1)). Wir erhalten somit

$$P(\{Z_{i+1} - Z_i = +1\}|\{Z_i=k\}) = \frac{r-k}{r} . \frac{r-k}{s+1}$$

und ganz analog dazu

$$P(\{Z_{i+1} - Z_i = -1\}|\{Z_i=k\}) = \frac{k}{r} . \frac{s-r+k}{s+1}$$

Damit gilt weiter

$$(*) = \sum_{k=0}^{r} [\frac{(r-k)^2}{r(s+1)} - \frac{k(s-r+k)}{r(s+1)}].P(\{Z_i=k\}) = \sum_{k=0}^{r} \frac{r^2-k(r+s)}{r(s+1)}.P(\{Z_i=k\}) =$$

$$= \frac{r}{s+1} . \sum_{k=0}^{r} P(\{Z_i=k\}) - \frac{r+s}{r(s+1)} . \sum_{k=0}^{r} k.P(\{Z_i=k\}) = \frac{r}{s+1} - \frac{r+s}{r(s+1)}.E(Z_i)$$

sodaß wir also insgesamt

$$E(Z_{i+1}) = \frac{s(r-1)}{r(s+1)}.E(Z_i) + \frac{r}{s+1}$$

erhalten. Aus dieser Rekursionsformel ergibt sich aber sofort

$$E(Z_n) = \frac{s(r-1)}{r(s+1)}.E(Z_{n-1}) + \frac{r}{s+1} = [\frac{s(r-1)}{r(s+1)}]^2.E(Z_{n-2}) + \frac{r}{s+1}.[1+ \frac{s(r-1)}{r(s+1)}] = ...$$

$$... = [\frac{s(r-1)}{r(s+1)}]^n.E(Z_0) + \frac{r}{s+1}.\{1+ \frac{s(r-1)}{r(s+1)} + ... + [\frac{s(r-1)}{r(s+1)}]^{n-1}\}$$

Da trivialerweise $E(Z_0) = r$ ist, erhalten wir somit schließlich

$$E(Z_n) = \frac{r}{r+s} . \{r + s . [\frac{s(r-1)}{r(s+1)}]^n\}$$

3.7 Beispiel: *Ein Arbeiter bedient n Werkbänke gleichen Typs, die in einer Reihe mit jeweils gleichem Abstand a angebracht sind. Wenn der Arbeiter die Bedienung einer Werkbank beendet hat, wartet er solange bei dieser Werkbank, bis die nächste Werkbank ausfällt. Es wird vorausgesetzt, daß die Störungen an den n Werkbänken gleichwahrscheinlich sind. Man berechne die mittlere Länge jenes Weges, den der Arbeiter beim Wechseln von einer zur nächsten Werkbank zurücklegen muß.*

Lösung: Für jedes $i \in \{1,2,...,n\}$ bezeichne A_i das Ereignis "der Arbeiter befindet sich gerade bei der i-ten Werkbank". Außerdem beschreibe die Zufallsbariable Z die Länge des Weges, den der Arbeiter beim Wechseln von einer zur nächsten Werkbank zurücklegen muß. Da die Ereignisse $A_1, A_2, ..., A_n$ ein vollständiges Ereignissystem bilden, folgt für alle $k \in \{0,1,2,...,n-1\}$ aus dem Satz von der totalen Wahrscheinlichkeit

$$P(\{Z=k.a\}) = \sum_{i=1}^{n} P(\{Z=k.a\}|A_i).P(A_i)$$

Anhand einer Zeichnung erkennt man mühelos, daß im Fall $k \leq n/2$

$$P(\{Z=k.a\}|A_i) = \begin{cases} 1/n & \text{für } 1 \leq i \leq k \\ 2/n & \text{für } k < i < n-k+1 \\ 1/n & \text{für } n-k+1 \leq i \leq n \end{cases}$$

und im Fall $k > n/2$

$$P(\{Z=k.a\}|A_i) = \begin{cases} 1/n & \text{für } 1 \leq i \leq n-k \\ 0 & \text{für } n-k < i < k+1 \\ 1/n & \text{für } k+1 \leq i \leq n \end{cases}$$

ist. Wegen $P(A_1) = P(A_2) = ... = P(A_n) = 1/n$ gilt somit in beiden Fällen

$$P(\{Z=k.a\}) = 2(n-k)/n^2$$

sodaß wir unter Berücksichtigung von Formel 16 aus 1.11 insgesamt

$$E(Z) = \sum_{k=1}^{n-1} ka.P(\{Z=ka\}) = \sum_{k=1}^{n-1} \frac{ka.2(n-k)}{n^2} = \frac{2a}{n}.(\sum_{k=1}^{n-1} k) - \frac{2a}{n^2}.(\sum_{k=1}^{n-1} k^2) = \frac{a.(n^2-1)}{3n}$$

erhalten.

3.8 Beispiel (Ein weiters Urnenproblem): *Zuerst wird 10 mal eine Münze geworfen und bei Adler bzw. Zahl jeweils eine rote bzw. schwarze Kugel in eine Urne gelegt. Jemand, der diesen Vorgang nicht beobachtet hat - und somit nicht weiß, wieviele der 10 Kugeln in der Urne rot bzw. schwarz sind - zieht nun aus dieser Urne eine Kugel, notiert ihre Farbe und legt diese Kugel wieder in die Urne zurück. Er wiederholt diesen Vorgang n mal und stellt fest, daß er dabei insgesamt m rote Kugeln gezogen hat. Mit welcher Wahrscheinlichkeit befinden sich dann (unter Berücksichtigung dieser Information) in der Urne genau k rote Kugeln?*

<u>Lösung:</u> Für jedes $k \in \{0,1,2,...,10\}$ bezeichne A_k das Ereignis "in der Urne befinden sich genau k rote Kugeln". Außerdem bezeichne $B_{n,m}$ das Ereignis "beim n-maligen Ziehen einer Kugel aus dieser Urne werden genau m rote Kugeln gezogen". Nun gilt aber für alle $k \in \{0,1,2,...,10\}$ offenbar (vgl. 2.15)

$$P(A_k) = \binom{10}{k}.(1/2)^{10} \quad \text{und} \quad P(B_{n,m}|A_k) = \binom{n}{m}.(k/10)^m.(1 - k/10)^{n-m}$$

sodaß wir unter Verwendung des Satzes von Bayes - die Ereignisse $A_0, A_1, ..., A_{10}$ bilden nämlich ein vollständiges Ereignissystem - schließlich

$$P(A_k|B_{n,m}) = \frac{P(B_{n,m}|A_k).P(A_k)}{\sum\limits_{i=0}^{10} P(B_{n,m}|A_i).P(A_i)} = \frac{k^m.(10-k)^{n-m}.\binom{10}{k}}{\sum\limits_{i=0}^{10} i^m.(10-i)^{n-m}.\binom{10}{i}}$$

erhalten. In Tabelle 3.1 sind diese Wahrscheinlichkeiten für einige Werte von k,n und m angegeben. Wir erkennen dabei: Befindet sich unter 5 gezogenen Kugeln eine rote Kugel, so sind mit größter Wahrscheinlichkeit 4 rote Kugeln in der Urne. Sind unter 10 gezogenen Kugeln zwei Kugeln rot (das Verhältnis n:m hat sich dabei nicht verändert), so befinden sich mit größter Wahrscheinlichkeit 3 rote Kugeln in der Urne. Sind unter 500 gezogenen Kugeln hundert rot (das Verhältnis n:m ist wieder unverändert), so kann man fast mit Sicherheit darauf schließen, daß sich in unserer Urne nur 2 rote Kugeln befinden.

k	n=5 m=1	n=10 m=2	n=20 m=4	n=50 m=10	n=100 m=20	n=500 m=100
1	0,01837	0,02350	0,02570	0,01334	0,00217	0,00000
2	0,10323	0,16488	0,28105	<u>0,55276</u>	<u>0,82881</u>	<u>0,99999</u>
3	0,24204	<u>0,33993</u>	<u>0,44796</u>	0,40714	0,16861	0,00001
4	<u>0,30484</u>	0,30813	0,21032	0,02657	0,00041	
5	0,22051	0,13436	0,03333	0,00020		
6	0,09032	0,02705	0,00162			
7	0,01905	0,00211	0,00002			
8	0,00161	0,00004				

Tabelle 3.1: Wahrscheinlichkeiten $P(A_k|B_{n,m})$ für verschiedene Werte von k, n,m und festem Verhältnis n:m = 5.

3.9 Beispiel: (TBC-Diagnose): *Von einem sehr zuverlässigen Test zur TBC-Diagnose weiß man, daß dieser Test in 94 von 100 Fällen negativ ausfällt, falls die Testperson nicht TBC hat und in 96 von 100 Fällen positiv ausfällt, falls die Testperson an TBC erkrankt ist. Aus Erfahrung weiß man, daß im Durchschnitt von 250 Personen, die sich einer Reihenuntersuchung unterziehen, eine Person tatsächlich TBC hat. Wie groß ist die Wahrscheinlichkeit dafür, daß eine Person in Wirklichkeit TBC hat, wenn bei ihr dieser Test positiv ausgefallen ist?*

<u>Lösung:</u> Es bezeichne A das Ereignis "der Test fällt positiv aus" und B das Ereignis "die Testperson hat tatsächlich TBC". Aus unserer Angabe entnehmen wir dann:

$$P(A|B) = 0{,}96 \quad \text{und damit} \quad P(A^C|B) = 0{,}04$$

$$P(A^C|B^C) = 0{,}94 \quad \text{und damit} \quad P(A|B^C) = 0{,}06$$

$$P(B) = 0{,}004 \quad \text{und damit} \quad P(B^C) = 0{,}996$$

Aus dem Satz von Bayes - die Ereignisse B und B^C bilden trivialerweise ein vollständiges Ereignissystem - ergibt sich damit für die von uns gesuchte Wahrscheinlichkeit

$$P(B|A) = \frac{P(A|B).P(B)}{P(A|B).P(B) + P(A|B^C).P(B^C)} = \frac{0{,}96 . 0{,}004}{0{,}96.0{,}004 + 0{,}06.0{,}996} = 0{,}06$$

Dieses doch eher verblüffende Ergebnis - nur 6% der von unserem Test als TBC-verdächtig eingestuften Personen haben tatsächlich TBC - kommt daher, daß dieser Test nur scheinbar recht zuverlässig ist: Im Vergleich zu dem sehr unwahrscheinlichen Fall, daß eine Testperson tatsächlich TBC hat, sind nämlich die Wahrscheinlichkeiten dafür, daß dieser Test ein falsches Ergebnis liefert, doch sehr groß.

3.10 Beispiel (Das Ruinproblem(vgl. dazu auch 4.86)): *Ein Spieler nimmt an einem Glücksspiel teil, bei dem er unabhängig vom Kapital, über das er gerade verfügt, mit der Wahrscheinlichkeit 1/2 eine Mark gewinnen bzw. verlieren kann. Unser Spieler spielt so lange, bis er entweder sein Anfangskapital von a DM verloren hat oder den Zielbetrag von b DM (b>a) erreicht hat. Man bestimme seine Ruinwahrscheinlichkeit.*

<u>Lösung:</u> Es bezeichne

    A ... das Ereignis "der Spieler verliert sein ganzes Geld"

    B_1 ... das Ereignis "der Spieler gewinnt das nächste Spiel"

    B_2 ... das Ereignis "der Spieler verliert das nächste Spiel"

    Z ... jene Zufallsvariable, welche angibt, wieviel Geld der Spieler im Moment besitzt.

Die gesuchte Wahrscheinlichkeit dafür, daß unser Spieler sein gesamtes Geld verliert, falls er im Moment ein Kapital von a DM besitzt, läßt sich somit durch $P(A|\{Z=a\})$ ausdrücken. Als erstes bemerken wir, daß für alle $k \in \{1,2,...,b-1\}$

$$P(A|\{Z=k\}) = P(A\cap(B_1\cup B_2)|\{Z=k\}) = P(A\cap B_1|\{Z=K\}) + P(A\cap B_2|\{Z=k\})$$

ist. Für i=1,2 ist aber

$$P(A\cap B_i|\{Z=k\}) = \frac{P(A\cap B_i\cap\{Z=k\})}{P(\{Z=k\})} = P(B_i|\{Z=k\}).P(A|B_i\cap\{Z=k\})$$

Berücksichtigen wir nun, daß

* unser Spieler unabhängig vom Kapital, über das er gerade verfügt, mit der Wahrscheinlichkeit 1/2 das nächste Spiel gewinnt bzw. verliert, daß also

$$P(B_1|\{Z=k\}) = P(B_2|\{Z=k\}) = 1/2 \quad \text{ist;}$$

* die Information "unser Spieler besitzt im Moment k DM und wird das nächste Spiel gewinnen bzw. verlieren" in Hinblick auf das Ruinereignis A mit der Information "unser Spieler besitzt im Moment k+1 bzw. k-1 DM" gleichbedeutend ist, daß also

$$P(A|B_1\cap\{Z=k\}) = P(A|\{Z=k\}) \quad \text{bzw.} \quad P(A|B_2\cap\{Z=k\}) = P(A|\{Z=k-1\}) \quad \text{ist;}$$

so erhalten wir für alle $k \in (1,2,...,b-1\}$

$$P(A|\{Z=k\}) = \frac{1}{2}.[P(A|\{Z=k+1\}) + P(A|\{Z=k-1\})]$$

Daraus folgt aber unmittelbar

$$P(A|\{Z=k+1\}) - P(A|\{Z=k\}) = P(A|\{Z=k\}) - P(A|\{Z=k-1\}) =: c$$

woraus man für alle $k \in \{0,1,2,...,b\}$ sofort

$$P(A|\{Z=k\}) = P(A|\{Z=k-1\}) + c = ... = P(A|\{Z=0\}) + kc$$

erhält. Berücksichtigen wir nun noch, daß natürlich $P(A|\{Z=0\}) = 1$ und $P(A|\{Z=b\}) = 0$ ist, so ergibt sich schließlich

$$P(A|\{Z=k\}) = 1 - k/b \quad \text{also speziell} \quad P(A|\{Z=a\}) = 1 - a/b.$$

3.2 Bedingte Verteilung, bedingter Erwartungswert

Gegeben sei ein W-Raum $(\Omega,\mathcal{A},P)$, ein Ereignis $\Omega' \in \mathcal{A}$ mit $P(\Omega')>0$ und eine Zufallsvariable $Z : \Omega \rightarrow \mathbf{R}$. Wir interessieren uns nun für die Verteilung (Verteilungsfunktion, Verteilungsdichte) bzw. den Erwartungswert von Z, wenn die zusätzliche Information "das Ereignis Ω' ist eingetreten" zur Verfügung steht. In Übereinstimmung mit unseren Ausführungen in den Kapiteln 2.1, 2.2 und 2.4 definieren wir:

3.11 Definition:

1) *Das W-Maß*

$$P_{Z|\Omega'} : \mathcal{B} \rightarrow \mathbf{R} \quad \text{mit} \quad P_{Z|\Omega'}(B) := P(\{Z \in B\}|\Omega')$$

   auf $\mathcal{B}$ *heißt bedingte Verteilung von Z unter* Ω'.

2) *Die Abbildung*

$$F_{Z|\Omega'} : \mathbf{R} \rightarrow \mathbf{R} \quad \text{mit} \quad F_{Z|\Omega'}(z) := P(\{Z<z\}|\Omega')$$

   heißt bedingte Verteilungsfunktion von Z unter Ω'.

3) *Ist die bedingte Verteilung* $P_{Z|\Omega'}$ *von Z unter* Ω' *diskret, ist also* $F_{Z|\Omega'}$ *eine Stufenfunktion, so heißt die Abbildung*

$$f_{Z|\Omega'} : R \to R \quad mit \quad f_{Z|\Omega'}(z) := P(\{Z=z\}/\Omega')$$

*die **bedingte Verteilungsdichte von Z unter** Ω'.*

4) *Ist die bedingte Verteilung $P_{Z|\Omega'}$ von Z unter Ω' stetig, läßt sich also $F_{Z|\Omega'}$ als Stammfunktion einer nichtnegativen, stückweise stetigen Funktion $f_{Z|\Omega'}$ darstellen, so heißt diese Funktion $f_{Z|\Omega'}$ die bedingte Verteilungsdichte von Z unter Ω'. In den Stetigkeitspunkten z von $f_{Z|\Omega'}$ gilt dabei*

$$f_{Z|\Omega'}(z) = \frac{d\,F_{Z|\Omega'}(z)}{dz} \approx \frac{P(\{Z \in [z,z+dz)\}/\Omega')}{dz}$$

5) *Ist die Zufallsvariable Z integrierbar und ist die bedingte Verteilung $P_{Z|\Omega'}$ von Z unter Ω' diskret oder stetig, so heißt die reelle Zahl*

$$E(Z|\Omega') = \int_{-\infty}^{\infty} z.P(\{Z \in [z,z+dz)\}/\Omega') := \begin{cases} \sum_{-\infty}^{\infty}{}' z.f_{Z|\Omega'}(z) & falls\ P_{Z|\Omega'}\ diskret\ ist \\[2mm] \int_{-\infty}^{\infty} z.f_{Z|\Omega'}(z)\,dz & falls\ P_{Z|\Omega'}\ stetig\ ist \end{cases}$$

*der **bedingte Erwartungswert von Z unter** Ω'. (Der Strich " ' " beim Summenzeichen bedeutet dabei wieder, daß nur über jene $z \in R$ summiert wird, für die $f_{Z|\Omega'}(z)$ positiv ist.)*

Wir fassen die wichtigsten Eigenschaften dieser Begriffe in einem Satz zusammen:

3.12 Satz: *Sind X,Y und Z Zufallsvariable auf dem W-Raum $(\Omega,\mathcal{A},P)$, sind $a,b \in R$ und ist $g : R \to R$ eine Abbildung, so gilt für alle $\Omega' \in \mathcal{A}$ mit $P(\Omega')>0$:*

1) ***Linearität:*** *Sind X und Y integrierbar, so gilt*

$$E(aX+bY|\Omega') = a.E(X|\Omega') + b.E(Y|\Omega')$$

2) ***Monotonie:*** *Sind X und Y integrierbar, so gilt*

$$X \le Y \implies E(X|\Omega') \le E(Y|\Omega')$$

3) ***Hintereinanderausführung:*** *Ist goZ integrierbar, so gilt*

$$E(goZ|\Omega') = \int_{-\infty}^{\infty} g(z).P(\{Z \in [z,z+dz)\}/\Omega') =$$

$$= \begin{cases} \sum_{-\infty}^{\infty}{}' g(z).f_{Z|\Omega'}(z) & falls\ P_{Z|\Omega'}\ diskret\ ist \\[2mm] \int_{-\infty}^{\infty} g(z).f_{Z|\Omega'}(z)\,dz & falls\ P_{Z|\Omega'}\ stetig\ und\ g\ stückweise\ stetig\ ist \end{cases}$$

4) ***Satz von der totalen Wahrscheinlichkeit:*** *Ist $B_1,B_2,...,B_n \in \mathcal{A}$ ein vollständiges Ereignissystem, so gilt für die Verteilung P_Z bzw. die Verteilungsfunktion F_Z bzw. die*

Verteilungsdichte f_Z von Z

$$P_Z = \sum_{i=1}^{n} P_{Z|B_i}.P(B_i) \quad bzw. \quad F_Z = \sum_{i=1}^{n} F_{Z|B_i}.P(B_i) \quad bzw. \quad f_Z = \sum_{i=1}^{n} f_{Z|B_i}.P(B_i)$$

Ist Z außerdem integrierbar, so gilt

$$E(Z) = \sum_{i=1}^{n} E(Z|B_i).P(B_i)$$

Es folgen wieder einige typische Beispiele:

3.13 Beispiel (Ein Erneuerungsproblem): *Ein Gerät enthält n Sicherungen. Bei Überlastung brennt jeweils eine Sicherung durch; diese wird stets sofort durch eine neue Sicherung ersetzt. Nach wievielen Überlastungen sind im Mittel alle anfangs eingebauten Sicherungen durch neue Sicherungen ersetzt worden? (Wir nehmen dabei an, daß jede der n Sicherungen (alte wie neue) bei einer Überlastung mit der gleichen Wahrscheinlichkeit durchbrennt.)*

Lösung: Es bezeichne

A_k... das Ereignis "im Gerät arbeiten nur mehr k der anfangs eingebauten Sicherungen";

B_1... das Ereignis "bei der nächsten Überlastung brennt eine alte Sicherungen durch";

B_2... das Ereignis "bei der nächsten Überlastung brennt eine neue Sicherungen durch";

Z ... jene Zufallsvariable, welche angibt, nach wievielen Überlastungen erstmals alle anfangs eingebauten Sicherungen durch neue Sicherungen ersetzt worden sind.

Vergleicht man nun die Situation vor und nach der nächsten Überlastung, so ergeben sich eine Reihe von Entsprechungen, welche in der nebenstehenden Tabelle aufgelistet sind. Damit gilt für alle $k \in \{1,2,...,n\}$

vorher	nachher
$\{Z=i\}$	$\{Z=i-1\}$
$A_k \cap B_1$	A_{k-1}
$A_k \cap B_2$	A_k

$$E(Z|A_k) = \sum_{i=1}^{\infty} i.P(\{Z=i\}|A_k) = \sum_{i=1}^{\infty} i.[P(\{Z=i\}\cap B_1|A_k) + P(\{Z=i\}\cap B_2|A_k)] =$$

$$= \sum_{i=1}^{\infty} i.[P(\{Z=i\}|A_k\cap B_1).P(B_1|A_k) + P(\{Z=i\}|A_k\cap B_2).P(B_2|A_k)] =$$

$$= \sum_{i=1}^{\infty} i.[P(\{Z=i-1\}|A_{k-1}).P(B_1|A_k) + P(\{Z=i-1\}|A_k).P(B_2|A_k)] = (*)$$

Nun ist aber offenbar $P(B_1|A_k) = k/n$ und $P(B_2|A_k) = (n-k)/n$. Mit $j := i-1$ gilt daher weiter

$$(*) = \frac{k}{n}.\sum_{j=0}^{\infty} (j+1).P(\{Z=j\}|A_{k-1}) + \frac{n-k}{n}.\sum_{j=0}^{\infty} (j+1).P(\{Z=j\}|A_k)$$

sodaß wir für alle $k \in \{1,2,...,n\}$ insgesamt

$$E(Z|A_k) = 1 + \frac{k}{n}.E(Z|A_{k-1}) + \frac{n-k}{n}.E(Z|A_k)$$

erhalten. Berücksichtigen wir nun, daß trivialerweise $E(Z|A_0) \doteq 0$ ist, so fogt daraus sofort

$$E(Z|A_1) = n$$
$$E(Z|A_2) - E(Z|A_1) = n/2$$
$$\cdots\cdots\cdots\cdots\cdots\cdots\cdots\cdots\cdots\cdots$$
$$E(Z|A_n) - E(Z|A_{n-1}) = n/n$$

und durch Addition dieser Beziehungen ergibt sich schließlich

$$E(Z|A_n) = n.(1 + 1/2 + 1/3 + \dots 1/n)$$

3.14 Beispiel (Fortsetzung des Ruinproblems (vgl. dazu wieder 4.86)): *Im Anschluß an unser Ruinproblem 3.10 fragen wir nun nach der zu erwartenden Anzahl von Spielen.*

<u>Lösung</u>: Zusätzlich zu den in Beispiel 3.10 verwendeten Bezeichnungen beschreibe die Zufallsvariable X die Anzahl der Spiele, die von unserem Spieler noch gespielt werden. Für alle $k \in \{1,2,\dots,b-1\}$ und alle $n \in \mathbf{N}$ gilt dann offenbar

$$P(\{X=n\}|\{Z=k\}) = P(\{X=n\}\cap B_1|\{Z=k\}) + P(\{X=n\}\cap B_2|\{Z=k\}) =$$

$$= P(\{X=n\}|\{Z=k\}\cap B_1).P(B_1|\{Z=k\}) + P(\{X=n\}|\{Z=k\}\cap B_2).P(B_2|\{Z=k\}) = (*)$$

Vergleicht man wieder die beiden Situationen vor und nach dem nächsten Spiel und berücksichtigt man, daß $P(B_1|\{Z=k\}) = P(B_2|\{Z=k\}) = 1/2$ ist, so ergibt sich weiter

$$(*) = \frac{1}{2}.[P(\{X=n-1\}|\{Z=k+1\}) + P(\{X=n-1\}|\{Z=k-1\})]$$

Unter Verwendung der Substitution $m := n-1$ erhalten wir somit für alle $k \in \{1,2,\dots,b-1\}$

$$E(X|\{Z=k\}) = \sum_{n=1}^{\infty} n.P(\{X=n\}|\{Z=k\}) =$$

$$= \frac{1}{2}.[\sum_{m=0}^{\infty} (m+1).P(\{X=m\}|\{Z=k+1\}) + \sum_{m=0}^{\infty} (m+1).P(\{X=m\}|\{Z=k-1\})] =$$

$$= 1 + \frac{1}{2}.[E(X|\{Z=k+1\}) + E(X|\{Z=k-1\})]$$

woraus unmittelbar

$$E(X|\{Z=k+1\}) - E(X|\{Z=k\}) = E(X|\{Z=k\}) - E(X|\{Z=k-1\}) - 2$$

folgt. Nach elementaren Umformungen erhalten wir damit für alle $k \in \{0,1,2,\dots,b\}$

$$E(X|\{Z=k\}) = k.E(X|\{Z=1\}) - (k-1).E(X|\{Z=0\}) - k.(k-1)$$

Berücksichtigen wir nun noch, daß trivialerweise $E(X|\{Z=0\}) = E(X|\{Z=b\}) = 0$ ist, so ergibt sich schließlich

$$E(X|\{Z=k\}) = k.(b-k) \quad \text{und damit speziell} \quad E(X|\{Z=a\}) = a.(b-a)$$ ❦

3.15 Beispiel (Wieder ein Urnenproblem): *Aus einer Urne mit M roten und N schwarzen Kugeln werden nacheinander n Kugeln gezogen. Die Kugeln, die bis zum Erscheinen der ersten roten Kugel gezogen werden, werden sofort wieder in die Urne zurückgelegt. Die erste rote Kugel und alle folgenden Kugeln legt man in eine zweite, anfangs leere Urne. Man bestimme den Erwartungswert der Anzahl der roten Kugeln, die dabei in die zweite Urne gelangen.*

Lösung: Es bezeichne

   X ... die Nummer desjenigen Zuges, bei dem die erste rote Kugel gezogen wird,

   Z ... die Anzahl der roten Kugeln, die dabei in die zweite Urne gelangen.

Offenbar gilt für alle $k \in \{1,2,...,n\}$

$$P(\{X=k\}) = [N/(M+N)]^{k-1}.[M/(M+N)]$$

Berücksichtigt man (vgl. 2.20), daß die Zufallsvariable $Z-1$ unter der Bedingung $\{X=k\}$ hypergeometrisch verteilt ist mit den Parametern n-k, M-1 und N, daß also $P_{Z-1|\{X=k\}} = H(n-k,M-1,N)$ ist, so erhält man wegen 2.38

$$E(Z|\{X=k\}) = 1 + E(Z-1|\{X=k\}) = 1 + (n-k).\frac{M-1}{M+N-1}$$

Da die Ereignisse $\{X=1\},\{X=2\},...,\{X=n\},\{X>n\}$ ein vollständiges Ereignissystem bilden und trivialerweise $E(Z|\{X>n\}) = 0$ ist, folgt damit aus dem Satz von der totalen Wahrscheinlichkeit

$$E(Z) = \sum_{k=1}^{n} E(Z|\{X=k\}).P(\{X=k\}) = \sum_{k=1}^{n} [1 + (n-k).\frac{M-1}{M+N-1}].(\frac{N}{M+N})^{k-1}.\frac{M}{M+N}$$

Verwendet man schließlich noch Formel 17 aus 1.11, so ergibt sich nach einfachen Umformungen

$$E(Z) = n.\frac{M-1}{M+N-1} + \frac{N}{M(M+N-1)}.[1 - (\frac{N}{M+N})^{n}]$$ ❦

3.16 Beispiel: *Von den beiden Zufallsvariablen X und Z weiß man:*

* *X ist negativ binomial-verteilt mit den Parametern 1 und p, d.h. $P_X = NB(1,p)$;*

* *Ist $X=n$, so ist Z erlang-verteilt mit den Parametern n und λ, d.h. $P_{Z|\{X=n\}} = E(n,\lambda)$.*

Man bestimme die Verteilung von Z.

Lösung: Die Ereignisse $\{X=1\},\{X=2\},...$ bilden ein vollständiges Ereignissystem. Aus dem Satz von der totalen Wahrscheinlichkeit ergibt sich somit für alle $z \geq 0$

$$f_Z(z) \;=\; \sum_{n=1}^{\infty} f_{Z|\{X=n\}}(z).P(\{X=n\}) \;=\;$$

$$=\; \sum_{n=1}^{\infty} \frac{\alpha}{(n-1)!}.\exp\{-\alpha z\}.(\alpha z)^{n-1}.p.(1-p)^{n-1} \;=\; (\alpha p).\exp\{-\alpha p z\}$$

Damit ist gezeigt, daß Z E(αp) - verteilt ist.   &

3.3 Bedingte Wahrscheinlichkeit und bedingter Erwartungswert bzgl. einer stetigen Zufallsvariablen

Bisher haben wir die bedingte Wahrscheinlichkeit $P(A|\Omega')$ eines Ereignisses $A \in \mathcal{A}$ bzw. den bedingten Erwartungswert $E(Z|\Omega')$ einer Zufallsvariablen $Z : \Omega \to R$ nur dann erklärt, wenn $P(\Omega') > 0$ war. Oft benötigt man die bedingte Wahrscheinlichkeit eines Ereignisses A bzw. den bedingten Erwartungswert einer Zufallsvariablen Z jedoch auch unter der Bedingung, daß eine weitere Zufallsvariable $Y : \Omega \to R$ einen gewissen Wert $y \in R$ annimmt, wobei das Ereignis $\{Y=y\}$ die Wahrscheinlichkeit 0 hat. Ohne auf die allgemeine Theorie einzugehen (vgl. dazu etwa [5]) erwähnen wir in diesem Zusammenhang nur die für praktische Zwecke vollständig ausreichende

3.17 Merkregel: *Die Zufallsvariable Y sei stetig. Interpretiert man nun*

$$P(A/\{Y=y\}) \quad als \quad P(A/\{Y \in [y,y+dy)\})$$
$$E(Z/\{Y=y\}) \quad als \quad E(Z/\{Y \in [y,y+dy)\})$$

so führt diese "differentielle" Denkweise zusammen mit einer "differentiellen" Interpretation unserer bisherigen Begriffe und Sätze stets zu richtigen Aussagen. (Man muß dabei allerdings berücksichtigen, daß die Abbildungen

$$P(A/\{Y=.\}) : R \to R \quad bzw. \quad E(Z/\{Y=.\}) : R \to R$$

nur bis auf P_Y-Nullfunktionen (das sind Abbildungen $f : R \to R$ mit $P_Y(\{f \neq 0\}) = 0$) eindeutig bestimmt sind. Somit gelten Aussagen über $P(A/\{Y=y\})$ bzw. $E(Z/\{Y=y\})$ nicht für alle $y \in R$, sondern nur für P_Y-fast alle $y \in R$, also nur für alle y aus einer Menge $R' \subseteq R$ mit $P_Y(R') = 1$.

Wir wollen diese Vorgangsweise an drei wichtigen Formeln demonstrieren:

3.18 Bemerkung:

1) ***Erwartungswert des bedingten Erwartungswerts****: Sind Y und Z Zufallsvariable auf dem W-Raum $(\Omega,\mathcal{A},P)$, ist Y stetig und ist Z integrierbar, so folgt aus Satz 2.37* *zusammen mit dem Satz von der totalen Wahrscheinlichkeit in differentieller Form (die Ereignisse $\{Y \in [y,y+dy)\}$ mit $y \in R$ bilden ein "infinitesimales" vollständiges Ereignissystem)*

$$E(E(Z/\{Y= . \})oY) \;=\; \int_{-\infty}^{\infty} E(Z/\{Y \in [y,y+dy)\}).P(Y \in [y,y+dy)\}) \;=\; E(Z)$$

2) **Berechnung der bedingten Verteilungsdichte:** *Sind Y und Z stetige Zufallsvariable auf dem W-Raum $(\Omega,\mathcal{A},P)$, so gilt*

$$f_{Z/\{Y=y\}}(z) \;=\; \frac{P(\{Z \in [z,z+dz)\}/\{Y=y\})}{dz} \;=\;$$

$$=\; \frac{P(\{Y \in [y,y+dy)\} \cap \{Z \in [z,z+dz)\})}{dy\,dz} \cdot \frac{dy}{P(\{Y \in [y,y+dy)\})} \;=\; \frac{f_{Y,Z}(y,z)}{f_Y(y)}$$

3) **Einsetzen der Bedingung:** *Sind Y und Z stetige Zufallsvariable auf dem W-Raum $(\Omega,\mathcal{A},P)$, ist $g: R \times R \to R$ stückweise stetig und ist $go(Y,Z)$ integrierbar, so folgt aus (einer Verallgemeinerung von) Satz 3.12*

$$E(go(Y,Z)/\{Y=y'\}) \;=\; \int_{-\infty}^{\infty} \int_{-\infty}^{\infty} g(y,z).P(\{Y \in [y,y+dy)\} \cap \{Z \in [z,z+dz)\}/\{Y=y'\}) \;=\; (*)$$

Eine "differentielle" Interpretation der bedingten Wahrscheinlichkeit liefert nun aber

$$P(\{Y \in [y,y+dy)\} \cap \{Z \in [z,z+dz)\}/\{Y=y'\}) \;=\; \begin{cases} P(\{Z \in [z,z+dz)\}/\{Y=y'\}) & \text{für } y=y' \\ 0 & \text{sonst} \end{cases}$$

und wir erhalten somit schließlich

$$(*) \;=\; \int_{-\infty}^{\infty} g(y',z).P(\{Z \in [z,z+dz)\}/\{Y=y'\}) \;=\; E(g(y',Z)/\{Y=y'\})$$

Es folgen wieder einige Beispiele:

3.19 Beispiel: *Die Zufallsvariablen Y und Z auf dem W-Raum $(\Omega,\mathcal{A},P)$ seien $N(\mu,\Sigma)$-verteilt mit $\mu = (\mu_1,\mu_2)$ und $\Sigma = \begin{pmatrix} \sigma_1^{\,2} & \rho\sigma_1\sigma_2 \\ \rho\sigma_1\sigma_2 & \sigma_2^{\,2} \end{pmatrix}$. Man bestimme die bedingte Verteilung (bedingte Verteilungsdichte) von Z bzgl. Y.*

Lösung: Aus Bemerkung 2.66 und Formel 2 aus 3.18 ergibt sich

$$f_{Z/\{Y=y\}}(z) \;=\; f_{Y,Z}(y,z).f_Y(y)^{-1} \;=\;$$

$$=\; \frac{1}{2\pi\sigma_1\sigma_2(1-\rho^2)^{1/2}}.\exp\{-\frac{1}{2(1-\rho^2)}.[(\frac{y-\mu_1}{\sigma_1})^2 - 2\rho.(\frac{y-\mu_1}{\sigma_1})(\frac{z-\mu_2}{\sigma_2}) + (\frac{z-\mu_2}{\sigma_2})^2]\} \times$$

$$\times \left[\frac{1}{(2\pi\sigma_1^2)^{1/2}} \cdot \exp\{- \frac{1}{2} \cdot (\frac{y-\mu_1}{\sigma_1})^2\} \right]^{-1} =$$

$$= \frac{1}{[2\pi(1-\rho^2)\sigma_2^2]^{1/2}} \cdot \exp\{- \frac{[z - (\mu_2 + \rho\sigma_2(y-\mu_1)/\sigma_1)]^2}{2(1-\rho^2)\sigma_2^2} \}$$

Damit haben wir gezeigt, daß die Zufallsvariable Z unter der Bedingung $\{Y=y\}$ normalverteilt ist mit dem Mittelwert $\mu_2 + \rho\sigma_2(y-\mu_1)/\sigma_1$ und der Varianz $(1-\rho^2)\sigma_2^2$.

3.20 Beispiel (Ein Problem aus der Physik): *Die Intensität einer Strahlungsquelle sei eine mit dem Parameter λ exponential-verteilte Zufallsvariable. Unter Berücksichtigung der Information "während eines Zeitintervalls der Länge 1 wurden von der Strahlungsquelle n_0 Teilchen emittiert" berechne man die mittlere Intensität dieser Strahlungsquelle.*

Lösung: Es bezeichne

    Y ... die zufällige Intensität unserer Strahlungsquelle;

    Z ... die Anzahl der von der Strahlungsquelle während eines Zeitintervalls der Länge 1 emittierten Teilchen.

Man kann nun annehmen, daß die von der Strahlungsquelle emittierten Teilchen einen Poissonstrom bilden (vgl. dazu 2.24). Damit entnehmen wir unserer Angabe

- Y ist exponential-verteilt mit Parameter λ, d.h. $P_Y = E(\lambda)$;
- Ist $Y=y$, so ist Z poisson-verteilt mit Parameter y, d.h. $P_{Z|\{Y=y\}} = P(y)$.

Unter Verwendung des Satzes von Bayes in differentieller Form (die Ereignisse $\{Y\in [y,y+dy)\}$ mit $y\in \mathbf{R}$ bilden ein "infinitesimales" vollständiges Ereignissystem) ergibt sich damit für den von uns gesuchten bedingten Erwartungswert

$$E(Y|\{Z=n_0\}) = \int_{-\infty}^{\infty} y \cdot P(\{Y\in [y,y+dy)\}|\{Z=n_0\}) =$$

$$= \int_{-\infty}^{\infty} y \cdot \frac{P(\{Z=n_0\}|\{Y=y\}) \cdot f_Y(y)}{\int_{-\infty}^{\infty} P(\{Z=n_0\}|\{Y=y'\}) \cdot f_Y(y')} \, dy = \frac{\int_{-\infty}^{\infty} y \cdot \exp\{-y\} \cdot \frac{y^{n_0}}{n_0!} \cdot \alpha \exp\{-\alpha y\} \, dy}{\int_{-\infty}^{\infty} \exp\{-y\} \cdot \frac{y^{n_0}}{n_0!} \cdot \alpha \exp\{-\alpha y\} \, dy} = \frac{n_0+1}{\alpha+1}$$

3.21 Beispiel: *Ein Stab der Länge 1 wird zufällig in zwei Stücke zerbrochen. Daraufhin wird das längere der beiden Stücke nochmals zufällig in zwei Stücke zerbrochen. Man berechne die Wahrscheinlichkeit dafür, daß jedes dieser beiden Stücke länger ist als das vom ersten Versuch übrig gebliebene kurze Stück.*

<u>Lösung:</u> Es bezeichne

    Y ... die Länge des längeren Stückes beim ersten Versuch;

    Z ... die Länge des längeren Stückes beim zweiten Versuch;

    A ... das Ereignis "jedes der beiden beim zweiten Versuch enstehenden Stücke ist länger als das vom ersten Versuch übrig gebliebene kurze Stück".

Nimmt man nun an, daß die Bruchstelle über die ganze Länge des Stabes gleichmäßig verteilt ist (diese Annahme ist natürlich nur in erster Näherung realistisch), so ergibt sich aus unserer Angabe

- Y ist auf dem Intervall [1/2,1] gleichverteilt, d.h. $P_Y = G(1/2,1)$;

- Ist Y=y, so ist Z auf dem Intervall [y/2,y] gleichverteilt, d.h. $P_{Z|\{Y=y\}} = G(y/2,y)$.

Aus dem Satz von der totalen Wahrscheinlichkeit (die Ereignisse $\{Y \in [y,y+dy)\}$ mit $y \in \mathbf{R}$ bilden wieder ein "infinitesimales" vollständiges Ereignissystem) ergibt sich somit für die von uns gesuchte Wahrscheinlichkeit

$$P(A) = P(\{\min(Z,Y\text{-}Z) > 1\text{-}Y\}) = \int_{-\infty}^{\infty} P(\{\min(Z,Y\text{-}Z) > 1\text{-}Y\}|\{Y=y\}).f_Y(y)\, dy =$$

$$= \int_{-\infty}^{\infty} P(\{1\text{-}y < Z < 2y\text{-}1\}|\{Y=y\}).f_Y(y)\, dy = (*)$$

Nun ist aber

$$P(\{1\text{-}y < Z < 2y\text{-}1\}|\{Y=y\}) = \begin{cases} 3 - 2/y & \text{für } 2/3 < y \leq 1 \\ 0 & \text{für } 1/2 \leq y \leq 2/3 \end{cases}$$

und wir erhalten somit

$$(*) = \int_{2/3}^{1} (3 - 2/y).2\, dy = 0.378$$

3.4 Unabhängigkeit von Ereignissen

In der Regel wird sich die Wahrscheinlichkeit P(A) eines Ereignisses A von der bedingten Wahrscheinlichkeit P(A|B) dieses Ereignisses B unterscheiden. Ist aber P(A) = P(A|B), so bedeutet das, daß die zusätzliche Information "das Ereignis B ist eingetreten" keinen Einfluß auf die Wahrscheinlichkeit für das Eintreten von A hat. Beispiele dafür sind etwa

* beim zweimaligen Werfen eines Würfels die beiden Ereignisses "beim ersten Wurf wird eine Drei geworfen" und "beim zweiten Wurf wird eine Fünf geworfen";

* beim zweimaligen Ziehen mit Zurücklegen von je einer Kugel aus einer Urne mit r roten und s schwarzen Kugeln die beiden Ereignisse "beim ersten Zug wird eine rote Kugel gezogen" und "beim zweiten Zug wird eine schwarze Kugel gezogen";

* beim radioaktiven Zerfall einer vorgegebenen Substanz mit bekannter (und im Verhältnis zur Beobachtungsdauer großer) Halbwertszeit die beiden Ereignisse "im Zeitintervall
$[s_1,t_1)$ zerfallen n_1 Teilchen" und "im dazu disjunkten Zeitintervall $[s_2,t_2)$ zerfallen n_2
Teilchen".

Nun ist aber die Beziehung $P(A) = P(A|B)$ offenbar gleichbedeutend mit der Beziehung
$P(A \cap B) = P(A).P(B)$, wobei letztere obendrein auch für Ereignisse B mit $P(B) = 0$ sinnvoll ist. Wir definieren daher:

3.22 Definition: *Sei $(\Omega,\mathcal{A},P)$ ein W-Raum.*
1) *Die Ereignisse $A,B \in \mathcal{A}$ heißen **unabhäbgig**, falls $P(A \cap B) = P(A).P(B)$ ist.*
2) *Die Ereignisse $A_1,A_2,... \in \mathcal{A}$ heißen **paarweise unabhängig**, falls für alle $i,j \in N$*
   mit $i \neq j$ $P(A_i \cap A_j) = P(A_i).P(A_j)$ ist.
3) *Die Ereignisse $A_1,A_2,... \in \mathcal{A}$ heißen **vollständig unabhängig**, falls für alle $k \in N$ und*
   alle $i_1,...,i_k \in N$ mit $i_1 < ... < i_k$ $P(A_{i_1} \cap ... \cap A_{i_k}) = P(A_{i_1})...P(A_{i_k})$ ist.

3.23 Bemerkung:
1) *Die Unabhängigkeit von Ereignissen geht beim Übergang zu einem anderen W-Maß P'*
   *im allgemeinen verloren; man spricht deshalb auch von der **P-Unabhängigkeit**.*
2) *Die vollständige Unabhängigkeit der Ereignisse $A_1,A_2,... \in \mathcal{A}$ zieht zwar deren paar-*
   weise Unabhängigkeit nach sich; umgekehrt folgt aber aus der paarweisen Unabhängig-
   keit der Ereignisse $A_1,A_2,... \in \mathcal{A}$ nicht deren vollständige Unabhängigkeit!
3) *Gilt für die Ereignisse $A_1,A_2,...,A_n \in \mathcal{A}$ $P(A_1 \cap A_2 \cap ... \cap A_n) = P(A_1).P(A_2)...P(A_n)$,*
   so folgt daraus noch nicht ihre vollständige Unabhängigkeit!

Wir fassen die wichtigsten Eigenschaften unabhängiger Ereignisse in einem Satz zusammen:

3.24 Satz:
1) **Ersetzen von Ereignissen durch ihre Koplemente:** *Sind die Ereignisse A_1,*
   $A_2,... \in \mathcal{A}$ paarweise bzw. vollständig unabhängig und ersetzt man einige dieser Ereig-
   nisse A_i durch ihr Komplement A_i^C, so bleibt dabei ihre paarweise bzw. vollständige
   Unabhängigkeit erhalten..
2) **Siebformel von Sylvester:** *Sind die Ereignisse $A_1,A_2,...,A_n \in \mathcal{A}$ vollständig unab-*
   hängig, so gilt

$$P(A_1 \cup A_2 \cup ... \cup A_n) = 1 - P((A_1 \cup A_2 \cup ... \cup A_n)^C) = 1 - P(A_1^C \cap A_2^C \cap ... \cap A_n^C) =$$

$$= 1 - P(A_1^C).P(A_2^C)...P(A_n^C) = 1 - \prod_{i=1}^{n} (1 - P(A_i))$$

Es folgen wieder einige Beispiele:

3.25 Beispiel: (Die Formel von Bernoulli (vgl. 2.15)): *Gegeben seien die vollständig unabhängigen und gleichwahrscheinlichen Ereignisse $A_1, A_2, ..., A_n \in \mathcal{A}$. Wie groß ist die Wahrscheinlichkeit dafür, daß genau k dieser Ereignisse eintreten?*

<u>Lösung:</u> Für jedes $k \in \{0, 1, ..., n\}$ bezeichne B_k das Ereignis "genau k dieser Ereignisse treten ein". Dann gilt

$$P(B_k) = P(\bigcup_{\substack{J \subseteq \{1,2,...,n\} \\ |J|=k}} (\bigcap_{j \in J} A_j) \cap (\bigcap_{j \in J^c} A_j^c)) = \sum_{\substack{J \subseteq \{1,2,...,n\} \\ |J|=k}} P((\bigcap_{j \in J} A_j) \cap (\bigcap_{j \in J^c} A_j^c)) = (*)$$

Verwendet man nun Aussage 1) von Satz 3.24, berücksichtigt man, daß es $\binom{n}{k}$ verschiedene k-elementige Teilmengen J von $\{1,2,...,n\}$ gibt und beachtet man schließlich noch, daß für alle $j \in \{1,2,...,n\}$ $P(A_j) = p$ und damit $P(A_j^c) = 1-p$ ist, so ergibt sich weiter

$$(*) = \sum_{\substack{J \subseteq \{1,2,...,n\} \\ |J|=k}} (\prod_{j \in J} P(A_j)) \cdot (\prod_{j \in J^c} P(A_j^c)) = \binom{n}{k} \cdot p^k \cdot (1-p)^{n-k} \qquad \text{◆}$$

3.26 Beispiel (Die Verteilung von Wartezeiten (vgl. 2.18)): *Ein Zufallsexperiment, bei dem das Ereignis A mit der Wahrscheinlichkeit p eintreten kann, wird laufend unabhängig wiederholt. Wie groß ist die Wahrscheinlichkeit dafür, daß bei der k-ten Wiederholung des Zufallsexperiments das Ereignis A gerade das n-te Mal eintritt?*

<u>Lösung:</u> Für jedes $i \in \{1,2,...,k\}$ bezeichne A_i das Ereignis "bei der i-ten Wiederholung tritt das Ereignis A ein". Damit gilt ähnlich wie im obigen Beispiel

$$P(\{\genfrac{}{}{0pt}{}{\text{Bei der k-ten Wiederholung des Zufallsexperiments}}{\text{tritt das Ereignis A gerade das n-te Mal ein}}\}) =$$

$$= P(A_k \cap \bigcup_{\substack{J \subseteq \{1,2,...,n\} \\ |J|=k}} (\bigcap_{j \in J} A_j) \cap (\bigcap_{j \in J^c} A_j)) = \binom{k-1}{n-1} \cdot p^n \cdot (1-p)^{k-n} \qquad \text{◆}$$

3.27 Beispiel: (Das Telefonanschlußproblem): *Eine Telefonzentrale bedient 100 Teilnehmer. Jeder Teilnehmer benötigt sein Telefon (unabhängig von den anderen Teilnehmern) durchschnittlich 3 Minuten pro Stunde. Wieviele Amtsleitungen sind mindestens erforderlich, um sicher zu stellen, daß jeder Teilnehmer mit einer Wahrscheinlichkeit von mindestens 0,9 stets sofort bedient werden kann?*

<u>Lösung:</u> Wir wählen zufällig einen Zeitpunkt aus und bezeichnen mit A_i das Ereignis "Teilnehmer i benötigt zu diesem Zeitpunkt sein Telefon". Aus der Angabe ergibt sich dann:

* Die Ereignisse $A_1, A_2, ..., A_{100}$ sind vollständig unabhängig;

* Da jeder Teilnehmer sein Telefon durchschnittlich 3 Minuten pro Stunde benötigt, ist $P(A_1) = P(A_2) = ... = P(A_{100}) = 1/20$.

Bezeichnen wir nun mit B_k das Ereignis "genau k Teilnehmer benötigen zu diesem Zeitpunkt ihr Telefon", so ergibt sich unmittelbar aus Beispiel 3.25

$$P(B_k) = \binom{100}{k} . 0{,}05^k . 0{,}95^{20-k}$$

Anhand Tabelle 3.2 können wir entnehmen, daß bereits 8 Amtsleitungen genügen, um sicherzustellen, daß mit einer Wahrscheinlichkeit von mindestens 0,9 alle Teilnehmer sofort bedient werden können.

k	$\sum\limits_{j=0}^{k} P(B_k)$	k	$\sum\limits_{j=0}^{k} P(B_k)$	k	$\sum\limits_{j=0}^{k} P(B_k)$	k	$\sum\limits_{j=0}^{k} P(B_k)$
0	0,0059	3	0,0258	6	0,7660	9	0,9885
1	0,0371	4	0,4360	7	0,8721	10	0,9885
2	0,1183	5	0,6160	8	0,9369	11	0,9957

Tabelle 3.2: Wahrscheinlichkeiten dafür, daß ein Teilnehmer sofort bedient werden kann, wenn k Amtsleitungen vorhanden sind.

3.28 Beispiel: (Ein Suchproblem): *Zur Suche eines abgestürzten Flugzeugs stehen 10 Suchmannschaften zur Verfügung. Jede dieser Suchmannschaften kann in einem der beiden Bereiche I bzw. II, in denen sich das abgestürzte Flugzeug mit den Wahrscheinlichkeiten 3/4 bzw. 1/4 befindet, eingesetzt werden. Bedingt durch die verschiedene Beschaffenheit der beiden Bereiche entdeckt eine im Bereich I eingesetzte Suchmannschaft ein dort abgestürztes Flugzeug mit der Wahrscheinlichkeit 0,4, während eine im Bereich II suchende Mannschaft ein dort abgestürztes Flugzeug nur mit einer Wahrscheinlihckeit von 0,2 entdeckt. Wie muß man die Suchmannschaften auf die beiden Bereiche verteilen, damit die Wahrscheinlichkeit, das abgestürzte Flugzeug zu entdecken, möglichst groß ist?*

Lösung: Wir betrachten den Fall, daß die Suchmannschaften 1,2,...,n im Bereich I und die Suchmannschaften n+1,n+2,...,10 im Bereich II eingesetzt werden. Es bezeichne

B_1 ... das Ereignis "das abgestürzte Flugzeug befindet sich im Bereich I";

B_2 ... das Ereignis "das abgestürzte Flugzeug befindet sich im Bereich II";

A_i ... das Ereignis "die i-te Suchmannschaft findet das abgestürzte Flugzeug";

D_n ... das Ereignis "das abgestürzte Flugzeug wird entdeckt".

Aus der Angabe entnimmt man

$$P(B_1) = 3/4 \qquad \text{und} \quad P(B_2) = 1/4;$$
$$P(A_1|B_1) = ... = P(A_n|B_1) = 0,4 \quad \text{und} \quad P(A_{n+1}|B_1) = ... = P(A_{10}|B_1) = 0;$$
$$P(A_1|B_2) = ... = P(A_n|B_2) = 0 \quad \text{und} \quad P(A_{n+1}|B_2) = ... = P(A_{10}|B_2) = 0,2.$$

Wir wollen nun annehmen, daß die Suchmannschaften unabhängig voneinander suchen, daß also die Ereignisse $A_1, A_2, ..., A_n$ vollständig $P(. |B_1)$-unabhängig und die Ereignisse $A_{n+1}, ..., A_{10}$ vollständig $P(. |B_2)$-unabhängig sind. Mit Hilfe des Satzes von der totalen Wahrscheinlichkeit (die Ereignisse B_1 und B_2 bilden ein vollständiges Ereignissystem) und der Siebformel von Sylvester erhalten wir dann

$$P(D_n) = P(A_1 \cup ... \cup A_{10}) = P(A_1 \cup ... \cup A_{10}|B_1).P(B_1) + P(A_1 \cup ... \cup A_{10}|B_2).P(B_2) =$$

$$= P(A_1 \cup ... \cup A_n|B_1).P(B_1) + P(A_{n+1} \cup A_{n+2} \cup ... \cup A_{10}|B_2).P(B_2) =$$

$$= [1 - \prod_{i=1}^{n} (1 - P(A_i|B_1))].P(B_1) + [1 - \prod_{i=n+1}^{n} (1 - P(A_i|B_2))].P(B_2) =$$

$$= 1 - \frac{3}{4}.(0,6)^n - \frac{1}{4}.(0,8)^{10-n}$$

Aus Tabelle 3.3 kann man entnehmen, daß es am besten ist, 6 Suchmannschaften im Bereich I und 4 Suchmannschaften im Bereich II einzusetzen. Das abgestürzte Flugzeug wird dann mit einer Wahrscheinlichkeit von 0,86 gefunden.

n	$P(D_n)$	n	$P(D_n)$	n	$P(D_n)$	n	$P(D_n)$
0	0,22316	3	0,78557	6	0,86261	9	0,79244
1	0,51645	4	0,83726	7	0,85100	10	0,74547
2	0,68806	5	0,85976	8	0,82740		

Tabelle 3.3: Wahrscheinlichkeiten dafür, daß das Flugzeug gefunden wird, wenn im Bereich I n Suchmannschaften eingesetzt werden.

3.5 Unabhängigkeit von Zufallsvariablen

Es liegt nahe, zwei Zufallsvariable X und Y auf einem W-Raum $(\Omega, \mathcal{A}, P)$ dann als unabhängig anzusehen, wenn in einer Mitteilung darüber, welchen Wert die eine Zufallsvariable annimmt, keinerlei Information über das zufällige Verhalten der anderen Zufallsvariablen enthalten ist - wenn also für alle $A, B \in \mathcal{B}$ die Ereignisse $\{X \in A\}$ und $\{Y \in B\}$ unabhängig sind. Wir definieren daher:

3.29 Definition: *$X, Y, Z_1, Z_2, ...$ seien Zufallsvariable auf einem W-Raum $(\Omega, \mathcal{A}, P)$.*
1) Die Zufallsvariablen X und Y heißen **unabhängig**, *falls für alle $A, B \in \mathcal{B}$ gilt*

$$P(\{X \in A\} \cap \{Y \in B\}) = P(\{X \in A\}).P(\{Y \in B\})$$

2) *Die Zufallsvariablen $Z_1, Z_2, \ldots$ heißen* **paarweise unabhängig**, *falls für alle $i, j \in N$ mit $i \neq j$ und alle $A_i, A_j \in \mathcal{B}$ gilt*

$$P(\{Z_i \in A_i\} \cap \{Z_j \in A_j\}) = P(\{Z_i \in A_i\}).P(\{Z_j \in A_j\})$$

3) *Die Zufallsvariablen $Z_1, Z_2, \ldots$ heißen* **vollständig unabhängig**, *falls für alle $k \in N$, alle $i_1, i_2, \ldots, i_k \in N$ mit $i_1 < i_2 < \ldots < i_k$ und alle $A_1, A_2, \ldots, A_k \in \mathcal{B}$ gilt*

$$P(\{Z_{i_1} \in A_1\} \cap \ldots \cap \{Z_{i_k} \in A_k\}) = P(\{Z_{i_1} \in A_1\}) \ldots P(\{Z_{i_k} \in A_k\})$$

Zu dieser Definition ist wieder zu bemerken:

3.30 Bemerkung:

1) *Die Unabhängigkeit von Zufallsvariablen geht beim Übergang zu einem anderen W-Maß P' im allgemeinen verloren; man spricht deshalb auch hier von der* **P-Unabhängigkeit**.

2) *Die Unabhängigkeit der Zufallsvariablen X und Y sowie die paarweise bzw. vollständige Unabhängigkeit der Zufallsvariablen $Z_1, Z_2, \ldots$ ist auch dann schon gegeben, wenn man bei obiger Definition an Stelle der beliebigen Mengen $A, B, A_1, A_2, \ldots \in \mathcal{B}$ nur Intervalle der Form $(-\infty, a)$ mit $a \in R$ zuläßt.*

3) *Die vollständige Unabhängigkeit der Zufallsvariablen $Z_1, Z_2, \ldots$ zieht zwar deren paarweise Unabhängigkeit nach sich; umgekehrt folgt aber aus der paarweisen Unabhängigkeit der Zufallsvariablen $Z_1, Z_2, \ldots$ nicht deren vollständige Unabhängigkeit!*

4) *Die Zufallsvariablen $Z_1, Z_2, \ldots, Z_n$ sind genau dann vollständig unabhängig, wenn für alle $A_1, A_2, \ldots, A_n \in \mathcal{B}$ gilt*

$$P_{Z_1, Z_2, \ldots, Z_n}(A_1 \times A_2 \times \ldots \times A_n) = P_{Z_1}(A_1).P_{Z_2}(A_2) \ldots P_{Z_n}(A_n)$$

Die gemeinsame Verteilung $P_{Z_1, Z_2, \ldots, Z_n}$ von vollständig unabhängigen Zufallsvariablen $Z_1, Z_2, \ldots, Z_n$ ist somit durch ihre **Marginalverteilungen** $P_{Z_1}, P_{Z_2}, \ldots, P_{Z_n}$ *schon vollständig bestimmt.*

5) a) *Die Zufallsvariablen $Z_1, Z_2, \ldots, Z_n$ sind genau dann vollständig unabhängig, wenn für alle $z_1, z_2, \ldots, z_n \in R$ gilt*

$$F_{Z_1, Z_2, \ldots, Z_n}(z_1, z_2, \ldots, z_n) = F_{Z_1}(z_1).F_{Z_2}(z_2) \ldots F_{Z_n}(z_n)$$

b) *Die diskreten bzw. stetigen Zufallsfariablen $Z_1, Z_2, \ldots, Z_n$ sind genau dann vollständig unabhängig, wenn für alle $z_1, z_2, \ldots, z_n \in R$ gilt*

$$f_{Z_1, Z_2, \ldots, Z_n}(z_1, z_2, \ldots, z_n) = f_{Z_1}(z_1).f_{Z_2}(z_2) \ldots f_{Z_n}(z_n)$$

Wir fassen die wichtigsten Eigenschaften unabhängiger Zufallsvariabler wieder in einem Satz zusammen:

3.31 Satz:

1) *Unabhängigkeit als Familieneigenschaft: Sind die Zufallsvariablen*

$$Z_{1,1},...,Z_{1,m_1}; \; Z_{2,1},...,Z_{2,m_2};...; \; Z_{n,1},...,Z_{n,m_n}$$

vollständig unabhängig, so gilt dies auch für die Zufallsvariablen

$$X_1 := g_1o(Z_{1,1},...,Z_{1,m_1}), \; X_2 := g_2o(Z_{2,1},...,Z_{2,m_2}),..., \; X_n := g_no(Z_{n,1},...,Z_{n,m_n})$$

2) *Multiplikationssatz: Sind die Zufallsvariablen X und Y integrierbar und unabhängig, so gilt*

$$E(X.Y) = E(X).E(Y)$$

3) *Varianz einer Summe von unabhängigen Zufallsvariablen: Sind die Zufallsvariablen $Z_1,Z_2,...,Z_n$ quadratisch integrierbar und paarweise unabhängig, so gilt*

$$Var(Z_1+Z_2+...+Z_n) = Var(Z_1) + Var(Z_2) + ... + Var(Z_n)$$

4) *Einsetzen der Bedingung: Sind die Zufallsvariablen $Y,Z_1,Z_2,...,Z_n$ vollständig unabhängig und ist die Abbildung $g : R^{n+1} \to R$ so beschaffen, daß $go(Y,Z_1,Z_2,...,Z_n)$ wieder eine Zufallsvariable ist, so gilt für alle $B \in \mathcal{B}$*

$$P(\{go(Y,Z_1,Z_2,...,Z_n) \in B\}/\{Y=y\}) = P(\{go(y,Z_1,Z_2,...,Z_n) \in B\})$$

Ist außerdem $go(Y,Z_1,Z_2,...,Z_n)$ integrierbar, so gilt

$$E(go(Y,Z_1,Z_2,...,Z_n)/\{Y=y\}) = E(go(y,Z_1,Z_2,...,Z_n))$$

Zu diesem Satz sind wieder einige Bemerkungen angebracht:

3.32 Bemerkung:

1) *Sind die Zufallsvariablen X und Y integrierbar und unabhängig, so folgt aus dem Multiplikationssatz, daß $Cov(X,Y) = E(X.Y) - E(X).E(Y) = 0$ ist. Unabhängige Zufallsvariable sind somit stets auch unkorreliert; umgekehrt sind aber unkorrelierte Zufallsvariable nicht notwendig unabhängig!*

2) *An Stelle der paarweisen Unabhängigkeit würde schon die paarweise Unkorreliertheit der quadratisch integrierbaren Zufallsvariablen $Z_1,Z_2,...,Z_n$ ausreichen, um*

$$Var(Z_1+Z_2+...+Z_n) = Var(Z_1) + Var(Z_2) + ... + Var(Z_n)$$

folgern zu können.

3) *Sind die Zufallsvariablen $Z_1,Z_2,...,Z_r$ r-dimensional normal-verteilt mit den Parametern $\mu = (\mu_1,\mu_2,...,\mu_r)$ und $\Sigma = diag(\sigma_1^2,\sigma_2^2,...,\sigma_r^2)$, so gilt unter Berücksichtigung von Bemerkung 2.66 für alle $z = (z_1,z_2,...,z_r) \in R$*

$$f_{Z_1,Z_2,\ldots,Z_r}(z_1,z_2,\ldots,z_r) = \frac{1}{(2\pi)^{r/2}.(det\ \Sigma)^{1/2}}.exp\{-\frac{1}{2}.(z-\mu).\Sigma^{-1}.(z-\mu)^t\} =$$

$$= \frac{1}{\sqrt{(2\pi\sigma_1^2)}}\ exp\{-\frac{(z_1-\mu_1)^2}{2\sigma_1^2}\}.\ \frac{1}{\sqrt{(2\pi\sigma_2^2)}}\ exp\{-\frac{(z_2-\mu_2)^2}{2\sigma_2^2}\}\ldots\ \frac{1}{\sqrt{(2\pi\sigma_r^2)}}\ exp\{-\frac{(z_r-\mu_r)^2}{2\sigma_r^2}\} =$$

$$= f_{Z_1}(z_1).f_{Z_2}(z_2)\ldots f_{Z_r}(z_r)$$

Wegen Bemerkung 3.30 gilt somit: Sind die Zufallsvariablen $Z_1,Z_2,\ldots,Z_r$ r-dimensional normalverteilt, so folgt aus ihrer Unkorreliertheit (die Covarianzmatrix Σ ist dann nämlich eine Diagonalmatrix) ihre vollständige Unabhängigkeit.

Bevor wir anhand von Beispielen wieder die vielfältigen Einsatzmöglichkeiten des Begriffs der Unabhängigkeit von Zufallsvariablen aufzeigen, gehen wir noch kurz auf eine spezielle Eigenschaft der NB(1,p)-Verteilung bzw. der E(λ)-Verteilung ein.

3.33 Definition: *Die positive Zufallsvariable Z besitzt die **Nichtalterungseigenschaft**,[*)] wenn für alle $s,t > 0$ gilt*

$$P(\{Z > s+t\}/\{Z>s\}) = P(\{Z>t\})$$

Für eine Reihe von Anwendungen ist der folgende Satz von großer Bedeutung:

3.34 Satz:
1) *Eine diskrete Zufallsvariable Z mit $P(\{Z\in N\}) = 1$ besitzt genau dann die Nichtalterungseigenschaft, wenn sie NB(1,p)-verteilt ist.*
2) *Eine stetige Zufallsvariable Z mit $P(\{Z>0\}) = 1$ besitzt genau dann die Nichtalterungseigenschaft, wenn sie E(λ)-verteilt ist.*
3) *Sind die Zuvallsvariablen S und Z unabhängig, ist $P(\{S>0\}) = 1$ und besitzt Z die Nichtalterungseigenschaft, so gilt für alle $t>0$ $P(\{Z > S+t\}/\{Z>S\}) = P(\{Z>t\})$.*

Es folgen wieder einige Beispiele.

3.35 Beispiel (Lebensdauer elektronischer Geräte): *Wir betrachten zwei elektronische Geräte: Das eine besteht in der Serienschaltung, das andere in der Parallelschaltung von jeweils n gleichartigen Komponenten (vgl. Abb. 3.2). Unter der Annahme, daß die Lebens-*

[*)] Dieser Name kommt aus der Technik: Beschreibt die Zufallsvariable Z die Lebensdauer eines Geräts, so drückt die Nichtalterungseigenschaft der Zufallsvariablen Z die Tatsache aus, daß dieses Gerät hinsichtlich seiner restlichen Lebensdauer von einem neuen Gerät nicht zu unterscheiden ist - also nicht altert.

dauer jeder einzelnen Komponente E(λ)-verteilt ist (in erster Näherung kann man stets annehmen, daß elektronische Komponenten nicht altern) und die einzelnen Komponenten (vollständig) unabhängig voneinander ausfallen, bestimme man für beide Geräte den Erwartungswert ihrer Lebensdauer.

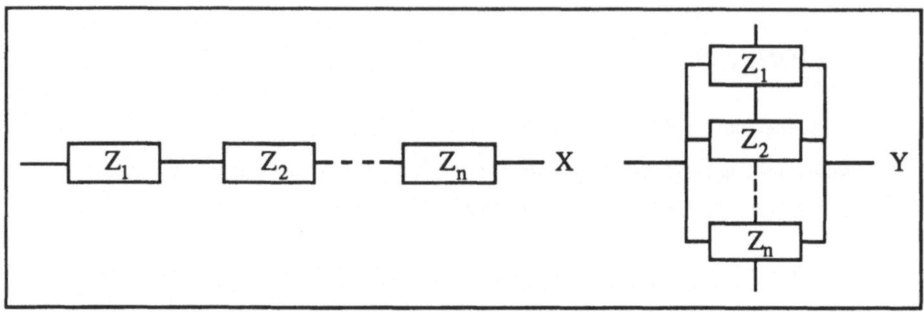

Abb. 3.2: Serienschaltung und Parallelschaltung von n Komponenten.

<u>Lösung:</u> Es bezeichne

Z_i ... die Lebensdauer der i-ten Komponente;

X ... die Lebensdauer jenes Geräts, bei dem die Komponenten in Serie geschaltet sind;

Y ... die Lebensdauer jenes Geräts, bei dem die Komponenten parallel geschaltet sind.

Aus unserer Angabe entnimmt man, daß die Zufallsvariablen $Z_1, Z_2, ..., Z_n$ vollständig unabhängig und E(λ)-verteilt sind.

Jenes Gerät, bei dem die n Komponenten in Serie geschaltet sind, fällt offenbar schon dann aus, wenn nur eine einzige dieser Komponenten ausfällt. Also ist $X = \min(Z_1, Z_2, ..., Z_n)$ und unter Verwendung der Siebformel von Sylvester ergibt sich für alle x>0

$$F_X(x) = P(\{X<x\}) = P(\{\min(Z_1, ..., Z_n) < x\}) = P(\bigcup_{i=1}^{n} \{Z_i<x\}) =$$

$$= 1 - \prod_{i=1}^{n} [1 - P(\{Z_i<x\})] = 1 - \exp\{-n\lambda.x\}$$

Damit haben wir aber gezeigt, daß X E($n\lambda$)-verteilt ist; aus 2.38 folgt somit $E(X) = 1/n\lambda$.

Jenes Gerät, bei dem die n Komponenten parallel geschaltet sind, fällt hingegen erst dann aus, wenn alle Komponenten ausfallen. Also ist $Y = \max(Z_1, Z_2, ..., Z_n)$ und wir erhalten für alle y>0

$$F_Y(y) = P(\{Y<y\}) = P(\{\max(Z_1, ..., Z_n) < y\}) = P(\bigcap_{i=1}^{n} \{Z_i<y\}) =$$

$$= \prod_{i=1}^{n} (P(\{Z_i<y\}) = (1 - \exp\{-\lambda y\})^n$$

Mehrfache partielle Integration liefert somit schließlich

$$E(Y) = \int_{-\infty}^{\infty} y.f_Y(y)\, dy = \lambda n. \int_{-\infty}^{\infty} y.\exp\{-\lambda y\}.(1 - \exp\{\lambda y\})^{n-1}\, dy = \lambda^{-1}. \sum_{k=1}^{n} 1/k \quad \text{\Checkmark}$$

3.36 Beispiel: *Zum Zeitpunkt t=0 werden n gleichartige Geräte mit $E(\lambda)$-verteilter Lebensdauer eingeschaltet. Unter der Annahme, daß diese Geräte (vollständig) unabhängig voneinander ausfallen, berechne man die Verteilung der Länge der Zeitspanne zwischen dem k-ten und dem k+1-ten Ausfall eines Geräts.*

Lösung: Es bezeichne

    X_i ... die Lebensdauer des i-ten Geräts;

    T_k ... den Zeitpunkt, zu dem der k-te Ausfall stattfindet.

Aus der Angabe entnimmt man, daß die Zufallsvariablen $X_1, X_2, ..., X_n$ vollständig unabhängig und $E(\lambda)$-verteilt sind. Also (vgl. Beispiel 3.35) ist $T_1 = \min(X_1, ..., X_n)$ $E(n\lambda)$-verteilt. Zum Zeitpunkt T_1 arbeiten von der ursprünglich n Geräten nur mehr n-1 Geräte. Wir wollen annehmen, daß das i-te Gerät zum Zeitpunkt T_1 noch arbeitet, und bezeichnen mit Y_i die vom Zeitpunkt T_1 aus gemessene restliche Lebensdauer dieses Geräts. Für alle y>0 folgt dann aus Satz 3.34 unter Berücksichtigung der Tatsache, daß X_i und $\min(X_1, ..., X_{i-1}, X_{i+1}, ..., X_n)$ unabhängig sind

$$P(\{Y_i > y\}) = P(\{X_i > T_1 + y\} | \{X_i > T_1\}) =$$

$$= P(\{X_i > \min(X_1, ..., X_{i-1}, X_{i+1}, ..., X_n) + y\} | \{X_i > \min(X_1, ..., X_{i-1}, X_{i+1}, ..., X_n)\}) =$$

$$= P(\{X_i > y\})$$

Die restlichen Lebensdauern der n-1 zum Zeitpunkt T_1 noch arbeitenden Geräte sind somit $E(\lambda)$-verteilt und natürlich wieder vollständig unabhängig. Damit liegt zum Zeitpunkt T_1 die gleiche Situation vor wie zum Zeitpunkt 0 - lediglich die Anzahl der Geräte hat sich um eins verringert. Verfolgt man diese Überlegung nun konsequent weiter, so ergibt sich schließlich, daß die Länge $T_{k+1} - T_k$ der Zeitspanne zwischen dem k-ten und dem k+1-ten Ausfall eines Geräts $E((n-k)\lambda)$ - verteilt ist.   \Checkmark

3.37 Beispiel (Eine kostengünstige Erneuerungspolitik): *In einer großen Werkshalle befinden sich n Beleuchtungskörper. Die Lebensdauern der in diesen Beleuchtungskörpern verwendeten Lampen seien auf dem Intervall [0,T] gleichverteilt.*
Bisher war es üblich, eine ausgebrannte Lampe sofort durch eine neue Lampe zu ersetzen; dies verursachte jedesmal Kosten in der Höhe von γ DM. Um Kosten einzusparen, schlägt die Betriebsleitung vor, alle Lampen routinemäßig nach $\tau < T$ Zeiteinheiten auszutauschen; ein derartiger Austausch verursacht Kosten in der Höhe von $\alpha + \beta n$ DM (wobei natürlich

$\alpha + \beta n < \gamma n$ sein wird). Lampen, die während einer derartigen Periode ausbrennen, werden nach wie vor sofort ersetzt. Wie muß τ gewählt werden, um die mittleren Gesamtkosten pro Zeiteinheit zu minimieren?

<u>Lösung:</u> Wir betrachten zunächst nur einen einzigen Beleuchtungskörper und untersuchen, wie oft die in diesem Beleuchtungskörper verwendete Lampe während des Zeitintervalls $[0,\tau]$ im Mittel ausbrennt:

Aus der Angabe entnimmt man, daß die Lebensdauern $X_1, X_2, \ldots$ der in diesem Beleuchtungskörper verwendeten Lampen vollständig unabhängig und auf dem Intervall $[0,T]$ gleichverteilt sind. Verwendet man nun den Satz von der totalen Wahrscheinlichkeit in differentieller Form, so erhält man unter Berücksichtigung von Satz 3.31 für die Anzahl Z der Lampen, welche während des fraglichen Zeitintervalls $[0,\tau]$ ausbrennen:

$$P(\{Z \geq 1\}) = P(\{X_1 < \tau\}) = \tau/T$$

$$P(\{Z \geq 2\}) = P(\{X_1 < \tau\} \cap \{X_1 + X_2 < \tau\}) =$$

$$= \int_{-\infty}^{\infty} P(\{X_1 < \tau\} \cap \{X_1 + X_2 < \tau\} | \{X_1 = x_1\}) . f_{X_1}(x_1)\, dx_1 =$$

$$= T^{-1} . \int_0^{\tau} P(\{X_2 < \tau - x_1\})\, dx_1 = T^{-2} . \int_0^{\tau} (\tau - x_1)\, dx_1 = (\tau/T)^2/2$$

....

$$P(\{Z \geq k\}) = P(\{X_1 < \tau\} \cap \{X_1 + X_2 < \tau\} \cap \ldots \cap \{X_1 + X_2 + \ldots + X_k < \tau\}) = \ldots = (\tau/T)^k/k!$$

was aber

$$E(Z) = \sum_{k=1}^{\infty} k . P(\{Z = k\}) = \sum_{k=1}^{\infty} k . [P(\{Z \geq k\}) - P(\{Z \geq k+1\})] = \sum_{k=1}^{\infty} P(\{Z \geq k\}) = \exp\{\tau/T\} - 1$$

zur Folge hat. Als mittlere Gesamtkosten $K(\tau)$ pro Zeiteinheit erhalten wir somit

$$K(\tau) = \tau^{-1} . [\gamma n . (\exp\{\tau/T\} - 1) + \alpha + \beta n]$$

a	x	a	x	a	x
0,1	0,3917	0,4	0,7029	0,7	0,8749
0,2	0,5283	0,5	0,7680	0,8	0,9203
0,3	0,6255	0,6	0,8246	0,9	0,9618

Tabelle 3.4: Werte von $x := \tau/T$ für einige speziellen Werte von $a := (\alpha + \beta n)/\gamma n$

Die Frage, wie τ gewählt werden muß um $K(\tau)$ zu einem Minimum zu machen, läuft nun auf eine gewöhnliche Extremwertaufgabe hinaus: Indem wir die erste Ableitung von $K(\tau)$ nach τ gleich Null setzen, ergibt sich für unser gesuchtes τ die Gleichung

$$\exp\{\tau/T\}.(1 - \tau/T) = 1 - (\alpha+\beta n)/\gamma n$$

welche sich leicht numerisch auswerten läßt (vgl. Tabelle 3.4).

3.38 Beispiel (Der radioaktive Zerfall): *Der Zerfall einer radioaktiven Substanz läßt sich mikroskopisch folgendermaßen beschreiben:*
* *Die Lebensdauer jedes einzelnen Atoms ist $E(\lambda)$-verteilt (die Atome "altern" nicht), wobei der Parameter λ die sogenannte Zerfallskonstante dieser Substanz bezeichnet;*
* *Die einzelnen Atome zerfallen (vollständig) unabhängig voneinander.*

Angenommen, zum Zeitpunkt $t=0$ sind $N=2M$ Atome dieser Substanz vorhanden. Wieviele Atome zerfallen dann im Mittel bis zum Zeitpunkt $t=T$? Wie lange dauert es im Mittel, bis von diesen ursprünglich N Atomen gerade $M=N/2$ Atome zerfallen sind (Halbwertszeit)?

Lösung: Es bezeichne

Z_i ... die Lebensdauer des i-ten Atoms;

X ... die Anzahl der bis zum Zeitpunkt $t=T$ zerfallenden Atome;

Y ... den Zeitpunkt, zu dem gerade der M-te Zerfall stattfindet.

Aus unserer Angabe entnimmt man dann
* $P_{Z_1} = P_{Z_2} = ... = P_{Z_N} = E(\lambda)$ und
* $Z_1, Z_2, ... Z_N$ sind vollständig unabhängig.

Für alle $k \in \{0,1,2,...,N\}$ gilt damit offenbar

$$P(\{X=k\}) = P(\{\text{genau } k \text{ der } Z_1, Z_2,...,Z_N \text{ sind kleiner als T}\}) =$$
$$= \binom{N}{k}.(1 - \exp\{-\lambda T\})^k.(\exp\{-\lambda T\})^{N-k}$$

Die Zufallsvariable X ist also $B(N, 1-\exp\{-\lambda T\})$ - verteilt, was wegen 2.38

$$E(X) = N.(1 - \exp\{-\lambda T\})$$

zur Folge hat. Wir erhalten damit das aus der Physik bekannte **Zerfallsgesetz**: Bis zum Zeitpunkt $t=T$ zerfallen im Mittel $N.(1- \exp\{-\lambda T\})$ der ursprünglich N radioaktiven Atome; zum Zeitpunkt $t=T$ sind daher im Mittel nur noch $N.\exp\{-\lambda T\}$ der ursprünglich N radioaktiven Atome vorhanden.

Weiters gilt für alle $y>0$

$$F_Y(y) = P(\{Y<y\}) = P(\{\text{mindestens } M \text{ der } Z_1, Z_2,...,Z_N \text{ sind kleiner als } y\}) =$$
$$= \sum_{k=M}^{N} \binom{N}{k}.(1 - \exp\{-\lambda y\})^k.(\exp\{-\lambda y\})^{N-k}$$

woraus

$$E(Y) = \int_{-\infty}^{\infty} y.f_Y(y)\, dy = \int_{-\infty}^{\infty} (1 - F_Y(y))\, dy =$$

$$= \int_{-\infty}^{\infty} \sum_{k=0}^{M-1} \binom{N}{k}.(1 - \exp\{-\lambda y\})^k.(\exp\{-\lambda y\})^{N-k}\, dy\ =\ (*)$$

folgt. Berücksichtigt man, daß für alle $0 \le k \le M-1$

$$\int_{0}^{\infty} \binom{N}{k}.(1 - \exp\{-\lambda y\})^k.(\exp\{-\lambda y\})^{N-k}\, dy\ =$$

$$= \frac{N-(k-1)}{N-k} . \int_{0}^{\infty} \binom{N}{k-1}.(1 - \exp\{-\lambda y\})^{k-1}.(\exp\{-\lambda y\})^{N-(k-1)}\, dy\ = ...\ = \frac{1}{\lambda.(N-k)}$$

ist, so gilt weiter

$$(*)\ =\ \lambda^{-1}. \sum_{k=0}^{M-1} 1/(2M-k)$$

Nun konvergiert diese letzte Summe für $M \to \infty$ aber (langsam) gegen $\ln 2$, sodaß wir für große M (in der Praxis ist M natürlich sehr groß) die aus der Physik wohlbekannte Formel $E(Y) = \lambda^{-1}.\ln 2$ erhalten.

3.39 Beispiel (Die Formeln von Wald): *Unter der Annahme, daß die Zufallsvariablen $N,X_1,X_2,...$ auf dem W-Raum $(\Omega,\mathcal{A},P)$ die Eigenschaften*

* *$N,X_1,X_2,...$ sind vollständig unabhängig und (quadratisch) integrierbar;*
* *$X_1,X_2,...$ sind identisch verteilt;*
* *$P(\{N \in \mathbb{N}\}) = 1$*

besitzen, berechne man den Erwartungswert und die Varianz von $Z := X_1+X_2+...+X_N$. (Achtung: Die Anzahl der Summanden von Z ist zufällig!)

Lösung: Die Zufallsvariablen $X_1,X_2,...$ sind identisch verteilt, besitzen also den gleichen Erwartungswert $E(X)$, das gleiche zweite Moment $E(X^2)$ und die gleiche Varianz $Var(X)$. Aus dem Satz von der totalen Wahrscheinlichkeit zusammen mit Satz 3.31 ergibt sich dann

$$E(Z)\ =\ \sum_{n=1}^{\infty} E(X_1+X_2+...+X_N \mid \{N=n\}).P(\{N=n\})\ =$$

$$=\ \sum_{n=1}^{\infty} E(X_1+X_2+...+X_n).P(\{N=n\})\ =\ \sum_{n=1}^{\infty} n.E(X).P(\{N=n\})\ =\ E(X).E(N)$$

sowie

$$E(Z^2)\ =\ \sum_{n=1}^{\infty} E((X_1+X_2+...+X_N)^2 \mid \{N=n\}).P(\{N=n\})\ =$$

$$=\ \sum_{n=1}^{\infty} E((X_1+X_2+...+X_n)^2).P(\{N=n\})\ =\ \sum_{n=1}^{\infty} n.E(X^2).P(\{N=n\})\ +$$

$$+\ \sum_{n=1}^{\infty} n(n-1).(E(X))^2.P(\{N=n\})\ =\ E(X^2).E(N) + (E(X))^2.[E(N^2) - E(N)]$$

und damit

$$\mathrm{Var}(Z) = E(Z^2) - (E(Z))^2 = E(X^2).E(N) + (E(X))^2.[E(N^2) - E(N)] -$$

$$- (E(X))^2.(E(N))^2 = \mathrm{Var}(X).E(N) + (E(X))^2.\mathrm{Var}(N) \qquad ♣$$

3.40 Beispiel (Der Log-Trig-Algorithmus): *Man zeige: Sind die Zufallsvariablen X und Y unabhängig und G(0,1)-verteilt, so sind die Zufallsvariablen*

$$U := (-2 \ln X)^{1/2}.\cos 2\pi Y \quad und \quad V := (-2 \ln X)^{1/2}.\sin 2\pi Y$$

unabhängig und N(0,1)-verteilt.

Lösung: Die Abbildung

$$g :(0,1)\times(0,1)\to R\times R \quad \mathrm{mit} \quad g(x,y) := ((-2 \ln x)^{1/2}.\cos 2\pi y, (-2 \ln x)^{1/2}.\sin 2\pi y)$$

ist offenbar bijektiv; die dazu inverse Abbildung ist

$$g^{-1} :R\times R\to(0,1)\times(0,1) \quad \mathrm{mit} \quad g^{-1}(u,y) := (\exp\{(u^2+v^2)/2\}, 2\pi^{-1}.\mathrm{arctg}(v/u))$$

Aus einer naheliegenden Verallgemeinerung unseres Transformationssatzes ergibt sich damit für alle $u,v\in R$

$$f_{U,V}(u,v) = f_{g\circ(X,Y)}(u,v) = f_{X,Y}(g^{-1}(u,v)). \left| \det \frac{\partial g^{-1}}{\partial u \, \partial v}(u,v) \right| =$$

$$= \left| \det \begin{pmatrix} -u.\exp\{-u^2/2\} & -v.\exp\{-v^2/2\} \\ -v/[2\pi.(u^2+v^2)] & u/[2\pi.(u^2+v^2)] \end{pmatrix} \right| = \frac{1}{2\pi}.\exp\{(u^2+v^2)/2\}$$

Die Zufallsvariablen U und V sind damit zweidimensional normalverteilt mit $\mu = (0,0)$ und $\Sigma = E$. Unsere Behauptung folgt nun unmittelbar aus den Bemerkungen 3.32 und 2.66. ♣

3.41 Beispiel (Das Verwerfungsverfahren): *Man zeige: Sind V und W stetige W-Maße auf B mit den Dichten f und h, ist $\xi \geq 1$ eine Konstante mit der Eigenschaft $f \leq \xi.h$ und sind X und Y unabhängige Zufallsvariable auf dem W-Raum (Ω, A, P) mit $P_X = W$ und $P_Y = G(0,1)$, so gilt für P_X-fast alle $x \in R$*

$$f_{X/\{Y \leq f(X)/\xi.h(X)\}}(x) = f(x)$$

Lösung: Unter Verwendung des Satzes von Bayes in differentieller Form (die Ereignisse $\{X\in[x,x+dx]\}$ mit $x\in R$ bilden ein "infinitesimales" vollständiges Ereignissystem) sowie unter Berücksichtigung der vorausgesetzten Unabhängigkeit der Zufallsvariablen X und Y ergibt sich für P_X-fast alle $x\in R$

$$f_{X|\{Y\leq f(X)/\xi.h(X)\}}(x) = \frac{P(\{Y\leq f(X)/\xi.h(X)\} \mid \{X=x\}).f_X(x)}{\int P(\{Y\leq f(X)/\xi.h(X)\} \mid \{X=x'\}).f_X(x') \, dx'} =$$

$$= \frac{P(\{Y\leq f(x)/\xi.h(x)\}.f_X(x)}{\int P(\{Y\leq f(x')/\xi.h(x')\}).f_X(x')\,dx'} = \frac{[f(x)/\xi.h(x)].h(x)}{\int [f(x')/\xi.h(x')].h(x')\,dx'} = f(x) \qquad \text{\ding{170}}$$

3.42 Beispiel (Die Verteilung der Spannweite): *Unter der Annahme, daß die stetigen Zufallsvariablen $X_1,X_2,...,X_n$ auf dem W-Raum $(\Omega,\mathcal{A},P)$ identisch verteilt und vollständig unabhängig sind, bestimme man die Verteilungsdichte f_Z ihrer Spannweite*

$$Z := max(X_1,X_2,...,X_n) - min(X_1,X_2,...,X_n)$$

Lösung: Es bezeichne

* F_X bzw. f_X die Verteilungsfunktion bzw. Verteilungsdichte der X_i sowie
* $U := min(X_1,X_2,...,X_n)$ und $V := max(X_1,X_2,...,X_n)$.

Für alle $u,v \in \mathbf{R}$ mit $u<v$ gilt dann offenbar

$$f_{U,V}(u,v) = \frac{1}{du\,dv} . P(\{(U\in [u,u+du)\}\cap\{V\in [v,v+dv)\}) =$$

$$= \frac{1}{du\,dv} . P(\{ \begin{array}{l} \text{Eine der Zufallsvariablen } X_1,X_2,...,X_n \text{ liegt im Inter-}\\ \text{vall } [u,u+du), \text{ eine liegt im Intervall } [v,v+dv) \text{ und die}\\ \text{n-2 restlichen Zufallsvariablen liegen im Intervall } [u,v] \end{array} \}) =$$

$$= n.f_X(u).(n-1).f_X(v).[F_X(v) - F_X(u)]^{n-2}$$

Aus dem Satz von der totalen Wahrscheinlichkeit folgt daraus unter Verwendung von Bemerkung 3.18 für alle $z\in \mathbf{R}$

$$f_Z(z) = \frac{1}{dz} P(\{Z\in [z,z+dz)\}) = \frac{1}{dz} P(\{V-U\in [z,z+dz)\}) =$$

$$= \frac{1}{dz} \int_{-\infty}^{\infty} P(\{V-U\in [z,z+dz)\}|\{U=u\}).f_U(u)\,du =$$

$$= \int_{-\infty}^{\infty} \frac{P(\{V\in [z+u,z+u+dz)\}|\{U=u\})}{dz}.f_U(u)\,du = \int_{-\infty}^{\infty} f_{V|\{U=u\}}(z+u).f_U(u)\,du =$$

$$= \int_{-\infty}^{\infty} f_{U,V}(u,z+u)\,du = n.(n-1) \int_{-\infty}^{\infty} f_X(u).f_X(z+u).[F_X(z+u)-F_X(u)]^{n-2}\,du \qquad \text{\ding{170}}$$

3.43 Beispiel (Die Entwichlung einer Population (vgl. dazu auch 4.74 und 4.89)): *Die Entwicklung einer Population (etwa von Viren in einer Nährsubstanz) läßt sich in erster Näherung folgendermaßen beschreiben:*

* *In der 0-ten Generation ist ein einziges Individuum vorhanden;*
* *Jedes Individuum der i-ten Generation hat eine $P(\alpha)$-verteilte Anzahl von Nachkommen;*

die Gesamtheit aller Nachkommen von Individuen der i-ten Generation bildet die i+1-te Generation;

* *Die Individuen vermehren sich unabhängig voneinander.*

Man bestimme den Erwartungswert der Anzahl der Individuen der n-ten Generation sowie die Wahrscheinlichkeit dafür, daß die Population ausstirbt.

<u>Lösung:</u> Bezeichnet N_i die Anzahl der Individuen der i-ten Generation und $X_{i,j}$ die Anzahl der Nachkommen des j-ten Individuums der i-ten Generation, so gilt offenbar

* die Zufallsvariablen $X_{i,j}$ sind $P(\alpha)$-verteilt;

* für alle $i \in N$ sind die Zufallsvariablen $N_i, X_{i,1}, X_{i,2}, ..., X_{i,N_i}$ vollständig unabhängig;

* $N_0 = 1$; $N_1 = X_{0,1}$; $N_2 = X_{1,1} + X_{1,2} + ... + X_{1,N_1}$; ...; $N_n = X_{n-1,1} + X_{n-1,2} + ... + X_{n-1,N_{n-1}}$

Aus der ersten Formel von Wald ergibt sich damit für alle $n \in N$

$$E(N_n) = E(X_{n-1,1} + X_{n-1,2} + ... + X_{n-1,N_{n-1}}) = \alpha.E(N_{n-1}) = \alpha^2.E(N_{n-2}) = ... = \alpha^n$$

Es bezeichne nun A das Ereignis "die Population stirbt aus". Wegen $\{N_1=0\} \subseteq \{N_2=0\} \subseteq ...$ und der Stetigkeit von W-Maßen (vgl. Satz 1.6) gilt dann

$$P(A) = P(\bigcup_{n=1}^{\infty} \{N_n=0\}) = \lim_{n \to \infty} P(\{N_n=0\})$$

Aus dem Satz von der totalen Wahrscheinlichkeit zusammen mit Satz 3.31 folgt nun für alle $n \in N$ und alle $\beta > 0$

$$P(\{N_n=0\}) = P(\{X_{n-1,1} + X_{n-1,2} + ... + X_{n-1,N_{n-1}} = 0\}) =$$

$$= \sum_{k=0}^{\infty} P(\{X_{n-1,1} + X_{n-1,2} + ... + X_{n-1,N_{n-1}} = 0\}|\{N_{n-1}=k\}).P(\{N_{n-1}=k\}) =$$

$$= \sum_{k=0}^{\infty} P(\{X_{n-1,1}=0\}).P(\{X_{n-1,2}=0\})...P(\{X_{n-1,k}=0\}).P(\{N_{n-1}=k\}) =$$

$$= \sum_{k=0}^{\infty} \exp\{-\alpha k\}.P(\{N_{n-1}=k\}) = E(\exp\{-\alpha N_{n-1}\})$$

sowie

$$E(\exp\{-\beta N_n\}) = E(\exp\{-\beta(X_{n-1,1} + X_{n-1,2} + ... + X_{n-1,N_{n-1}})\}) =$$

$$= \sum_{k=0}^{\infty} E(\exp\{-\beta(X_{n-1,1} + ... + X_{n-1,N_{n-1}})|\{N_{n-1}=k\}).P(\{N_{n-1}=k\}) =$$

$$= \sum_{k=0}^{\infty} E(\exp\{-\beta X_{n-1,1}\})...E(\exp\{-\beta X_{n-1,k}\}).P(\{N_{n-1}=k\}) =$$

$$= \sum_{k=0}^{\infty} \exp\{\alpha(1-e^{-\beta})k\}.P(\{N_{n-1}=k\}) = E(\exp\{-\alpha(1-e^{-\beta}).N_{n-1}\})$$

wobei wir beim vorletzten Gleichheitszeichen von der Tatsache

$$E(\exp\{-\beta X_{n-1,j}\}) = \sum_{m=0}^{\infty} \exp\{-\beta m\}.P(\{X_{n-1,j}=m\}) = \exp\{-\alpha(1-e^{-\beta})\}$$

Gebrauch gemacht haben. Damit ergibt sich

$$P(\{N_1=0\}) = E(\exp\{-\alpha N_0\}) = e^{-\alpha}$$
$$P(\{N_2=0\}) = E(\exp\{-\alpha N_1\}) = E(\exp\{-\alpha[1-e^{-\alpha}].N_0\}) = \exp\{-\alpha[1-P(\{N_1=0\})]\}$$
$$P(\{N_3=0\}) = E(\exp\{-\alpha N_2\}) = E(\exp\{-\alpha[1-e^{-\alpha}].N_1\}) =...= \exp\{-\alpha[1-P(\{N_2=0\})]\}$$

....

$$P(\{N_n=0\}) = E(\exp\{-\alpha N_{n-1}\}) = E(\exp\{-\alpha[1-e^{-\alpha}].N_{n-2}\}) =...= \exp\{-\alpha[1-P(\{N_{n-1}=0\})]\}$$

Die vun uns gesuchte Wahrscheinlichkeit $P(A) = \lim_{n\to\infty} P(\{N_n=0\})$ genügt somit der Gleichung

$$P(A) = \exp\{-\alpha[1-P(A)]\}$$

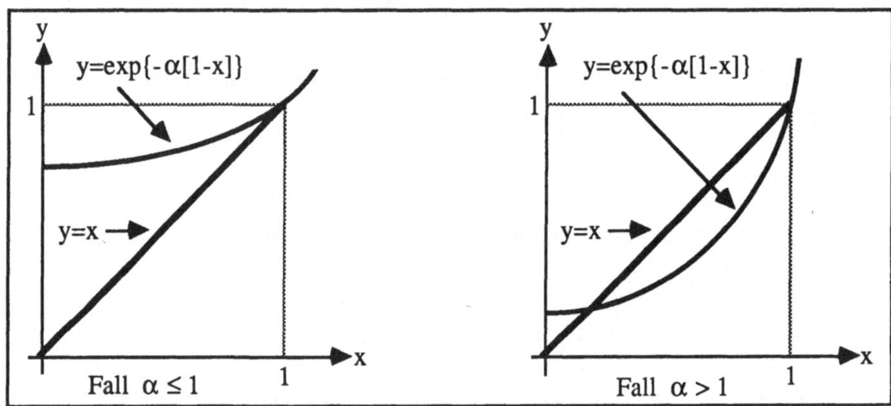

Abb. 3.3: Graphische Darstellung der beiden Gleichungen $y = x$ und $y = \exp\{-\alpha[1-x]\}$

Anhand von Abb. 3.3 erkennt man:

* Ist $\alpha \leq 1$, so besitzt die Gleichung $x = \exp\{-\alpha(1-x)\}$ im Intervall $[0,1]$ nur die Lösung $x=1$; besitzt also jedes Individuum der Population im Mittel nur $\alpha \leq 1$ Nachkommen, so stirbt die Population mit Sicherheit aus.

* Ist hingegen $\alpha>1$, so besitzt die Gleichung $x = \exp\{-\alpha(1-x)\}$ im Intervall $[0,1]$ neben der Lösung $x=1$ noch eine weitere Lösung $x=x_1$. Für dieses x_1 gilt aber offenbar

$$P(\{N_1=0\}) = \exp\{-\alpha\} \leq \exp\{-\alpha[1-x_1]\} = x_1$$
$$P(\{N_2=0\}) = \exp\{-\alpha[1-P(\{N_1=0\})]\} \leq \exp\{-\alpha[1-x_1]\} = x_1$$

....

$$P(\{N_n=0\}) = \exp\{-\alpha[1-P(\{N_{n-1}=0\})]\} \leq \exp\{-\alpha[1-x_1]\} = x_1$$

woraus folgt, daß in diesem Fall dieses x_1 unsere gesuchte Aussterbewahrscheinlichkeit $P(A)$ ist. Aus Tabelle 3.5 kann man diese Aussterbewahrscheinlichkeit $P(A)$ für einige spezielle Werte von α entnehmen.

α	P(A)	α	P(A)	α	P(A)	α	P(A)	α	P(A)
1,00	1,000	1,05	0,906	1,1	0,823	1,6	0,358	2,5	0,107
1,01	0,980	1,06	0,888	1,2	0,686	1,7	0,308	3,0	0,059
1,02	0,961	1,07	0,872	1,3	0,577	1,8	0,267	3,5	0,034
1,03	0,942	1,08	0,855	1,4	0,488	1,9	0,232	4,0	0,019
1,04	0,924	1,09	0,839	1,5	0,417	2,0	0,203	4,5	0,011

Tabelle 3.5: Aussterbewahrscheinlichkeit P(A) einer Population, bei der jedes Individuum eine $P(\alpha)$-verteilte Anzahl von Nachkommen besitzt.

3.44 Beispiel (Ein Selektionsmodell): *Wir betrachten $n \geq 2$ verschiedene Spezies und nehmen an, daß sich diese unabhängig voneinander nach der in Beispiel 3.43 beschriebenen Weise mit $\alpha=1$ (kritischer Fall) entwickeln. Man berechne den Erwartungswert der k-ten Extinktionszeit $T_{k;n}$ (= Zeit, ab der von den ursprünglich n Spezies nur mehr k Spezies vorhanden sind).*

<u>Lösung:</u> Mit einfachen analytischen Mitteln läßt sich zeigen: Ist $x_0 := 0$ und ist für alle $i \in \mathbb{N}$ x_i rekursiv durch die Beziehung $x_i := \exp\{-1+x_{i-1}\}$ definiert, so gilt:

$$\sum_{i=1}^{\infty} (1 - x_i^2) \text{ divergiert} \qquad \text{während} \qquad \sum_{i=1}^{\infty} (1 - x_i)^2 \text{ konvergiert}^{*)}.$$

Unter Verwendung der in Beispiel 3.43 abgeleiteten Ergebnisse ergibt sich damit offenbar

$$E(T_{0;n}) = \sum_{i=1}^{\infty} P(\{T_{0;n} \geq i\}) = 1 + \sum_{i=1}^{\infty} P(\{T_{0;n} > i\}) = 1 + \sum_{i=1}^{\infty} (1 - P(\{T_{0;n} \leq i\})) =$$

$$= 1 + \sum_{i=1}^{\infty} (1 - [P(\{N_i=0\})]^n) \geq 1 + \sum_{i=1}^{\infty} (1 - [P(\{N_i=0\})]^2) = 1 + \sum_{i=1}^{\infty} (1 - x_i^2) = \infty$$

sowie für alle $k \in \{1,2,...,n\}$

$$E(T_{k;n}) \leq E(T_{1;n}) = \sum_{i=1}^{\infty} P(\{T_{1;n} \geq i\}) = 1 + \sum_{i=1}^{\infty} P(\{T_{1;n} > i\}) =$$

$$= 1 + \sum_{i=1}^{\infty} [1 - P(\{N_i=0\})]^n \leq 1 + \sum_{i=1}^{\infty} [1 - P(\{N_i=0\})]^2 = 1 + \sum_{i=1}^{\infty} (1 - x_i)^2 < \infty$$

Nach Schuster und Sigmund [41] läßt sich dieses Ergebnis folgendermaßen interpretieren: Von den ursprünglich n Spezies sterben n-1 Spezies relativ rasch aus, während es im Mittel unendlich lange dauert, bis auch die letzte Spezies ausstirbt. Von n gleichberechtigten Spezies wird somit stets eine selektiert. Welche dies ist, ist jedoch im Gegensatz zur Lehre Darwins, nach der stets die "fitteste" Spezies selektiert wird, nicht vorhersehbar.

---

*) Ich verdanke diesen Hinweis Herrn R. Takacs.

3.6 Die Faltung von W-Maßen

3.45 Definition: *Gegeben seien zwei diskrete bzw. stetige W-Maße P und Q auf $\mathcal{B}$ mit den Dichten f und g.*

a) Die Abbildung

$$
f*g : R \to R \quad mit\, f*g(x) := \begin{cases} \displaystyle\sum_{-\infty}^{\infty}{}' f(z-y).g(y) & \text{falls P und Q diskret sind} \\[2ex] \displaystyle\int_{-\infty}^{\infty} f(z-y).g(y)\,dy & \text{falls P und Q stetig sind} \end{cases}
$$

heißt **Faltung der beiden Verteilungsdichten f und g.**

*b) Man zeigt mühelos, daß die Faltung f*g der beiden Dichten f und g wieder Dichte eines diskreten bzw. stetigen W-Maßes P*Q auf $\mathcal{B}$ ist. Dieses durch P und Q eindeutig bestimmte W-Maß P*Q auf $\mathcal{B}$ heißt* **Faltung der beiden W-Maße P und Q.**

Mit Hilfe des Begriffs der Faltung läßt sich nun die Frage nach der Verteilung der Summe von unabhängigen Zufallsvariablen leicht beantworten. Es gilt nämlich: Sind die beiden diskreten bzw. stetigen Zufallsvariablen X und Y auf dem W-Raum $(\Omega,\mathcal{A},P)$ unabhängig, so folgt aus dem Satz von der totalen Wahrscheinlichkeit zusammen mit Satz 3.31 für alle $z \in R$

$$
f_{X+Y}(z) = \left\{ \begin{array}{l} P(\{X+Y=z\}) = \displaystyle\sum_{-\infty}^{\infty}{}' P(\{X = z-Y\}|\{Y=y\}).f_Y(y) \\[3ex] \dfrac{1}{dz}P(\{X+Y\in[z,z+dz)\}) = \displaystyle\int_{-\infty}^{\infty}\dfrac{1}{dz} P(\{X\in[z-Y,z-Y+dz)\}|\{Y=y\}).f_Y(y)\,dy \end{array} \right\} =
$$

$$
= \left\{ \begin{array}{ll} \displaystyle\sum_{-\infty}^{\infty}{}' f_X(z-y).f_Y(y) & \text{falls X und Y diskret sind} \\[2ex] \displaystyle\int_{-\infty}^{\infty} f_X(z-y).f_Y(y)\,dy & \text{falls X und Y stetig sind} \end{array} \right\} = f_X*f_Y(z)
$$

Wir fassen dieses Ergebnis in einem Satz zusammen:

3.46 Satz:

a) Sind die beiden diskreten bzw. stetigen Zufallsvariablen X und Y auf dem W-Raum $(\Omega,\mathcal{A},P)$ unabhängig, so gilt

$$
f_{X+Y} = f_X*f_Y \quad und\,damit \quad P_{X+Y} = P_X*P_Y
$$

*b) Die Faltungsoperation " * " ist sowohl kommutativ als auch assoziativ. Für diskrete bzw. stetige W-Maße P,Q und R auf $\mathcal{B}$ gilt also $P*Q = Q*P$ und $(P*Q)*R = P*(Q*R)$.*

Wir stellen nun einige wichtige Faltungsbeziehungen zusammen:

3.47 Satz:

1) $B(m,p) * B(n,p) \quad = B(m+n,p)$

2) $NB(m,p) * NB(n,p) = NB(m+n,p)$

3) $P(\lambda) * P(\mu) \quad\quad = P(\lambda+\mu)$

4) $E(m,\lambda) * E(n,\lambda) \quad = E(m+n,\lambda)$

5) $N(\mu,\sigma^2) * N(v,\tau^2) \quad = N(\mu+v,\sigma^2+\tau^2)$

Es folgen wieder einige Beispiele:

3.48 Beispiel: *Vom Unendlichen kommend bewegt sich ein Beobachter A auf einen Beobachter B zu. Es bezeichne X bzw. Y jene Entfernung, in der der Beobachter A den Beobachter B bzw. der Beobachter B den Beobachter A entdeckt. Wie groß ist die Wahrscheinlichkeit dafür, daß der Beobachter A den Beobachter B entdeckt, ohne selbst von Beobachter B entdeckt worden zu sein, wenn man annimmt, daß X und Y unabhängig sind und X N(10,4)-verteilt und Y N(12,4)-verteilt ist.*

Lösung: Für die von uns gesuchte Wahrscheinlichkeit ergibt sich

$$P(\{X>Y\}) = P(\{X\text{-}Y > 0\}) = P_X * P_{\text{-}Y}((0,\infty)) = N(10,4)*N(-12,4)((0,\infty)) =$$
$$= N(-2,8)((0,\infty)) = N(0,1)((2/\sqrt{8},\infty)) = 0{,}3108$$

3.49 Beispiel (Ein Problem der Zuverlässigkeitstheorie): *Die Lebensdauer Y eines gewissen Geräts sei E(λ)-verteilt. Die Betriebszeit X_n dieses Geräts am n-ten Tag sei G(0,1)-verteilt. Wir nehmen an, daß die Zufallsvariablen $Y, X_1, X_2,...$ vollständig unabhängig sind. Wie groß ist die Wahrscheinlichkeit dafür, daß dieses Gerät mindestens n Tage voll funktioniert? Man bestimme den Erwartungswert der Anzahl der Tage T, an denen dieses Gerät voll funktioniert.*

Lösung: Offenbar gilt

$$P(\{T\geq n\}) = P(\{Y \geq X_1+X_2+...+X_n\}) = P(\{Y - X_1 - X_2 -...- X_n \geq 0\}) =$$
$$= E(\lambda)*G(-1,0)*G(-1,0)*...*G(-1,0)\ ([0,\infty))$$
$$\uparrow\!\!<\!\!\text{----------} n \text{ mal } \text{----------}\!\!>\!\!\uparrow$$

Mittels vollständiger Induktion läßt sich nun leicht zeigen, daß für alle $y\geq 0$ und alle $n\in N$

$$E(\lambda)*G(-1,0)*G(-1,0)*...*G(-1,0)\ ([y,\infty)) = [\lambda^{-1}.(1 - \exp\{-\lambda\})]^n.\exp\{-\lambda y\}$$
$$\uparrow\!\!<\!\!\text{----------} n \text{ mal } \text{----------}\!\!>\!\!\uparrow$$

ist, sodaß sich für die von uns gesuchte Wahrscheinlichkeit schließlich

$$P(\{T\geq n\}) = [\lambda^{-1}.(1 - \exp\{-\lambda\})]^n$$

ergibt. Außerdem erhalten wir damit weiter

$$E(T) = \sum_{n=1}^{\infty} n.P(\{T=n\}) = \sum_{n=1}^{\infty} n.[P(\{T\geq n\}) - P(\{T\geq n+1\})] = \sum_{n=1}^{\infty} P(\{T\geq n\}) =$$

$$= \sum_{n=1}^{\infty} [\lambda^{-1}.(1 - \exp\{-\lambda\})]^n = \frac{1 - \exp\{-\lambda\}}{\lambda - (1 - \exp\{-\lambda\})}$$

3.50 Beispiel (Ein Problem in Zusammenhang mit Netzplänen): *Bei der Entwicklung neuartiger Produkte verteilt man die zu leistende Entwicklungsarbeit in der Regel auf n verschiedene Arbeitsgruppen. Die folgenden Annahmen sind dabei recht realistisch:*

* *Die i-te Gruppe benötigt zur Lösung des ihr anvertrauten Teilproblems X_i Zeiteinheiten, wobei die Zufallsvariablen $X_1, X_2, ..., X_n$ vollständig unabhängig und exponential - verteilt sind;*

* *Die i-te Gruppe kann mit der Arbeit erst dann beginnen, wenn bereits alle dazu notwendigen Vorarbeiten (ausgedrückt durch einen sogenannten **Netzplan**) erfolgt sind.*

Wir wollen nun speziell annehmen, daß die zur Entwicklung eines gewissen Produkts notwendige Arbeit gemäß dem Netzplan von Abb. 3.4 auf n=7 Arbeitsgruppen aufgeteilt wird und daß die zur Lösung der einzelnen Teilprobleme erforderlichen Zeiten $X_1, X_2, ..., X_n$ $E(\alpha)$-verteilt sind. Man bestimme den Erwartungswert der zur Entwicklung dieses Produkts notwendigen Zeit Z.

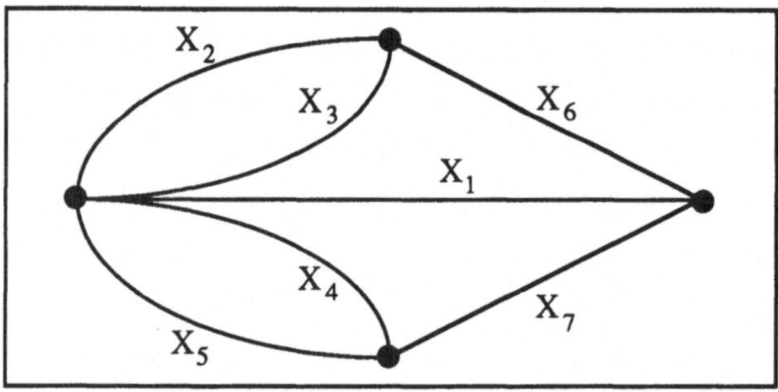

Abb. 3.4: Netzplan, mit dem beschrieben wird, wie die Entwicklungsarbeit für das Produkt aus Beispiel 3.50 auf n=7 Arbeitsgruppen aufgeteilt wird.

Lösung: Für alle z > 0 gilt offenbar

$$F_Z(z) = P(\{Z<z\}) = P(\{max[X_1, max(X_2,X_3)+X_6, max(X_4,X_5)+X_7] < z\}) =$$

$$= P(\{X_1<z\}).P(\{max(X_2,X_3)+X_6 < z\}).P(\{max(X_4,X_5)+X_7 < z\}) = (*)$$

Nun ist aber (unter Berücksichtigung von Beispiel 3.35)

$$f_{max(X_2,X_3)+X_6}(z) = f_{X_6} * f_{max(X_2,X_3)}(z) =$$

$$= \int_0^z \alpha.\exp\{-\alpha(z-y)\}.2\alpha.\exp\{-\alpha y\}.[1 - \exp\{-\alpha y\}]\, dy =$$

$$= 2\alpha.\exp\{-\alpha z\}.[\alpha z - 1 + \exp\{-\alpha z\}]$$

woraus sofort

$$P(\{\max(X_2,X_3)+X_6 < z\}) = \int_0^z 2\alpha.\exp\{-\alpha x\}.[\alpha x - 1 + \exp\{-\alpha x\}]\, dx =$$

$$= 1 - \exp\{2\alpha x\} - 2\alpha z.\exp\{-\alpha z\}$$

folgt. Wir erhalten somit insgesamt

$$(*) = (1 - \exp\{-\alpha z\}).(1 - \exp\{-2\alpha z\} - 2\alpha z.\exp\{-\alpha z\})^2$$

und damit

$$E(Z) = \int_0^\infty z.f_Z(z)\, dz = \int_0^\infty P(\{Z\geq z\})\, dz = \int_0^\infty (1 - F_Z(z))\, dz =$$

$$= \int_0^\infty [\exp\{-\alpha z\}.(1+4\alpha z) + \exp\{-2\alpha z\}.(2-4\alpha z-4\alpha^2 z^2) + \exp\{-3\alpha z\}\times$$

$$\times(-2-4\alpha z+4\alpha^2 z^2) + \exp\{-4\alpha z\}.(-1+4\alpha z) + \exp\{-5\alpha z\}]\, dz = 179/45\alpha \quad \text{\ding{110}}$$

3.51 Beispiel (Ein Problem aus der Physik): *Die Substanzen $A_1, A_2,...,A_{n+1}$ bilden eine radioaktive Kette, d.h. die Atome der Substanz A_1 zerfallen in Atome der Substanz A_2, die Atome der Substanz A_2 zerfallen in Atome der Substanz A_3 usw. Die Substanz A_{n+1} sei nicht mehr radioaktiv. Wir nehmen an, daß zum Zeitpunkt $t=0$ N_1 Atome der Substanz A_1, N_2 Atome der Substanz A_2,... und N_n Atome der Substanz A_n vorhanden sind. Man bestimme die Verteilung der Zeit T, während der sich ein zum Zeitpunkt $t=0$ zufällig herausgegriffenes Atom in ein Atom der Substanz A_{n+1} umwandelt, wenn die Zerfallskonstanten $\lambda_1,...,\lambda_n$ der radioaktiven Substanzen $A_1,...,A_n$ paarweise voneinander verschieden sind.*

Lösung: Es bezeichne

Z_i ... jene Zeit, die ein zufällig herausgegriffenes Atom der Substanz A_i braucht, bis es in ein Atom der Substanz A_{i+1} zerfällt;

T_i ... jene Zeit, die ein zufällig herausgegriffenes Atom der Substanz A_i braucht, bis es in ein Atom der Substanz A_{n+1} zerfällt;

T ... jene Zeit, die ein zum Zeitpunkt $t=0$ zufällg herausgegriffenes Atom braucht, bis es in ein Atom der nicht mehr radioaktiven Substanz A_{n+1} zerfällt.

Die Physik rechtfertigt nun die Annahme, daß die Zufallsvariablen $Z_1,Z_2,...,Z_n$ vollständig unabhängig und $E(\lambda_1)$-, $E(\lambda_2)$-,...,$E(\lambda_n)$ - verteilt sind. Aus dem Satz von der totalen Wahrscheinlichkeit ergibt sich damit für alle $t>0$

$$P(\{T<t\}) = \sum_{i=1}^n P(\{T<t\}| \text{Es wird ein Atom der Substanz } A_i \text{ herausgegriffen}).(N_i/N) = (*)$$

Nun ist aber für alle $i\in \{1,2,...,n\}$ offenbar $T_i = Z_i+Z_{i+1}+...+Z_n$. Unsere Aufgabe besteht also darin, zuerst die Faltung $E(\lambda_i)*E(\lambda_{i+1})*...*E(\lambda_n)$ von Exponentialverteilungen mit paarweise verschiedenen Parametern $\lambda_i,\lambda_{i+1},...,\lambda_n$ zu bestimmen. Unter Verwendung der bekannten Formel

$$\sum_{\substack{k=i}}^{n-1} \lambda_k \cdot \left(\prod_{\substack{k=i\\j\neq k}}^{n} \lambda_j / (\lambda_j - \lambda_k) \right) = -\lambda_n \cdot \prod_{\substack{j=i\\j\neq n}}^{n} \lambda_j / (\lambda_j - \lambda_n)$$

läßt sich mittels Induktion aber relativ mühelos zeigen, daß $E(\lambda_i)*E(\lambda_{i+1})*...*E(\lambda_n)$ die Dichte

$$g_{i,n}(x) = \begin{cases} 0 & \text{für } x \leq 0 \\[2ex] \displaystyle\sum_{k=i}^{n} \lambda_k \cdot \left[\prod_{\substack{j=i\\j\neq k}}^{n} \lambda_j / (\lambda_j - \lambda_k) \right] \cdot \exp\{-\lambda_k x\} & \text{für } x > 0 \end{cases}$$

besitzt. Damit gilt weiter

$$(*) = \sum_{i=1}^{n} \left[\int_0^t g_{i,n}(x)\, dx \right] \cdot (N_i/N) = \sum_{i=1}^{n} \left[\sum_{k=1}^{n} \left(\prod_{\substack{j=i\\j\neq k}}^{n} \lambda_j / (\lambda_j - \lambda_k) \right) \cdot (1 - \exp\{-\lambda_k\}) \right] \cdot (N_i/N)$$

3.7 Die Gesetze der großen Zahlen

Eine alte Erfahrungstatsache besagt: Wird eine physikalische Größe mehrmals gemessen und sind diese Messungen mit zufälligen Fehlern behaftet, so "nähert" sich das arithmetische Mittel der Meßergebnisse mit zunehmender Anzahl von Messungen in der Regel dem wahren Wert dieser Größe. In diesem Abschnitt wollen wir uns nun mit der Frage befassen, wie dieses "nähern" zu verstehen ist und unter welchen Voraussetzungen diese Erfahrungstatsache mathematisch begründet werden kann.

3.52 Definition: *$Z_1,Z_2,...$ seien Zufallsvariable auf einem W-Raum $(\Omega,\mathcal{A},P)$.*

1) *Unter einem **schwachen Gesetz der großen Zahlen** versteht man eine Aussage darüber, unter welchen Voraussetzungen für alle $\varepsilon > 0$*

$$\lim_{n \to \infty} P\left(\left\{ \left| n^{-1} \cdot \sum_{i=1}^{n} Z_i - E(n^{-1} \cdot \sum_{i=1}^{n} Z_i) \right| > \varepsilon \right\}\right) = 0$$

ist.

2) *Unter einem **zentralen Grenzverteilungssatz** versteht man eine Aussage darüber, unter welchen Voraussetzungen die Verteilung von*

$$\left[\sum_{i=1}^{n} Z_i - E\left(\sum_{i=1}^{n} Z_i \right) \right] / \left[Var\left(\sum_{i=1}^{n} Z_i \right) \right]^{1/2}$$

gegen die $N(0,1)$-Verteilung konvergiert.

Wir fassen die wichtigsten Ergebnisse in zwei Sätzen zusammen:

3.53 Die schwachen Gesetze der großen Zahlen:

1) Schwaches Gesetz der großen Zahlen von Markov: Sind die Zufallsvariablen
$Z_1, Z_2, ...$ *quadratisch integrierbar und ist*

$$\lim_{n \to \infty} n^{-2}.Var(\sum_{i=1}^{n} Z_i) = 0$$

so gilt für alle $\varepsilon > 0$

$$\lim_{n \to \infty} P(\{ \, |n^{-1}.\sum_{i=1}^{n} Z_i - E(n^{-1}.\sum_{i=1}^{n} Z_i)| > \varepsilon\}) = 0$$

2) Schwaches Gesetz der großen Zahlen von Tschebyscheff: Sind die Zufalls-
variablen $Z_1.Z_2, ...$ paarweise unkorreliert, quadratisch integrierbar und ist ihre Varianz
durch eine einheitliche Konstante beschränkt, so gilt für alle $\varepsilon > 0$

$$\lim_{n \to \infty} P(\{ \, |n^{-1}.\sum_{i=1}^{n} Z_i - E(n^{-1}.\sum_{i=1}^{n} Z_i)| > \varepsilon\}) = 0$$

3) Schwaches Gesetz der großen Zahlen von Chintschin: Sind die Zufallsvariablen
$Z_1, Z_2, ...$ *identisch verteilt, paarweise unabhängig und integrierbar, so gilt für alle $\varepsilon > 0$*

$$\lim_{n \to \infty} P(\{ \, |n^{-1}.\sum_{i=1}^{n} Z_i - E(Z_1)| > \varepsilon\}) = 0$$

Eine für die Praxis sehr wichtige Anwendungsmöglichkeit des schwachen Gesetzes der
großen Zahlen ist die

3.54 Monte Carlo Methode zur Berechnung von Integralen:

Aufgabe: Berechnet werden soll das r-dimensionale Integral

$$\int_0^1 \int_0^1 ... \int_0^1 g(x_1, x_2, ..., x_r) \, dx_1 dx_2 ... dx_r$$

Grundlage: Sind die Zufallsvariablen

$$X_{11}, X_{12}, ..., X_{1r}; \; X_{21}, X_{22}, ..., X_{2r}; \; ...; \; X_{n1}, X_{n2}, ..., X_{nr}; \; ...$$

vollständig unabhängig und $G(0,1)$-verteilt und ist

$$Z_1 := g(X_{11}, ..., X_{1r}), \; Z_2 := g(X_{21}, ..., X_{2r}), ..., \; Z_n := g(X_{n1}, ..., X_{nr}), ...$$

so folgt aus dem schwachen Gesetz der großen Zahlen von Chintschin für alle $\varepsilon > 0$

$$\lim_{n \to \infty} P(\{ \, |n^{-1}.\sum_{i=1}^{n} Z_i - \int_0^1 \int_0^1 ... \int_0^1 g(x_1, x_2, ..., x_r) \, dx_1 dx_2 ... dx_r| > \varepsilon\}) =$$

$$= \lim_{n \to \infty} P(\{ \, |n^{-1}.\sum_{i=1}^{n} Z_i - E(Z_1)| > \varepsilon\}) = 0$$

Algorithmus: 1) *Erzeuge eine Folge von G(0,1)-Zufallszahlen*

$$x_{11}, x_{12}, \ldots, x_{1r}; \ x_{21}, x_{22}, \ldots, x_{2r}; \ \ldots; \ x_{n1}, x_{n2}, \ldots, x_{nr}; \ \ldots$$

2) *Für jedes* $i \in \{1,2,\ldots,n,\ldots\}$ *berechne*

$$z_i := g(x_{i1}, x_{i2}, \ldots, x_{ir})$$

3) *Für große n unterscheidet sich dann das arithmetische Mittel*

$$\overline{z} := n^{-1}.(z_1 + z_2 + \ldots + z_n)$$

mit großer Wahrscheinlichkeit nur wenig vom gesuchten Integral

$$\int_0^1 \int_0^1 \ldots \int_0^1 g(x_1, x_2, \ldots, x_r) \, dx_1 dx_2 \ldots dx_r$$

3.55 Die zentralen Grenzverteilungssätze:

1) *Der globale zentrale Grenzverteilungssatz von Ljapunov: Sind die Zufallsvariablen* $Z_1, Z_2, \ldots$ *vollständig unabhängig und ist die sogenannte Ljapunov-Bedingung*

$$\lim_{n \to \infty} [\sum_{i=1}^{n} E(|Z_i - E(Z_i)|^3)]^{1/3} / [\sum_{i=1}^{n} E(|Z_i - E(Z_i)|^2)]^{1/2} = 0$$

erfüllt, so konvergiert die Verteilungsfunktion von

$$[\sum_{i=1}^{n} Z_i - E(\sum_{i=1}^{n} Z_i)] / [Var(\sum_{i=1}^{n} Z_i)]^{1/2}$$

punktweise gegen die Verteilungsfunktion der N(0,1)-Verteilung. Für alle $z \in R$ *gilt also*

$$\lim_{n \to \infty} P(\{[(\sum_{i=1}^{n} Z_i - E(\sum_{i=1}^{n} Z_i)] / [Var(\sum_{i=1}^{n} Z_i)]^{1/2} < z\}) = \frac{1}{(2\pi)^{-1/2}} . \int_{-\infty}^{z} exp\{-x^2/2\} \, dx$$

2) *Der lokale zentrale Grenzverteilungssatz von Gnedenko: Sind die Zufallsvariablen* $Z_1, Z_2, \ldots$ *identisch verteilt, quadratisch integrierbar und vollständig unabhängig und ist die Verteilungsdichte von* Z_1 *beschränkt, so konvergiert die Verteilungsdichte von*

$$[\sum_{i=1}^{n} Z_i - E(\sum_{i=1}^{n} Z_i)] / [Var(\sum_{i=1}^{n} Z_i)]^{1/2}$$

punktweise gegen die Verteilungsdichte der N(0,1)-Verteilung. Für alle $z \in R$ *gilt also*

$$\lim_{n \to \infty} P(\{ [\sum_{i=1}^{n} Z_i - E(\sum_{i=1}^{n} Z_i)] / [Var(\sum_{i=1}^{n} Z_i)]^{1/2} \in [z, z+dz)\}) = \frac{1}{(2\pi)^{1/2}} . exp\{-z^2/2\} \, dz$$

3.56 Bemerkung: *In der Praxis werden die zentralen Grenzverteilungssätze oft etwas schlampig in folgender Form verwendet: Sind die Zufallsvariable* $Z_1, Z_2, \ldots, Z_n$ *"weitgehend unabhängig und von gleicher Größenordnung" und ist* $n \in N$ *groß, so ist* $Z_1 + Z_2 + \ldots + Z_n$ *annähernd* $N(\mu, \sigma^2)$*-verteilt mit* $\mu := E(Z_1 + Z_2 + \ldots + Z_n)$ *und* $\sigma^2 = Var(Z_1 + Z_2 + \ldots + Z_n)$.

Eine wichtige Konsequenz dieser Sätze ist

3.57 Bemerkung: *Wird ein Zufallsexperiment, bei dem das Ereignis A mit der Wahrscheinlichkeit P(A) eintritt, laufend unabhängig wiederholt und ist die Zuvallsvariable Z_i gleich 1 bzw. 0 je nachdem, ob bei der i-ten Wiederholung des Zufallsexperiments das Ereignis A eintritt bzw. nicht eintritt, so besitzt die* **relative Häufigkeit**

$$H_n(A) := n^{-1} \cdot \sum_{i=1}^{n} Z_i$$

für das Eintreten von A folgende Eigenschaften:

1) *Schwaches Gesetz der großen Zahlen von Bernoulli: Die Zufallsvariablen Z_1, Z_2,... genügen offenbar den Voraussetzungen des schwachen Gesetzes der großen Zahlen von Chintschin, also gilt für alle $\varepsilon > 0$*

$$\lim_{n \to \infty} P(\{ \, |H_n(A) - P(A)| > \varepsilon \}) = \lim_{n \to \infty} P(\{ \, | n^{-1} \cdot \sum_{i=1}^{n} Z_i - E(Z_1)| > \varepsilon \}) = 0$$

2) *Zentraler Grenzverteilungssatz von Moivre-Laplace: Die Zufallsvariablen Z_1, Z_2,... genügen offenbar sowohl den Voraussetzungen des globalen zentralen Grenzverteilungssatzes von Ljapunov als auch den Voraussetzungen des lokalen zentralen Grenzverteilungssatzes von Gnedenko, also gilt für alle $z \in R$*

$$\lim_{n \to \infty} P(\{ \, \frac{H_n(A) - P(A)}{[P(A) \cdot (1-P(A))]^{1/2}} \cdot \sqrt{n} < z \}) =$$

$$= \lim_{n \to \infty} P(\{ \, [\sum_{i=1}^{n} Z_i - E(\sum_{i=1}^{n} Z_i)] \, / \, [Var(\sum_{i=1}^{n} Z_i)]^{1/2} < z \}) = \frac{1}{(2\pi)^{1/2}} \cdot \int_{-\infty}^{z} \exp\{-x^2/2\} \, dx$$

und

$$\lim_{n \to \infty} P(\{ \, \frac{H_n(A) - P(A)}{[P(A) \cdot (1-P(A))]^{1/2}} \cdot \sqrt{n} \in [z,z+dz) \}) =$$

$$= \lim_{n \to \infty} P(\{ [\sum_{i=1}^{n} Z_i - E(\sum_{i=1}^{n} Z_i)] \, / \, [Var(\sum_{i=1}^{n} Z_i)]^{1/2} \in [z,z+dz) \}) = \frac{1}{(2\pi)^{1/2}} \cdot \exp\{-z^2/2\} \, dz$$

Für die Praxis von großer Bedeutung ist schließlich die durch die zentralen Grenzverteilungssätze begründbare Approximation vieler Verteilungen durch die Normalverteilung. Im einzelnen gilt dabei:

3.58 Bemerkung:

1) $B(n,p) \quad \approx \quad N(np, np(1-p))$ $\qquad\qquad\qquad$ *für $np > 10$*
2) $NB(n,p) \quad \approx \quad N(n/p, n \cdot (1-p)/p^2))$ $\qquad\qquad$ *für $n > 30$*

$$3)\ H(n,M,N)\ \approx\ N(n.\frac{M}{M+N},\ n.\frac{M}{M+N}.(1-\frac{M}{M+N}).(1-\frac{n-1}{M+N-1}))\quad \begin{cases} \textit{für } n.M/(M+N) > 10 \\ \textit{und } n << min(N,M) \end{cases}$$

$$4)\ P(\lambda)\ \approx\ N(\lambda,\ \lambda)\qquad\qquad\qquad\textit{für } \lambda > 10$$

$$5)\ E(n,\lambda)\ \approx\ N(n/\lambda,\ n/\lambda^2)\qquad\qquad\textit{für } n > 30$$

Es folgen wieder einige Beispiele:

3.59 Beispiel (Wie gut läßt sich die Wahrscheinlichkeit eines Ereignisses durch seine relative Häufigkeit approximieren?): *Bekanntlich läßt sich die Wahrscheinlichkeit P(A) eines Ereignisses A durch seine relative Häufigkeit $H_n(A)$ "gut" approximieren, wobei als Faustregel gilt: Sollen $H_n(A)$ und P(A) bis zur k-ten Dezimale übereinstimmen, so muß n größenordnungsmäßig etwa gleich 10^{2k} sein. Wir wollen diese Faustregel nun wahrscheinlichkeitstheoretisch begründen und fragen dazu: Wie oft muß ein Zufallsexperiment unabhängig wiederholt werden, um mit einer Wahrscheinlickeit von mindestens p (0<p<1) sicherzustellen, daß die relative Häufigkeit $H_n(A)$ von der gesuchten Wahrscheinlichkeit P(A) eines beliebigen Ereignisses A um weniger als 10^{-k} abweicht?*

Lösung: Aus dem zentralen Grenzverteilungssatz von Moivre-Laplace folgt unmittelbar

$$P(\{|H_n(A) - P(A)| < 10^{-k}\}) = P(\{\frac{|H_n(A) - P(A)|}{[P(A).(1-P(A))]^{1/2}}.\sqrt{n} < \frac{10^{-k}.\sqrt{n}}{[P(A).(1-P(A))]^{1/2}}\}) \approx$$

$$\approx N(0,1)((-\frac{10^{-k}.\sqrt{n}}{[P(A).(1-P(A))]^{1/2}},\ +\frac{10^{-k}\sqrt{n}}{[P(A).(1-P(A))]^{1/2}})) \geq N(0,1)((-\frac{2\sqrt{n}}{10^k},\ +\frac{2\sqrt{n}}{10^k}))$$

wobei wir verwendet haben, daß P(A).(1-P(A)) stets kleiner-gleich 1/4 ist. Setzen wir nun

$$N(0,1)((-2\sqrt{n}.10^{-k},+2\sqrt{n}.10^{-k})) = :p$$

so ist einerseits gewährleistet, daß die Wahrscheinlichkeit dafür, daß die relative Häufigkeit

p	n	p	n	p	n	p	n
0,90	$0,68.10^{2k}$	0,93	$0,82.10^{2k}$	0,96	$1,05.10^{2k}$	0,99	$1,67.10^{2k}$
0,91	$0,72.10^{2k}$	0,94	$0,88.10^{2k}$	0,97	$1,18.10^{2k}$	0,995	$1,96.10^{2k}$
0,92	$0,77.10^{2k}$	0,95	$0,96.10^{2k}$	0,98	$1.35.10^{2k}$	0,999	$2,71.10^{2k}$

Tabelle 3.6: Anzahl n der notwendigen Wiederholungen eines Zufallsexperiments, um mit der Wahrscheinlichkeit p sicher zustellen, daß die relative Häufigkeit $H_n(A)$ eines Ereignisses A von der Wahrscheinlichkeit P(A) dieses Ereignisses um weniger als 10^{-k} abweicht.

$H_n(A)$ von der gesuchten Wahrscheinlichkeit P(A) des Ereignisses A um weniger als 10^{-k} abweicht, größer als p ist. Andererseits läßt sich aus dieser Beziehung n leicht ausrechnen. In Tabelle 3.6 sind für einige Werte von p die zugehörigen Werte von n angeführt. Wir erkennen dabei, daß die oben erwähnte Faustregel zu recht besteht.   ■

3.60 Beispiel: *Wieviele Versuche muß man zur Berechnung des Integrals*

$$\int_0^1 (1 - x^2)^{1/2}\, dx$$

mittels der Monte Carlo Methode durchführen, um mit einer Wahrscheinlichkeit von mindestens 0,95 sicher zu stellen, daß der auf diese Weise berechnete Wert vom tatsächlichen Wert $\pi/4$ um weniger als 0,01 abweicht?

<u>Lösung:</u> Sind die Zufallsvariablen $X_1, X_2, \ldots$ vollständig unabhängig und $G(0,1)$-verteilt, so genügen die Zufallsvariablen $Z_1 := (1 - X_1^2)^{1/2}$, $Z_2 := (1 - X_2^2)^{1/2}, \ldots$ offenbar dem zentralen Grenzverteilungssatz von Ljapunov. Für große n ist damit $Z_1 + Z_2 + \ldots + Z_n$ annähernd $N(n.E(Z_1), n.Var(Z_1))$ - verteilt mit

$$E(Z_1) = \int_0^1 (1 - x^2)^{1/2}\, dx = \pi/4$$

und

$$Var(Z_1) = \int_0^1 (1 - x^2)\, dx - (\int_0^1 (1 - x^2)^{1/2}\, dx)^2 = 2/3 - (\pi/4)^2$$

Um nun sicher zu stellen, daß

$$P(\{\,|\,n^{-1}. \sum_{i=1}^{n} Z_i - \int_0^1 (1 - x^2)^{1/2}\, dx\,| < 0{,}01\}) \approx N(0,1)((-\infty, \frac{0{,}01.\sqrt{n}}{(Var(Z_1))^{1/2}})) \geq 0{,}95$$

ist, muß $0{,}01.\sqrt{n} / (Var(Z_1))^{1/2} \geq 1{,}645$ sein, was n=1348 zur Folge hat. Tabelle 3.7 zeigt das Ergebnis von 20 derartigen Berechnungen dieses Integrals mit jeweils n=1348 Versuchen. Man erkennt dabei, daß der auf diese Weise berechnete Wert lediglich ein einziges Mal (also mit einer Wahrscheinlichkeit von 1/20 = 0,05) um mehr als 0,01 vom tatsächlichen Wert $\pi/4$ = 0,785398 abweicht - ein Ergebnis, das ganz der Theorie entspricht.   ■

i	Wert	i	Wert	i	Wert	i	Wert	i	Wert
1	0,7850	5	0,7883	9	0,7909	13	0,8001	17	0,7778
2	0,7822	6	0,7853	10	0,7826	14	0,7897	18	0,7796
3	0,7893	7	0,7818	11	0,7948	15	0,7945	19	0,7857
4	0,7768	8	0,7931	12	0,7878	16	0,7845	20	0,7865

Tabelle 3.7: Ergebnis des 20-maligen Berechnens von $\int_0^1 (1 - x^2)^{1/2}\, dx$ mittels der Monte Carlo Methode

3.61 Beispiel (Die asymptotische Verteilung der Mann-Whitney-Statistik): $X_1, X_2, \ldots$
$\ldots, X_m$ *und* $Y_1, Y_2, \ldots, Y_n$ *seien vollständig unabhängige, identisch verteilte, stetige Zufallsvariable auf einem W-Raum* $(\Omega, \mathcal{A}, P)$ *mit der Verteilungsfunktion F und der Verteilungsdichte f. Außerdem sei* $g(x,y)$ *gleich 1 bzw. 0 je nachdem, ob* $x > y$ *bzw.* $x \leq y$ *ist. Für großes m und großes n bestimme man näherungsweise die Verteilung der sogenannten* **Mann-Whitney-Statistik**

$$U^{(m,n)} := \sum_{i=1}^{m} \sum_{j=1}^{n} g(X_i, Y_j)$$

Lösung: Wir beginnen mit einigen einfachen, auf dem Satz von der totalen Wahrscheinlichkeit beruhenden Hilfsüberlegungen:

* Für alle $i \in \{1,2,\ldots,m\}$ und alle $j \in \{1,2,\ldots,n\}$ gilt

$$E((g(X_i, Y_j))^2) = P(\{X_i > Y_j\}) = \int_{-\infty}^{\infty} P(\{X_i > Y_j\} | \{Y_j = y\}).f(y)\, dy =$$

$$= \int_{-\infty}^{\infty} (1 - F(y)).f(y)\, dy = 1/2$$

* Für alle $i,k \in \{1,2,\ldots,m\}$ mit $i \neq k$ und alle $j \in \{1,2,\ldots,n\}$ gilt

$$E(g(X_i, Y_j).g(X_k, Y_j)) = P(\{X_i > Y_j\} \cap \{X_k > Y_j\}) =$$

$$= \int_{-\infty}^{\infty} P(\{X_i > Y_j\} \cap \{X_k > Y_j\} | \{Y_j = y\}).f(y)\, dy = \int_{-\infty}^{\infty} (1 - F(y))^2.f(y)\, dy = 1/3$$

* Für alle $i \in \{1,2,\ldots,m\}$ und alle $j,l \in \{1,2,\ldots,n\}$ mit $j \neq l$ gilt

$$E(g(X_i, Y_j).g(X_i, Y_l)) = P(\{X_i > Y_j\} \cap \{X_i > Y_l\}) =$$

$$= \int_{-\infty}^{\infty} P(\{X_i > Y_j\} \cap \{X_i > Y_l\} | \{X_i = x\}).f(x)\, dx = \int_{-\infty}^{\infty} (F(x))^2.f(x)\, dx = 1/3$$

* Für alle $i,k \in \{1,2,\ldots,m\}$ mit $i \neq k$ und alle $j,l \in \{1,2,\ldots,n\}$ mit $j \neq l$ gilt

$$E(g(X_i, Y_j).g(X_k, Y_l)) = P(\{X_i > Y_j\} \cap \{X_k > Y_l\}) = P(\{X_i > Y_j\}).P(\{X_k > Y_l\}) = 1/4$$

Nach leichter Rechnung erhält man damit

$$E(U^{(m,n)}) = mn/2 \quad \text{und} \quad Var(U^{(m,n)}) = mn.(m+n+1)/12$$

Da die Zufallsvariablen $g(X_i, Y_j)$ aber "weitgehend unabhängig und von gleicher Größenordnung" sind, kann man aufgrund von Bemerkung 3.56 somit darauf schließen, daß $U^{(m,n)}$ annähernd $N(\mu, \sigma^2)$-verteilt ist mit $\mu = mn/2$ und $\sigma^2 = mn.(m+n+1)/12$.

§4 Wichtige stochastische Prozesse

4.1 Was sind stochastische Prozesse und wozu dienen sie?

Wir beginnen mit zwei zentralen Begriffsbildungen:

4.1 Definition: *Unter einem stochastischen Prozeß versteht man eine Familie*

$$\mathcal{Z} = \{Z(t,.)/t \in T\}$$

*von Zufallsvariablen $Z_t = Z(t,.)$ auf einem W-Raum $(\Omega, \mathcal{A}, P)$. Die Menge T heißt **Parametermenge** von $\mathcal{Z}$. Ist $T = N$ (bzw. Z), so heißt der Prozeß $\mathcal{Z}$ **diskret**, ist $T = R_+$ (bzw. R), so heißt der Prozeß $\mathcal{Z}$ **kontinuierlich**.*

4.2 Definition: *Sei $\mathcal{Z} = \{Z(t,.)/t \in T\}$ ein stochastischer Prozeß auf dem W-Raum $(\Omega, \mathcal{A}, P)$ mit der Parametermenge T.*

1) *Für jedes $\omega \in \Omega$ heißt die Abbildung*

   $$Z(.,\omega) : T \rightarrow R \quad mit \quad Z(.,\omega)(t) := Z(t,\omega)$$

   *der zu $\omega \in \Omega$ gehörige **Pfad von $\mathcal{Z}$**.*

2) *Die Abbildung[*]*

   $$Z : \Omega \rightarrow R^T \quad mit \quad Z(\omega) := Z(.,\omega)$$

   *heißt **Zufallsfunktion** von $\mathcal{Z}$.*

Geometrisch läßt sich ein stochastischer Prozeß $\mathcal{Z} = \{Z(t,.)|t \in T\}$ gut veranschaulichen als "Fläche" über der $T \times \Omega$ - Ebene. Die Zufallsvariablen $Z(t,.)$ bzw. die Pfade $Z(.,\omega)$ entsprechen dann den Trajektorien in der Ω- bzw. T- Richtung (vgl. dazu Abb. 4.1).

In Kapitel 2 haben wir erkannt, daß sich die Beobachtung eines Zufallsexperiments gut mit Hilfe einer Zufallsvarablen Z beschreiben läßt. In Weiterführung der dort angestellten Überlegungen erkennen wir nun: Mit Hilfe eines stochastischen Prozesses $\mathcal{Z}$ läßt sich die zeitliche Entwicklung bzw. die räumliche Struktur eines **zufälligen Systems** gut beschreiben. Beispiele dafür sind etwa

* die zeitliche Entwicklung des Spielkapitals eines Glückspielers;

* die zeitliche Entwicklung der Warteschlange vor einem Bedienungssystem;

* der Zerfall einer radioaktiven Substanz;

---

[*] Mit R^T bezeichnen wir die Menge aller Abbildungen von T in R.

* die zeitliche Entwicklung einer Bakterienpopulation in einer Nährlösung;
* die räumliche Struktur eines idealen Gases bzw. eines Metalls;
* die räumliche Struktur eines (zufälligen) Gewebes;
* die Diffusion eines Moleküls durch ein das Molekül umgebendes Medium.

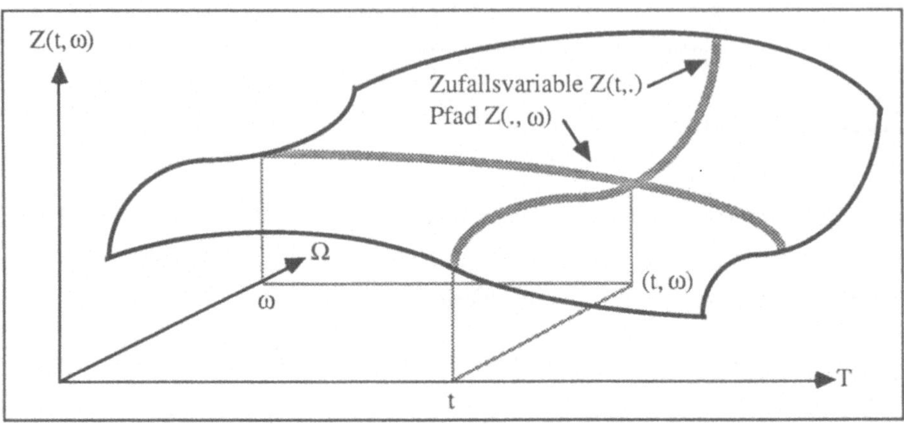

Abb.4.1: Geometrische Veranschaulichung des stochastischen Prozesses $Z = \{Z(t,.)|t\in T\}$

Wir wissen bereits, daß sich das zufällige Verhalten einer Zufallsvariablen Z durch ihre Verteilung P_Z vollständig beschreiben läßt. Ähnliches gilt auch für stochastische Prozesse:

4.3 Satz: *Das zufällige Verhalten eines stochastischen Prozesses $Z = \{Z(t,.)/t\in T\}$ ist durch die Familie*

$$P_Z := \{P_{Z_{t_1}, Z_{t_2}, \dots, Z_{t_n}} \mid n\in N;\, t_1, t_2, \dots, t_n \in T \text{ paarweise verschieden}\}$$

seiner **endlichdimensionalen Verteilungen** *schon vollständig bestimmt.*

Da zwischen den einzelnen W-Maßen einer derartigen Familie natürlich eine Reihe von Beziehungen bestehen, wird nicht jede beliebige Familie

$$\mathcal{F} := \{P_{t_1, t_2, \dots, t_n} \mid n\in N;\, t_1, t_2, \dots, t_n \in T \text{ paarweise verschieden}\}$$

von W-Maßen als Familie der endlichdimensionalen Verteilungen eines stochastischen Prozesses Z in Frage kommen. Analysiert man, welcher Art diese Beziehungen sind, so gelangt man zu folgender

4.4 Definition: *Eine Familie*

$$\mathcal{F} = \{P_{t_1, t_2, \dots, t_n} \mid n\in N;\, t_1, t_2, \dots, t_n \in T \text{ paarweise verschieden}\}$$

von W-Maßen nennt man eine **projektive Familie**, *wenn gilt*

*1) **Symmetrie:** Für alle $n \in N$, alle paarweise verschiedenen $t_1, t_2, \ldots, t_n \in T$, alle Mengen $B_1, B_2, \ldots, B_n \in \mathcal{B}$ und alle Permutationen $(\pi(t_1), \pi(t_2), \ldots, \pi(t_n))$ von $(t_1, t_2, \ldots, t_n)$ ist*

$$P_{\pi(t_1), \pi(t_2), \ldots, \pi(t_n)}(B_{\pi(t_1)} \times B_{\pi(t_2)} \times \ldots \times B_{\pi(t_n)}) = P_{t_1, t_2, \ldots, t_n}(B_1 \times B_2 \times \ldots \times B_n)$$

*2) **Konsistenz:** Für alle $n \in N$, alle paarweise verschiedenen $t_1, t_2, \ldots, t_n, t^* \in T$ und alle Mengen $B_1, B_2, \ldots, B_n \in \mathcal{B}$ ist*

$$P_{t_1, t_2, \ldots, t_n, t^*}(B_1 \times B_2 \times \ldots \times B_n \times R) = P_{t_1, t_2, \ldots, t_n}(B_1 \times B_2 \times \ldots \times B_n)$$

4.5 Bemerkung: *Eine projektive Familie*

$$\mathcal{F} = \{ P_{t_1, t_2, \ldots, t_n} \; / \; n \in N; \; t_1, t_2, \ldots, t_n \in T \text{ paarweise verschieden} \}$$

mit $T \subseteq R$ ist wegen der Symmetrie-Eigenschaft durch die Teilfamilie

$$\mathcal{F}' = \{ P_{t_1, t_2, \ldots, t_n} \; / \; n \in N; \; t_1 < t_2 < \ldots < t_n \in T \}$$

schon vollständig bestimmt. Wir werden aus diesem Grund im Fall $T \subseteq R$ in Zukunft nicht mehr zwischen den Familien $\mathcal{F}$ und $\mathcal{F}'$ unterscheiden.

Zentral im Rahmen der Theorie der stochastischen Prozesse ist nun der folgende, auf Kolmogorov zurückgehende Existenzsatz (vgl. dazu etwa [5]):

4.6 Existenzsatz von Kolmogorov: *Gegeben sei eine projektive Familie*

$$\mathcal{F} = \{ P_{t_1, t_2, \ldots, t_n} \; / \; n \in N; \; t_1, t_2, \ldots, t_n \in T \text{ paarweise verschieden} \}$$

von W-Maßen. Dann gibt es einen W-Raum $(\Omega, \mathcal{A}, P)$ und einen stochastischen Prozeß $Z = \{ Z(t, .) / t \in T \}$ auf diesem W-Raum $(\Omega, \mathcal{A}, P)$, sodaß für alle $n \in N$ und alle paarweise verschiedenen $t_1, t_2, \ldots, t_n \in T$

$$P_{Z_{t_1}, Z_{t_2}, \ldots, Z_{t_n}} = P_{t_1, t_2, \ldots, t_n}$$

ist. Zu jeder projektiven Familie $\mathcal{F}$ existiert also ein stochastischer Prozeß Z auf einem geeigneten W-Raum $(\Omega, \mathcal{A}, P)$, dessen Familie der endlichdimensionalen Verteilungen mit $\mathcal{F}$ übereinstimmt.

Es folgen nun einige Beispiele für projektive Familien:

4.7 Bemerkung:

1) Sei $0 < p < 1$. Die Familie

$$\mathcal{F}' = \{ P_{t_1, t_2, \ldots, t_n} \; / \; n \in N; \; t_1 < t_2 < \ldots < t_n \in N \}$$

von diskreten W-Maßen $P_{t_1, t_2, \ldots, t_n}$ mit den Dichten

$$f_{t_1,\ldots,t_n}(x_1,\ldots,x_n) := \begin{cases} p^{|\{i \,|\, x_i=1\}|} \cdot (1-p)^{|\{i \,|\, x_i=0\}|} & \text{für } (x_1,\ldots,x_n) \in \{0,1\}^n \\ 0 & \text{sonst} \end{cases}$$

ist konsistent. Jeder stochastische Prozeß $Z = \{Z(t,.)/t \in N\}$, *der diese Familie* $\mathcal{F}'$ *als Familie seiner endlichdimensionalen Verteilungen besitzt, heißt* **Bernoulli-Prozeß mit Parameter p.**

2) *Sei* $\lambda > 0$. *Die Familie* [*]

$$\mathcal{F}' = \{P_{t_1,t_2,\ldots,t_n} \,/\, n \in N; \; t_1 < t_2 < \ldots < t_n \in R_+\}$$

von diskreten W-Maßen $P_{t_1,t_2,\ldots,t_n}$ *mit den Dichten*

$$f_{t_1,\ldots,t_n}(x_1,\ldots,x_n) := \begin{cases} \prod_{i=1}^{n} exp\{-\lambda(t_i-t_{i-1})\} \cdot \dfrac{[\lambda(t_i-t_{i-1})]^{x_i-x_{i-1}}}{(x_i-x_{i-1})!} & \text{für } x_1 \leq \ldots \leq x_n \in N_0 \\ 0 & \text{sonst} \end{cases}$$

ist konsistent. Jeder stochastische Prozeß $Z = \{Z(t,.)/t \in R_+\}$, *der diese Familie* $\mathcal{F}'$ *als Familie seiner endlichdimensionalen Verteilungen besitzt, heißt* **Poisson-Prozeß mit Parameter** λ.

3) *Sei* $\sigma > 0$. *Die Familie* [*]

$$\mathcal{F}' = \{P_{t_1,t_2,\ldots,t_n} \,/\, n \in N; \; t_1 < t_2 < \ldots < t_n \in R_+\}$$

von stetigen W-Maßen $P_{t_1,t_2,\ldots,t_n}$ *mit den Dichten*

$$f_{t_1,\ldots,t_n}(x_1,\ldots,x_n) := \prod_{i=1}^{n} \frac{1}{[2\pi\sigma^2(t_i-t_{i-1})]^{1/2}} \cdot exp\{- \frac{1}{2\sigma^2(t_i-t_{i-1})} \cdot (x_i-x_{i-1})^2\}$$

ist konsistent. Jeder stochastische Prozeß $Z = \{Z(t,.)/t \in R_+\}$, *der diese Familie* $\mathcal{F}'$ *als Familie seiner endlichdimensionalen Verteilungen besitzt, heißt* **Brown'scher-Prozeß mit Parameter** σ.

Neben den durch die Familie P_Z der endlichdimensionalen Verteilungen beschreibbaren stochastischen Eigenschaften eines stochastischen Prozesses Z interessieren gelegentlich auch die (vom W-Raum $(\Omega,\mathcal{A},P)$, auf dem Z definiert ist, abhängigen) Pfadeigenschaften dieses Prozesses. Um die damit zusammenhängende Problematik klarer herausarbeiten zu können, definieren wir zunächst

4.8 Definition: *Zwei stochastische Prozesse* $Z_1 = \{Z_1(t,.)/t \in T\}$ *bzw.* $Z_2 = \{Z_2(t,.)/t \in T\}$ *auf den W-Räumen* $(\Omega_1,\mathcal{A}_1,P_1)$ *bzw.* $(\Omega_2,\mathcal{A}_2,P_2)$ *heißen* **stochastisch äquivalent,** *wenn die Familien* P_{Z_1} *und* P_{Z_2} *ihrer endlichdimensionalen Verteilungen übereinstimmen, wenn also beide Prozesse das gleiche stochastische Verhalten zeigen.*

---

[*] Dabei haben wir $t_0 := 0$ und $x_0 := 0$ gesetzt.

Ist man nun an speziellen Pfadeigenschaften (etwa der Stetigkeit) interessiert, so wird man versuchen, aus der Klasse aller zueinander stochastisch äquivalenter Prozesse mit vorgegebener Familie von endlichdimensionalen Verteilungen einen solchen Prozeß auszuwählen, dessen Pfade die gewünschten Eigenschaften aufweisen. Von Interesse ist in diesem Zusammenhang der folgende (vgl. etwa [5]).

4.9 Satz:

1) Es existiert ein Poisson-Prozeß mit Parameter $\lambda > 0$ und lauter rechtsseitig stetigen, monoton nicht abnehmenden Pfaden.

2) Es existiert ein Brown'scher Prozeß mit Parameter $\sigma > 0$ und lauter stetigen, (fast) nirgends differenzierbaren Pfaden.

In den folgenden Abschnitten werden wir einige stochastische Prozesse näher untersuchen und an Beispielen ihre praktischen Einsatzmöglichkeiten aufzeigen. Dabei werden wir sehen, daß es durchaus möglich ist, ein und dasselbe zufällige System auf mehrere Arten durch stochastische Prozesse zu beschreiben. Welche dieser Beschreibungsweisen speziell gewählt wird, hängt sehr von dem zu untersuchenden Problem ab.

4.2 Der Bernoulli-Prozeß

In vielen praktischen Situationen hat man es mit der laufenden unabhängigen Wiederholung eines Zufallsexperiments zu tun, bei dem man nur am Eintreten bzw. Nichteintreten eines gewissen Ereignisses interessiert ist. Beispiele dafür sind etwa

* das wiederholte Werfen einer Münze;
* das wiederholte Ziehen mit Zurücklegen einer Kugel aus einer Urne mit r roten und s schwarzen Kugeln;
* die laufende Befragung von zufällig ausgewählten Personen, wobei als Antwort auf die gestellte Frage nur ein "ja" bzw. ein "nein" zulässig ist;
* die zu den Zeitpunkten $t = \sigma, 2\sigma, 3\sigma, \ldots$ erfolgenden Beobachtungen, ob im gerade abgelaufenen Zeitintervall der Länge σ mindestens ein Atom einer gewissen radioaktiven Substanz zerfallen ist.

In diesem Abschnitt wollen wir uns nun eingehend mit dem folgenden zufälligen System befassen:

"Zu den Zeitpunkten $t = 1,2,3,\ldots$ wird ein Zufallsexperiment unabhängig wiederholt, welches nur die beiden Ausgänge "1" und "0" besitzt und wobei der Ausgang "1" mit der Wahrscheinlichkeit p und der Ausgang "0" mit der Wahrscheinlichkeit 1-p eintritt".

4.10 Bemerkung:

1) *Für jedes $t \in N$ sei die Zufallsvariable $Z_t = Z(t,.)$ gleich 1 bzw. 0, je nachdem, ob zum Zeitpunkt t das Ereignis "1" bzw. das Ereignis "0" eintritt. Die Zufallsvariable Z_t heißt* **Zustand** *des Systems zum Zeitpunkt t.*

2) *Die Zufallsvariablen $Z_1, Z_2, \ldots$ sind offenbar vollständig unabhängig und $B(1,p)$-verteilt. Für alle $n \in N$ und alle $t_1 < t_2 < \ldots < t_n \in N$ hat die gemeinsame Verteilungsdichte der Zufallsvariablen $Z_{t_1}, Z_{t_2}, \ldots, Z_{t_n}$ damit die Form*

$$f_{t_1, \ldots, t_n}(x_1, \ldots, x_n) := \begin{cases} p^{|\{i \,/\, x_i=1\}|} \cdot (1-p)^{|\{i \,/\, x_i=0\}|} & \text{für } (x_1, \ldots, x_n) \in \{0,1\}^n \\ 0 & \text{sonst} \end{cases}$$

Beim Prozeß $Z = \{Z(t,.) | t \in N\}$ der Zustände dieses Systems handelt es sich somit um einen Bernoulli-Prozeß mit Parameter p.

4.11 Bemerkung: *Die Pfade eines Bernoulli-Prozesses mit Parameter p entsprechen offenbar gerade jenen zufälligen Punktkonfigurationen auf N, welche man erhält, wenn man für jedes $t \in N$ unabhängig voneinander mit der Wahrscheinlichkeit p auswürfelt, ob man an diese Stelle t einen Punkt plazieren soll. Damit entspricht beispielsweise die Punktkonfiguration von Abb. 4.2 dem Ereignis "bei der laufenden Wiederholung unseres Zufallsexperiments tritt der Ausgang 1 zu den Zeitpunkten $t = 2,3,6,8,11,12,\ldots$ ein".*

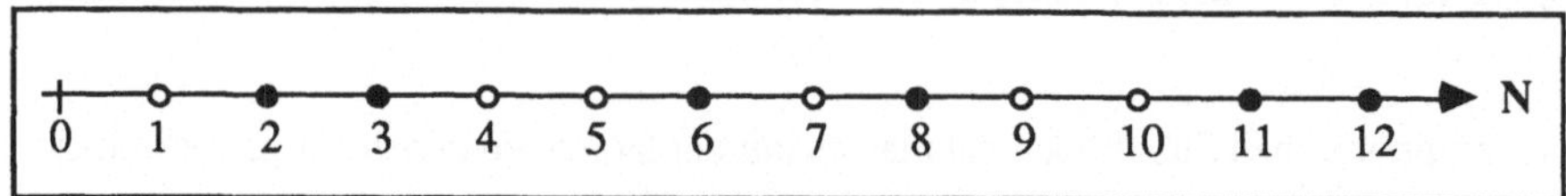

Abb. 4.2: Typische Punktkonfiguration eines Bernoulli-Prozesses.

Mit unserem Bernoulli-Prozeß $Z = \{Z(t,.) | t \in N\}$ sind eine Reihe von Zufallsvariablen eng verbunden:

4.12 Definition:

1) *Für alle $s,t \in N_0$ mit $s<t$ gebe die Zufallsvariable $N_{(s,t]}$ an, wie oft im Zeitintervall $(s,t]$ der Ausgang "1" eintritt. $N_{(s,t]}$ heißt* **Anzahl der zufälligen Punkte** *des Bernoulli-Prozesses im Zeitintervall $(s,t]$.*

2) *Für alle $t \in N$ beschreibe die Zufallsvariable V_t die Länge der Zeitspanne zwischen dem Zeitpunkt t und jenem Zeitpunkt $v>t$, zu dem das nächste Mal das Ereignis "1" eintreten wird. V_t heißt* **Vorwärtsrekurrenzzeit** *des Bernoulli-Prozesses zum Zeitpunkt t.*

3) *Für alle $t \in N$ beschreibe die Zufallsvariable R_t die Länge der Zeitspanne zwischen dem Zeitpunkt t und jenem Zeitpunkt $r \leq t$, zu dem das letzte Mal das Ereignis "1" eingetreten ist. Falls das Ereignis "1" vor dem Zeitpunkt t (t eingerechnet) jedoch noch nicht einge-*

*treten ist, setzen wir R_t gleich t. R_t heißt **Rückwärtsrekurrenzzeit** des Bernoulli-Prozesses zum Zeitpunkt t.*

4) *Für alle $n \in N$ gebe die Zufallsvariable X_n die Länge der Zeitspanne zwischen dem n-ten und dem n+1-ten Eintreten des Ereignisses "1" an. Außerdem gebe die Zufallsvariable X_0 den Zeitpunkt an, zu dem das erste Mal das Ereignis "1" eintritt. X_n heißt **n-te Pause** des Bernoulli-Prozesses.*

5) *Für alle $n \in N$ gebe die Zufallsvariable Y_n den Zeitpunkt an, zu dem das n-te Mal das Ereignis "1" eintritt. Y_n heißt **n-te Wartezeit** des Bernoulli-Prozesses.*

Anhand einer Zeichnung lassen sich diese wichtigen Größen gut veranschaulichen:

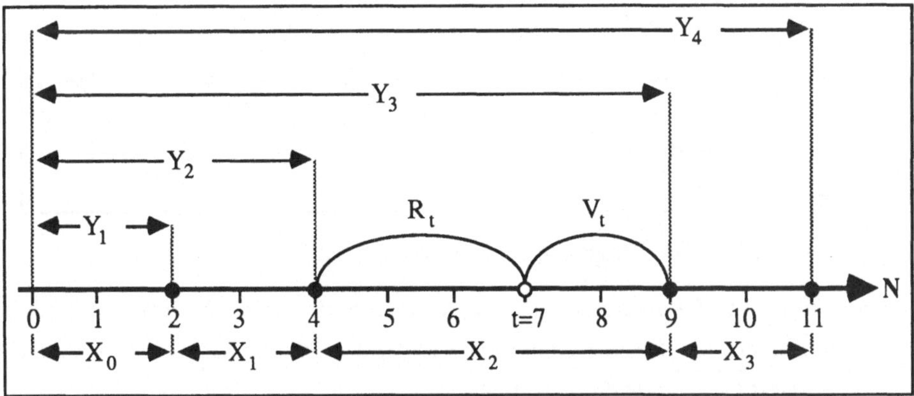

Abb. 4.3: Geometrische Veranschaulichung der Vorwärts- und Rückwärtsrekurrenzzeiten R_t und V_t bzw. der Pausen X_n und Wartezeiten Y_n
eines Bernoulli-Prozesses.

Wir fassen die wichtigsten Eigenschaften dieser Zufallsvariablen in einem Satz zusammen:

4.13 Satz: *Für einen Bernoulli-Prozeß $Z = \{Z(t,.)/t \in N\}$ mit Parameter p gilt:*

1) *Die Anzahl der zufälligen Punkte $N_{(s,t]}, N_{(u,v]}, \dots$ in disjunkten Zeitintervallen $(s,t]$, $(u,v], \dots$ sind vollständig unabhängig;*
Für alle $s, t \in N$ mit $s < t$ ist $N_{(s,t]}$ $B(t-s,p)$-verteilt.

2) *Die Vorwärtsrekurrenzzeit V_t und die Rückwärtsrekurrenzzeit R_t sind stets unabhängig;*
Für alle $t \in N$ ist V_t $NB(1,p)$-verteilt;

Für alle $t \in N$ und alle $k \in \{0,1,2,\dots,t\}$ gilt: $P(\{R_t = k\}) = \begin{cases} p \cdot (1-p)^k & \text{für } k < t \\ (1-p)^k & \text{für } k = t \end{cases}$

3) *Die Pausen $X_0, X_1, \dots$ sind vollständig unabhängig;*
Für alle $n \in N_0$ ist X_n $NB(1,p)$-verteilt.

4) *Für alle $n \in N$ ist die Wartezeit Y_n $NB(n,p)$-verteilt.*

Zu diesem Satz sind einige interessante Bemerkungen angebracht:

4.14 Bemerkung:

1) *Anhand von Abbildung 4.4 könnte man irrtümlich vermuten, daß die Vorwärtsrekur-*
   renzzeit V_t eigentlich "kleiner" sein müßte, als die Pause X_n. In Wirklichkeit sind aber
   sowohl alle Vorwärtsrekurrenzzeiten V_t als auch alle Pausen X_n NB(1,p)-verteilt.
   (Diesen Fehlschluß machen Glücksspieler immer dann, wenn sie glauben, nach einer
   langen Serie von Mißerfolgen eine besonders günstige Chance auf einen baldigen
   Gewinn zu haben.)

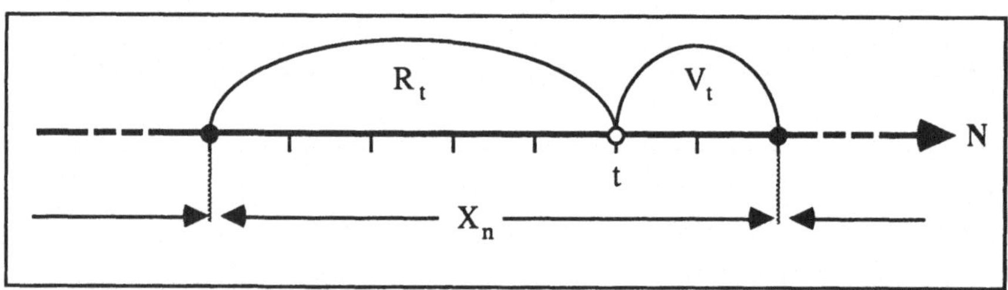

Abb. 4.4: Das Paradoxon der Erneuerungstheorie.

Bei dem in Abb. 4.4 eingezeichneten X_n handelt es sich nämlich nicht! um die n-te
*Pause, sondern um die **zum Zeitpunkt t inspizierte Pause** $X_{N_{(0,t]}} = R_t + V_t$. Die*
zum Zeitpunkt t inspizierte Pause ist wegen

$$E(X_{N_{(0,t]}}) = E(R_t + V_t) = E(R_t) + E(V_t) > E(V_t) = E(X_n)$$

im Mittel tatsächlich länger als die n-te Pause X_n. Dieses auf den ersten Blick etwas ver-
*blüffende Ergebnis wird als **Paradoxon der Erneuerungstheorie** bezeichnet. Bei*
näherer Betrachtung ist dieses Paradoxon aber gar nicht mehr so verblüffend: Der Anteil
der Zeitpunkte $t \in N$, welche in eine "lange" Pause fallen, ist nämlich wesentlich größer,
als der Anteil der Zeitpunkte $t \in N$, welche in eine "kurze" Pause fallen. Wählt man nun
einen Zeitpunkt $t \in N$ zufällig aus, so liegt dieser somit "eher" in einer "langen" Pause.

2) *Da für alle $t \in N$ einerseits die Verteilung der Vorwärtsrekurrenzzeit V_t mit der Ver-*
   teilung der Pausen übereinstimmt und andererseits die Vorwärtsrekurrenzzeit V_t und die
   Rückwärtsrekurrenzzeit R_t voneinander unabhängig sind, verhält sich ein Bernoulli-
   Prozeß vom Zeitpunkt t an (t nicht eingerechnet) genauso, wie ein im Zeitpunkt t neu
   *startender Bernoulli-Prozeß. Man spricht in diesem Zusammenhang von der **Regene-***
   ***rationseigenschaft** eines Bernoulli-Prozesses.*

Die eben erwähnte Regenerationseigenschaft läßt sich noch etwas verschärfen. Wir führen
dazu zuerst den für viele Anwendungen wichtigen Begriff der Stopzeit ein:

4.15 Definition: *Gegeben sei ein Bernoulli-Prozeß $Z = \{Z(t,.)/t \in N\}$. Eine Zufallsvariable T heißt* **Stopzeit** *für den Bernoulli-Prozeß Z, wenn gilt:*

1) $P(\{T \in N\}) = 1$;

2) Für alle $t \in N$ ist das Ereignis $\{T \le t\}$ durch die Zustände $Z_1, Z_2, \ldots, Z_t$ des Bernoulli-Prozesses und gewisse, vom Bernoulli-Prozeß unabhängige Zufallsvariablen $U_1, U_2, \ldots$ ausdrückbar.

(Einfache Beispiele für Stopzeiten sind etwa die Wartezeiten $Y_1, Y_2, \ldots$)

Ist T Stopzeit für einen Bernoulli-Prozeß $Z = \{T(t,.)/t \in N\}$, so gilt:

1) Für alle $k \in N$ folgt aus dem Satz von der totalen Wahrscheinlichkeit

$$P(\{V_T = k\}) = \sum_{t=1}^{\infty} P(\{V_T = k\} | \{T = t\}) \cdot P(\{T = t\}) = \sum_{t=1}^{\infty} P(\{V_t = k\} | \{T = t\}) \cdot P(\{T = t\}) = (*)$$

Da aber T voraussetzungsgemäß eine Stopzeit für den Bernoulli-Prozeß Z ist, läßt sich das Ereignis $\{T = t\}$ durch die Zustände $Z_1, Z_2, \ldots, Z_t$ sowie gewisse, vom Bernoulli-Prozeß unabhängige Zufallsvariable $U_1, U_2, \ldots$ ausdrücken. Außerdem läßt sich das Ereignis $\{V_t = k\}$ offenbar durch die Zustände $Z_{t+1}, Z_{t+2}, \ldots, Z_{t+k}$ ausdrücken. Die Ereignisse $\{V_t = k\}$ und $\{T = t\}$ sind somit unabhängig; es gilt also weiter

$$(*) = \sum_{t=1}^{\infty} P(\{V_t = k\}) \cdot P(\{T = t\}) = \sum_{t=1}^{\infty} p(1-p)^{k-1} \cdot P(\{T = t\}) = p(1-p)^{k-1} = NB(1,p)(\{k\})$$

2) Für alle $k \in N$ und alle $j \in N_0$ ist natürlich

$$P(\{V_T = k\}) \cap \{R_T = j\}) = \sum_{t=1}^{\infty} P(\{V_T = k\} \cap \{R_T = j\} \cap \{T = t\}) = (*)$$

Nun läßt sich aber das Ereignis $\{V_t = k\}$ offenbar durch die Zustände $Z_{t+1}, Z_{t+2}, \ldots, Z_{t+k}$ und das Ereignis $\{R_t = j\} \cap \{T = t\}$ durch die Zustände $Z_1, Z_2, \ldots, Z_t$ sowie gewisse, vom Bernoulli-Prozeß unabhängige Zufallsvariable $U_1, U_2, \ldots$ ausdrücken. Die Ereignisse $\{V_t = k\}$ und $\{R_t = j\} \cap \{T = t\}$ sind somit unabhängig; unter Berücksichtigung von 1) ergibt sich daher weiter

$$(*) = \sum_{t=1}^{\infty} P(\{V_t = k\} \cap \{R_t = j\} \cap \{T = t\}) = \sum_{t=1}^{\infty} P(\{V_t = k\}) \cdot P(\{R_t = j\} \cap \{T = t\}) =$$

$$= p(1-p)^{k-1} \cdot \sum_{t=1}^{\infty} P(\{R_t = j\} \cap \{T = t\}) = P(\{V_T = k\}) \cdot P(\{R_T = j\})$$

Wir haben damit gezeigt:

4.16 Satz: *Ist T Stopzeit für einen Bernoulli-Prozeß $Z = \{Z(T,.)/t \in N\}$, so gilt:*

1) Die Verteilung der "verallgemeinerten" Vorwärtsrekurrenzzeit V_T stimmt mit der Verteilung der Pausen überein;

2) *Die "verallgemeinerte" Vorwärtsrekurrenzzeit V_T und die "verallgemeinerte" Rückwärts-*
rekurrenzzeit R_T sind unabhängig.
Ein Bernoulli-Prozeß verhält sich somit vom zufälligen Zeitpunkt T an (T nicht eingerech-
*net) genauso, wie ein im Zeitpunkt T neu startender Bernoulli-Prozeß (**verallgemeinerte***
***Regenerationseigenschaft**).*

Schließlich sei noch erwähnt:

4.17 Bemerkung: *Ein Bernoulli-Prozeß $Z = \{Z(t,.)/t \in N\}$ läßt sich auch beschreiben*
* *durch den stochastischen Prozeß $N = \{N_{(0,t]}/t \in N\}$ der Anzahl der zufälligen Punkte im*
  Zeitintervall $(0,t]$;
* *durch den stochastischen Prozeß $X = \{X_n/n \in N_0\}$ seiner Pausen;*
* *durch den stochastischen Prozeß $Y = \{Y_n/n \in N\}$ seiner Wartezeiten.*

Es folgen wieder einige Beispiele:

4.18 Beispiel (Ein Erneuerungsproblem): *In einer Anlage wird ein störanfälliges Gerät*
mit $E(\alpha)$-verteilter Lebensdauer verwendet. Fällt dieses Gerät aus, so wird sofort seine
Reparatur versucht, welche mit der Wahrscheinlichkeit 1-p gelingt. Das reparierte Gerät ist
dann wieder in jeder Hinsicht gleichwertig zu einem neuen Gerät. Kann das Gerät aber
nicht mehr repariert werden, so wird es durch ein neues, gleichartiges Gerät ersetzt. Man
berechne die Verteilung der Zufallsvariablen T_n, welche angibt, wie lange man auf diese
Weise mit n derartigen Geräten auskommt.

Lösung: Wir veranschaulichen uns diesen Reparatur-Erneuerungsprozeß zuerst anhand
einer Zeichnung (vgl. Abb. 4.5) und erkennen dabei:
* Der zufällige Vorgang, durch den angegeben wird, ob das gerade ausgefallene Gerät erneuert werden muß (Ereignis "1") oder repariert werden kann (Ereignis "0"), läßt sich
  durch einen Bernoulli-Prozeß $Z = \{Z(t,.)/t \in N\}$ mit Parameter p beschreiben;
* Die Längen $L_1, L_2, \ldots$ der Zeitspannen zwischen den einzelnen Ausfällen sind $E(\alpha)$-ver-
  teilt, vollständig unabhängig und auch von dem das Reparaturverhalten beschreibenden
  Bernoulli-Prozeß Z unabhängig.

Für alle $t > 0$ ergibt sich damit aus dem Satz von der totalen Wahrscheinlichkeit sowie 3.31

$$P(\{T_n < t\}) = P(\{L_1 + \ldots + L_{Y_n} < t\}) = \sum_{k=n}^{\infty} P(\{L_1 + \ldots + L_{Y_n} < t\}|(Y_n = k)) \cdot P(\{Y_n = k\}) =$$

$$= \sum_{k=n}^{\infty} P(\{L_1 + \ldots + L_k < t\}) \cdot P(\{Y_n = k\}) = (*)$$

Verwendet man nun die beiden Sätze 3.47 und 4.13, so erhält man weiter

$$(*) = \sum_{k=n}^{\infty} \left[\int_0^t \frac{\alpha}{(k-1)!} \cdot \exp\{-\alpha s\} \cdot (\alpha s)^{k-1} \, ds\right] \cdot \binom{k-1}{n-1} \cdot p^n (1-p)^{k-n} = \int_0^t \frac{\alpha p}{(n-1)!} \cdot \exp\{-\alpha s\} \times$$

$$\times (\alpha p s)^{n-1} \cdot \left[\sum_{k=n}^{\infty} \frac{[\alpha s(1-p)]^{k-n}}{(k-n)!}\right] ds = \int_0^t \frac{\alpha p \cdot \exp\{-\alpha p s\}}{(n-1)!} \cdot (\alpha p s)^{n-1} \, ds$$

Die Länge der Zeitspanne T_n, während der man mit n derartigen Geräten auskommt, ist also $E(n, \alpha p)$-verteilt.

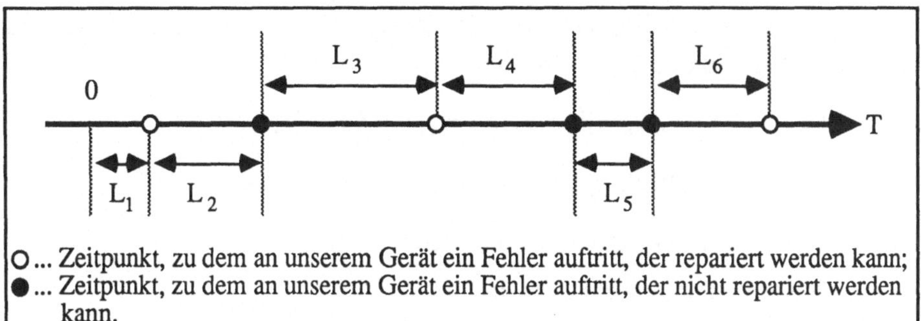

Abb. 4.5: Veranschaulichung des Reparatur-Erneuerungsprozesses von Beispiel 4.18

4.19 Beispiel (Einige weitere Fragen zum Polya-schen Urnenmodell (vgl. Beispiel 3.4)):
In einer Urne befinden sich ursprünglich r rote und s schwarze Kugeln. Aus dieser Urne wird nun laufend eine Kugel gezogen. Nach jedem Zug werden die eben gezogene Kugel und c weitere Kugeln der selben Farbe in die Urne zurückgelegt. Man bestimme
* *die Wahrscheinlichkeit dafür, daß beim t-ten Zug eine rote Kugel gezogen wird;*
* *die mittlere Anzahl der Züge bis zum Auftreten der n-ten roten Kugel;*
* *die Verteilung der Zeitspanne zwischen dem n-ten und dem n+1-ten Auftreten einer roten Kugel.*

Lösung: Wir betrachten zunächst einen Bernoulli-Prozeß, dessen Parameter Q selbst eine Zufallsvariable ist. Dabei wollen wir speziell annehmen, daß die Zufallsvariable Q die Verteilungsdichte

$$(*) \qquad f_Q(q) := \begin{cases} [q^{r/c-1} \cdot (1-q)^{s/c-1}] / [\int_0^1 x^{r/c-1} \cdot (1-x)^{s/c-1} \, dx] & \text{für } 0<q<1 \\ 0 & \text{sonst} \end{cases}$$

besitzt. Die Familie $Z = \{Z(t,.) | t \in N\}$ der Zustände $Z_t = Z(t,.)$ dieses Bernoulli-Prozesses mit zufälligem Parameter Q besitzt dann für alle $k, n \in N$ und alle $z_1, z_2, \ldots, z_n \in \{0,1\}$ mit $z_1 + z_2 + \ldots + z_n = k$ die Eigenschaft

$$P(\{Z_1=z_1\}\cap...\cap\{Z_n=z_n\}) = \int_0^1 P(\{Z_1=z_1\}\cap...\cap\{Z_n=z_n\}|\{Q=q\}).f_Q(q)\,dq =$$

$$= \frac{\int_0^1 q^{r/c+k-1}.(1-q)^{s/c+n-k-1}\,dq}{\int_0^1 x^{r/c-1}.(1-x)^{s/c-1}\,dx} = \frac{r(r+c)...(r+(k-1)c).s(s+c)...(s+(n-k-1)c)}{(r+s)(r+s+c)(r+s+2c)...(r+s+(n-1)c)}$$

Ist nun andererseits für jedes $t\in\mathbb{N}$ die Zufallsvariable $Z'_t = Z'(t,.)$ gleich 1 bzw. 0 je nachdem, ob die t-te gezogene Kugel rot bzw. schwarz ist, so folgt aus dem Multiplikationssatz für alle $k,n\in\mathbb{N}$ und alle $z_1,z_2,...,z_n\in\{0,1\}$ mit $z_1+z_2+...+z_n = k$

$$P(\{Z'_1=z_1\}\cap...\cap\{Z'_n=t_n\}) = P(\{Z'_1=z_1\}).P(Z'_2=z_2\}|\{Z'_1=z_1\})...$$

$$...P(\{Z'_n=z_n\}|\{Z'_1=z_1\}\cap\{Z'_2=z_2\}\cap...\cap\{Z'_{n-1}=z_{n-1}\}) =$$

$$= \frac{r(r+c)...(r+(k-1)c).s(s+c)...(s+(n-k-1)c)}{(r+s)(r+s+c)(r+s+2c)...(r+s+(n-1)c)}$$

Wir erkennen somit:

Für alle $n\in\mathbb{N}$ stimmt die gemeinsame Verteilung der Zufallsvariablen $Z_1,Z_2,...,Z_n$ mit der gemeinsamen Verteilung der Zufallsvariablen $Z'_1,Z'_2,...,Z'_n$ überein. Der **Polya-Prozeß** $Z = \{Z'(t,.)|t\in\mathbb{N}\}$ - also jener Prozeß, der dieses laufende Ziehen aus unserer Urne beschreibt - ist demnach stochastisch äquivalent zum Bernoulli-Prozeß $Z = \{Z(t,.)|t\in\mathbb{N}\}$ mit zufälligem Parameter Q, wobei die Zufallsvariable Q die Verteilungsdichte (*) besitzt. Unter Verwendung von Satz 4.13 lassen sich die gestellten Fragen damit aber leicht beantworten: Kennzeichnen wir die zum Polya-Prozeß gehörigen Größen mit " ' ", so ergibt sich nämlich nach einfacher Rechnung:

$$P(\{Z'_t=1\}) = \int_0^1 P(\{Z'_t=1\}|\{Q=q\}).f_Q(q)\,dq = \int_0^1 q.f_Q(q)\,dq = \frac{r}{r+s}$$

$$E(Y'_n) = \int_0^1 E(Y'_n|\{Q=q\}).f_Q(q)\,dq = \int_0^1 (n/q).f_Q(q)\,dq = \frac{n(r+s-c)}{r-c}$$

$$P(\{X'_n=k\}) = \int_0^1 P(\{X'_n=k\}|\{Q=q\}).f_Q(q)\,dq = \int_0^1 q(1-q)^{k-1}.f_Q(q)\,dq =$$

$$= \frac{r.s(s+c)...(s+(k-2)c)}{(r+s)(r+s+c)...(r+s+(k-1)c)}$$

4.3 Der Poisson-Prozeß

Bei der Definition der Poissonverteilung, der Erlangverteilung und der Exponentialverteilung in Abschnitt 2.3 wurde der für viele Anwendungen äußerst wichtige Begriff des "Poissonstroms von zufälligen Ereignissen" erwähnt. In diesem Kapitel wollen wir nun diese "Poissonströme von zufälligen Ereignissen" genauer untersuchen.

Anschaulich läßt sich ein derartiger Poissonstrom am besten als "infinitesimaler" Bernoulli-Prozeß deuten:

4.20 Begriffsbildung: *Unter einem Poissonstrom mit Parameter λ versteht man ein in jedem "infinitesimalen" Zeitintervall [t,t+dt) unabhängig von den bisherigen Ausgängen laufend wiederholtes Zufallsexperiment, welches nur die beiden Ausgänge "1" und "0" besitzt, wobei der Ausgang "1" mit der "infinitesimalen" Wahrscheinlichkeit λdt und der Ausgang "0" mit der Wahrscheinlichkeit 1-λdt eintritt.*

Wir haben gesehen, daß ein Bernoulli-Prozeß in natürlicher Weise einer gewissen zufälligen Punktkonfiguration auf N entspricht. Analog dazu gilt auch hier:

4.21 Bemerkung: *Ein Poissonstrom mit Parameter λ entspricht gerade jener zufälligen Punktkonfiguration auf R_+, welche man erhält, wenn man für jedes "infinitesimale" Intervall [t,t+dt) unabhängig von den bisher erzielten Ergebnissen mit der "infinitesimalen" Wahrscheinlichkeit λdt auswürfelt, ob man in dieses Intervall einen Punkt plazieren soll. Damit entspricht beispielsweise die Punktkonfiguration von Abb. 4.6 dem Ereignis "bei der laufenden Wiederholung unseres Zufallsexperiments tritt der Ausgang "1" in den infinitesimalen Zeitintervallen $[t_1,t_1+dt),[t_2,t_2+dt),...$ ein".*

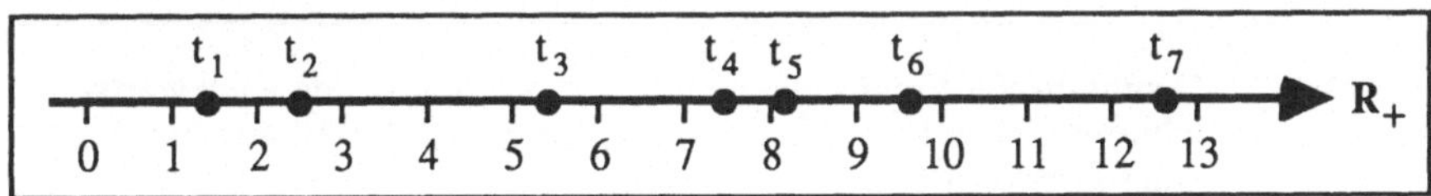

Abb. 4.6: Typische Punktkonfiguration eines Poissonstroms

Mit einem Poissonstrom sind wieder eine Reihe von Zufallsvariablen eng verbunden. In Übereinstimmung mit Definition 4.12 definieren wir:

4.22 Definition:

*1) Für alle $s,t \in R_+$ mit s<t gebe die Zufallsvariable $N_{(s,t]}$ an, wie oft im Zeitintervall (s,t] der Ausgang "1" eintritt. $N_{(s,t]}$ heißt **Anzahl der zufälligen Punkte** des Poissonstroms im Zeitintervall (s,t].*

2) *Für alle $t \in R_+$ beschreibe die Zufallsvariable V_t die Länge der Zeitspanne zwischen dem Zeitpunkt t und jenem Zeitpunkt v>t, zu dem das nächste Mal das Ereignis "1" eintritt. V_t heißt* **Vorwärtsrekurrenzzeit** *des Poissonstroms zum Zeitpunkt t.*

3) *Für alle $t \in R_+$ beschreibe die Zufallsvariable R_t die Länge der Zeitspanne zwischen t und jenem Zeitpunkt r≤t, zu dem das letzte Mal das Ereignis "1" eingetreten ist. Falls aber das Ereignis "1" vor dem Zeitpunkt t (t eingerechnet) noch nicht eingetreten ist, so setzen wir R_t gleich t. R_t heißt* **Rückwärtsrekurrenzzeit** *des Poissonstroms zum Zeitpunkt t.*

4) *Für alle $n \in N$ gebe die Zufallsvariable X_n die Länge der Zeitspanne zwischen dem n-ten und dem n+1-ten Eintreten des Ereignisses "1" an. Außerdem gebe die Zufallsvariable X_0 den Zeitpunkt an, zu dem das erste Mal das Ereignis "1" eintritt. X_n heißt* **n-te Pause** *des Poissonstroms.*

5) *Für alle $n \in N$ gebe die Zufallsvariable Y_n den Zeitpunkt an, zu dem das n-te Mal das Ereignis "1" eintritt. Y_n heißt* **n-te Wartezeit** *des Poissonstroms.*

Anhand einer Zeichnung lassen sich diese wichtigen Größen wieder gut veranschaulichen:

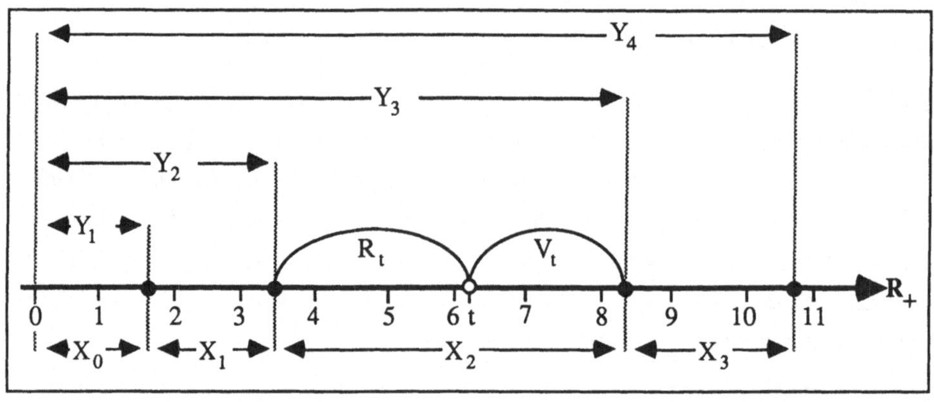

Abb. 4.7: Geometrische Veranschaulichung der Vorwärts- und Rückwärtsrekurrenzzeiten R_t und V_t bzw. der Pausen X_n und Wartezeiten Y_n eines Poissonstroms.

Wir fassen die wichtigsten Eigenschaften dieser Zufallsvariablen wieder in einem Satz zusammen (vergleiche dazu das Gesetz der seltenen Ereignisse sowie [33], [44] und [45]):

4.23 Satz: *Für einen Poissonstrom mit Parameter λ gilt:*

1) *Die Anzahl der zufälligen Punkte $N_{(s,t]}, N_{(u,v]}, \dots$ in disjunkten Zeitintervallen (s,t], (u,v],... sind vollständig unabhängig;*

Für alle $s,t \in R_+$ mit s<t ist $N_{(s,t]}$ $P(\lambda(t-s))$-verteilt.

2) *Die Vorwärtsrekurrenzzeit V_t und die Rückwärtsrekurrenzzeit R_t sind stets unabhängig;*

Für alle $t \in R_+$ ist V_t $E(\lambda)$-verteilt;

Für alle $t \in R_+$ und alle $x>0$ gilt: $P(\{R_t<x\}) = \begin{cases} 1 - exp\{-\lambda x\} & \text{für } x \leq t \\ 1 & \text{für } x > t \end{cases}$

3) *Die Pausen $X_0, X_1, \ldots$ sind vollständig unabhängig;*

Für alle $n \in N_0$ ist X_n $E(\lambda)$-verteilt.

4) *Für alle $n \in N$ ist die Wartezeit Y_n $E(n,\lambda)$-verteilt.*

Ähnlich wie beim Bernoulli-Prozeß gilt auch hier:

4.24 Bemerkung:

1) *Die **zum Zeitpunkt t inspizierte Pause** $X_{N_{(0,t]}} = R_t + V_t$ ist im Mittel länger als jede andere Pause X_n (**Paradoxon der Erneuerungstheorie**).*

2) *Da für alle $t \in R_+$ einerseits die Verteilung der Vorwärtsrekurrenzzeit V_t mit der Verteilung der Pausen übereinstimmt und andererseits die Vorwärtsrekurrenzzeit V_t und die Rückwärtsrekurrenzzeit R_t voneinander unabhängig sind, verhält sich ein Poissonstrom vom Zeitpunkt t an (t nicht eingerechnet) genauso, wie ein im Zeitpunkt t neu startender Poissonstrom (**Regenerationseigenschaft** eines Poissonstroms).*

Die eben erwähnte Regenerationseigenschaft läßt sich ebenfalls wieder etwas verschärfen:

4.25 Definition: *Gegeben sei ein Poissonstrom. Eine Zufallsvariable T heißt **Stopzeit** für den Poissonstrom, wenn gilt:*

1) $P(\{T \in R_+\}) = 1;$

2) *Für alle $t \in R_+$ ist das Ereignis $\{T \leq t\}$ durch das Verhalten des Poissonstroms bis zum Zeitpunkt t (t miteingerechnet) und gewisse, vom Poissonstrom unabhängige Zufallsvariable $U_1, U_2, \ldots$ ausdrückbar;*

(Einfache Beispiele für Stopzeiten sind etwa die Wartezeiten $Y_1, Y_2, \ldots$)

4.26 Satz: *Ist T Stopzeit für einen Poissonstrom mit Parameter λ, so gilt:*

1) *Die "verallgemeinerte" Vorwärtsrekurrenzzeit V_T ist $E(\lambda)$-verteilt. Die Verteilung von V_T stimmt also wieder mit der Verteilung der Pausen überein;*

2) *Die "verallgemeinerte" Vorwärtsrekurrenzzeit V_T und die "verallgemeinerte" Rückwärtsrekurrenzzeit R_T sind unabhängig.*

*Ein Poissonstrom verhält sich somit vom zufälligen Zeitpunkt T an (T nicht eingerechnet) genauso, wie ein im Zeitpunkt T neu startender Poissonstrom (**verallgemeinerte Regenerationseigenschaft**).*

Weiters gilt auch für Poissonströme wieder:

4.27 Bemerkung: *Ein Poissonstrom läßt sich jeweils vollständig beschreiben*

* *durch die Familie $\mathcal{N} = \{N_{(0,t]}/t \in R_+\}$ der Anzahl der zufälligen Punkte im Zeitintervall $(0,t]$. (Wegen Satz 4.23 gilt für alle $n \in N$, alle $0 := t_0 < t_1 < ... < t_n \in R_+$ und alle $0 := x_0 \leq x_1 \leq ... \leq x_n \in N_0$*

$$P(\{N_{(0,t_1]} = x_1\} \cap ... \cap \{N_{(0,t_n]} = x_n\}) = \prod_{i=1}^{n} \exp\{-\lambda(t_i - t_{i-1})\} \cdot \frac{[\lambda(t_i - t_{i-1})]^{x_i - x_{i-1}}}{(x_i - x_{i-1})!}$$

*Der stochastische Prozeß $\mathcal{N}$ ist somit ein Poisson-Prozeß mit Parameter λ im Sinn von Bemerkung 4.7 und Satz 4.9. Anstelle von Poissonströmen werden wir daher in Zukunft nur mehr von **Poisson-Prozessen** reden.)*

* *durch den stochastischen Prozeß $X = \{X_n/n \in N_0\}$ seiner Pausen;*

* *durch den stochastischen Prozeß $\mathcal{Y} = \{Y_n/n \in N\}$ seiner Wartezeiten.*

In gewisser Weise können Poisson-Prozesse durch die beiden folgenden Eigenschaften charakterisiert werden(vgl. dazu etwa [33]) und [44]:

4.28 Satz:

1) *Die **Überlagerung** zweier unabhängiger Poisson-Prozesse mit den Parametern λ bzw. μ ist ein Poisson-Prozeß mit Parameter $\lambda + \mu$.*

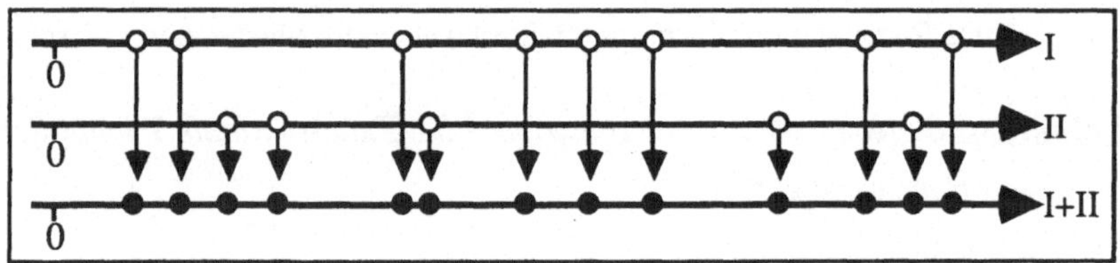

Abb. 4.8: Überlagerung von zwei unabhängigen Poisson-Prozessen

2) *Die **p-Verdünnung** eines Poisson-Prozesses mit Parameter λ (darunter versteht man jenen Prozeß, welchen man erhält, wenn man bei jedem zufälligen Punkt des ursprünglichen Prozesses unabhängig voneinander mit der Wahrscheinlichkeit p auswürfelt, ob dieser Punkt weiter erhalten bleibt) ist ein Poisson-Prozeß mit Parameter $p\lambda$.*

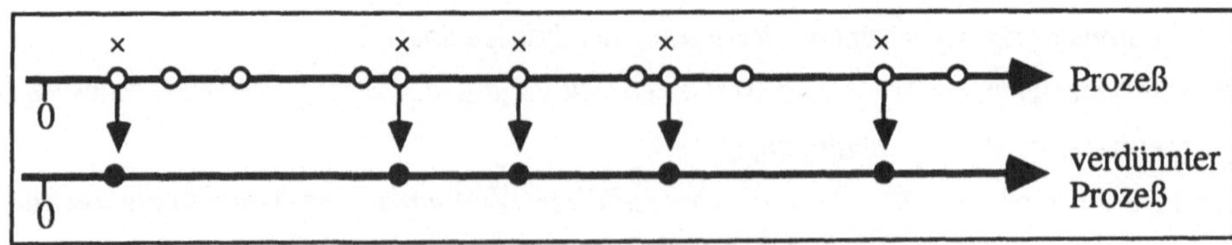

Abb. 4.9: p-Verdünnung eines Poisson-Prozesses.

Schließlich erwähnen wir noch den interessanten

4.29 Satz: *Bei einem Poisson-Prozeß mit (beliebigem) Parameter λ stimmt die unter $\{N_{(0,t]}=n\}$ bedingte, gemeinsame Verteilung der Wartezeiten $Y_1,Y_2,...,Y_n$ mit der gemeinsamen Verteilung der Ordnungsstatistiken[*] $O_1^{(n)},O_2^{(n)},...,O_n^{(n)}$ von n vollständig unabhängigen, G(0,t)-verteilten Zufallsvariablen $Z_1,Z_2,...,Z_n$ überein.*

Die in 4.20 angedeutete Methode zur Erzeugung einer zufälligen "Poisson'schen Punktkonfiguration" auf $\mathbf{R}_+$ dient nur der Veranschaulichung. Soll tatsächlich eine derartige Punktkonfiguration erzeugt werden, so bedient man sich dazu stets einer der beiden folgenden Methoden:

4.30 Simulation von Poisson'schen Punktkonfigurationen:

1) *Man erzeuge E(λ)-Zufallszahlen $x_0,x_1,x_2,....$ und plaziere jeweils einen Punkt an den Stellen $x_0,x_0+x_1,x_0+x_1+x_2,...$*
   (Diese Methode beruht auf der Tatsache, daß die Pausen $X_0,X_1,X_2,...$ eines Poisson-Prozesses vollständig unabhängig und E(λ)-verteilt sind.)

2) *Für jedes Intervall $(it,(i+1)t]$ mit $i \in N_0$ und beliebigem aber festem $t>0$, führe man unabhängig voneinander folgende Prozedur aus:*
   * *man erzeuge eine P(λt)-Zufallszahl n_i;*
   * *man erzeuge n_i G$(it,(i+1)t)$-Zufallszahlen $x_{i1},x_{i2},...,x_{in_i}$ und plaziere jeweils einen Punkt an den Stellen $x_{i1},x_{i2},...,x_{in_i}$.*
   (Diese Methode beruht einerseits auf der Tatsache, daß die Anzahl der zufälligen Punkte $N_{(it,(i+1)t]}$ in den Intervallen $(it,(i+1)t]$ mit $i \in N_0$ vollständig unabhängig und P(λt)-verteilt ist. Andererseits wird die Regenerationseigenschaft von Poisson-Prozessen verwendet sowie die in Satz 4.29 erwähnte Eigenschaft benützt, wonach unter der Voraussetzung $\{N_{(it,(i+1)t]}=n_i\}$ diese n_i Punkte unabhängig voneinander über das ganze Intervall $(it,(i+1)t]$ gleichverteilt sind.)

Es folgen wieder einige Beispiele:

4.31 Beispiel (Zählgeräte erster Art): *Die Zeitpunkte, zu denen die von einer radioaktiven Substanz emittierten α-Teilchen einen Geiger-Zähler treffen, bilden bekanntlich einen Poisson-Prozeß mit Parameter λ. Aus physikalischen Gründen registriert ein Geiger-Zähler aber nicht alle α-Teilchen, die das Gerät treffen. Unter einem **Zählgerät erster Art** versteht man nun ein Gerät, das nach jedem Zählvorgang für eine (möglicherweise zufällige)*

---

[*] Unter der **k-ten Ordnungsstatistik** $O_k^{(n)}$ der Zufallsvariablen $Z_1,Z_2,...,Z_n$ versteht man jene Zufallsvariable, welche jedem $\omega \in \Omega$ jenen Wert zuordnet, der nach Anordnung der Zahlen $Z_1(\omega),Z_2(\omega),...$ $...,Z_n(\omega)$ gemäß ihrer Größe an der k-ten Stelle steht. Damit gilt beispielsweise:

$$O_1^{(n)} = \min(Z_1,Z_2,...,Z_n) \text{ und } O_n^{(n)} = \max(Z_1,Z_2,...,Z_n).$$

Zeitspanne blockiert ist und während dieser Zeitspanne alle das Gerät treffenden Teilchen völlig ignoriert. Unter der Voraussetzung, daß diese "Totzeiten" $T_1',T_2',...$ sowohl vom Prozeß der das Gerät treffenden Teilchen als auch untereinander vollständig unabhängig, stetig und identisch verteilt sind, bestimme man die Verteilung der Länge der Zeitspanne zwischen dem n-ten und dem (n+1)-ten registrierten Teilchen.

<u>Lösung:</u> Es bezeichne Y_n' den Zeitpunkt, zu dem das n-te Teilchen registriert wird und X_n' die Länge der Zeitspanne zwischen dem n-ten und dem (n+1)-ten registrierten Teilchen (vgl. Abb. 4.10). Nun ist aber Y_n' eine Stopzeit des Poisson-Prozesses, da sich für alle t>0 das Ereignis $\{Y_n' \leq t\}$ durch das Verhalten dieses Poisson-Prozesses bis zum Zeitpunkt t sowie die vom Poisson-Prozeß unabhängigen Totzeiten $T_1',T_2',...$ ausdrücken läßt. Für alle x>0 folgt somit aus der verallgemeinerten Regenerationseigenschaft zusammen mit dem Satz von der totalen Wahrscheinlichkeit sowie Bemerkung 3.30 und Satz 4.23

$$P(\{X_n' \in [x,x+dx]\}) = P(\{T_n'+V_{T_n'} \in [x,x+dx]\}) = \int_0^\infty P(\{T_n'+V_{T_n'} \in [x,x+dx]\}|\{T_n'=t\}) \times$$

$$\times f_{T_n'}(t)\, dt = \int_0^\infty P(\{V_t \in [x-t,x-t+dx]\}).f_{T_n'}(t)\, dt = [\int_0^\infty \lambda.\exp\{-\lambda(x-t)\}.f_{T_n'}(t)\, dt]\, dx$$

Wir erkennen also: Die Längen der Zeitspannen $X_1',X_2',...$ zwischen zwei registrierten Teilchen sind identisch verteilt; ihre Verteilung ist gleich der Faltung der $E(\lambda)$-Verteilung mit der Verteilung der Totzeiten. Aufgrund der verallgemeinerten Regenerationseigenschaft sind diese Zeitspannen $X_1',X_2',...$ außßderdem vollständig unabhängig. 🍎

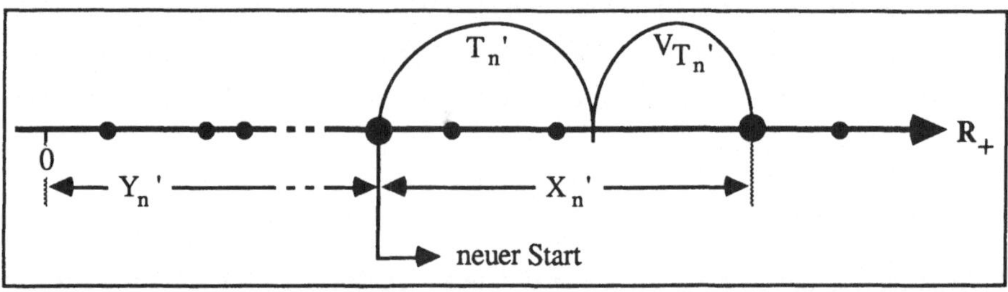

Abb 4.10: Zählen mit einem Zählgerät erster Art.

4.32 Beispiel (Zählgeräte zweiter Art): *Im Unterschied zu Zählgeräten erster Art handelt es sich bei **Zählgeräten zweiter Art** um solche Geräte, die nach jedem das Gerät treffenden Teilchen für eine gewisse (möglicherweise zufällige) Zeitspanne blockiert sind. Teilchen, die während dieser Zeitspanne das Gerät treffen, werden zwar nicht registriert, blockieren das Garät aber nun ihrerseits. Unter der Voraussetzung, daß der Strom der das Gerät treffenden Teilchen einen Poisson-Prozeß mit Parameter λ bildet und die "Totzeiten"*

$T_1,T_2,...$ sowohl vom Prozeß der das Gerät treffenden Teilchen als auch untereinander vollständig unabhängig, stetig und identisch verteilt sind, bestimme man die Verteilung der um eins (nämlich um das gezählte Teilchen) erhöhten Anzahl der Teilchen, welche zwischen zwei vom Gerät registrierten Teilchen dieses Gerät treffen.

<u>Lösung:</u> Für alle $n \in N$ bezeichne K_n die Nummer jenes Teilchens, das als n-tes Teilchen registriert wird. Wie man anhand von Abb. 4.11 leicht erkennen kann, gilt damit für alle $j \in N$

$$P(\{K_{n+1} - K_n = j\}) = \sum_{k=n}^{\infty} P(\{K_{n+1} - K_n = j\}|\{K_n=k\}).P(\{K_n=k\}) =$$

$$= \sum_{k=n}^{\infty} P(\{X_k<T_k\}\cap...\cap\{X_{k+j-2}<T_{k+j-2}\}\cap\{X_{k+j-1}\geq T_{k+j-1}\}|\{K_n=k\}).P(\{K_n=k\}) = (*)$$

Aufgrund unserer Annahmen sind die Ereignisse

$$\{X_k<T_k\},...,\{X_{k+j-2}<T_{k+j-2}\},\{X_{k+j-1}\geq T_{k+j-1}\} \text{ und } \{K_n=k\}$$

vollständig unabhängig. Außerdem hängt die Größe

$$p := P(\{X_i \geq T_i\}) = \int_0^{\infty} P(\{X_i\geq T_i\}|\{T_i \in [t,t+dt)\}).f_{T_i}(t)\, dt = \int_0^{\infty} \exp\{-\lambda t\}. f_{T_i}(t)\, dt$$

offenbar nicht von i ab. Damit gilt weiter

$$(*) = \sum_{k=n}^{\infty} P(\{X_k<T_k\})...P(\{X_{k+j-2}<T_{k+j-2}\}).P(\{X_{k+j-1}\geq T_{k+j-1}\}).P(\{K_n=k\}) = p.(1-p)^{j-1}$$

Die um eins erhöhte Anzahl der Teilchen, welche zwischen zwei registrierten Teilchen das Gerät treffen, ist also NB(1,p)-verteilt.

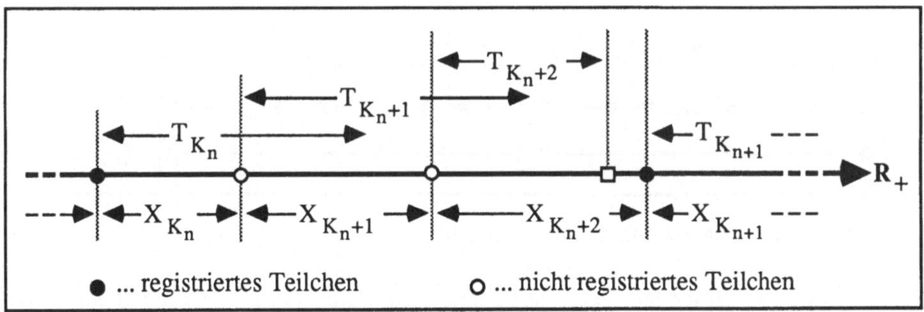

Abb. 4.11: Zählen mit einem Zählgerät zweiter Art.

<u>**4.33 Beispiel**</u> (Ein weiteres Zählproblem): *Die Partikel der kosmischen Höhenstrahlung treffen bekanntlich gemäß einem Poisson-Prozeß mit Parameter λ eine Zählvorrichtung und geben dabei Energie an diese Zählvorrichtung ab. Wir nehmen an, daß die abgegebenen Energien $W_1,W_2,...$ Zufallsvariable sind, die sowohl vom Poisson-Prozeß der das Gerät*

treffenden Teilchen als auch untereinander vollständig unabhängig und identisch $E(\mu)$-ver-teilt sind. Die Zählvorrichtung sendet nun ihrerseits stets dann einen Impuls aus, wenn die Summe der seit dem zuletzt gesendeten Impuls an der Zählvorrichtung abgegebenen Energien größer als ein gewisser Schwellwert B ist. Man bestimme die Verteilung und den Erwartungswert der Längen der Zeitintervalle zwischen zwei derartigen Impulsen.

<u>Lösung:</u> Die Zeitpunkte $Y_1', Y_2', \ldots$, in denen unsere Zählvorrichtung Impulse aussendet, sind Stopzeiten für den Poisson-Prozeß der das Gerät treffenden Teilchen: Die Ereignisse $\{Y_n' \leq t\}$ lassen sich nämlich durch das Verhalten dieses Poisson-Prozesses bis zum Zeitpunkt t sowie die vom Poisson-Prozeß unabhängigen, am Zählgerät abgegebenen Energien $W_1, W_2, \ldots$ ausdrücken. Wegen der verallgemeinerten Regenerationseigenschaft genügt es daher, nur die Verteilung und den Erwartungswert von Y_1' zu berechnen (vgl. Abb. 4.12):

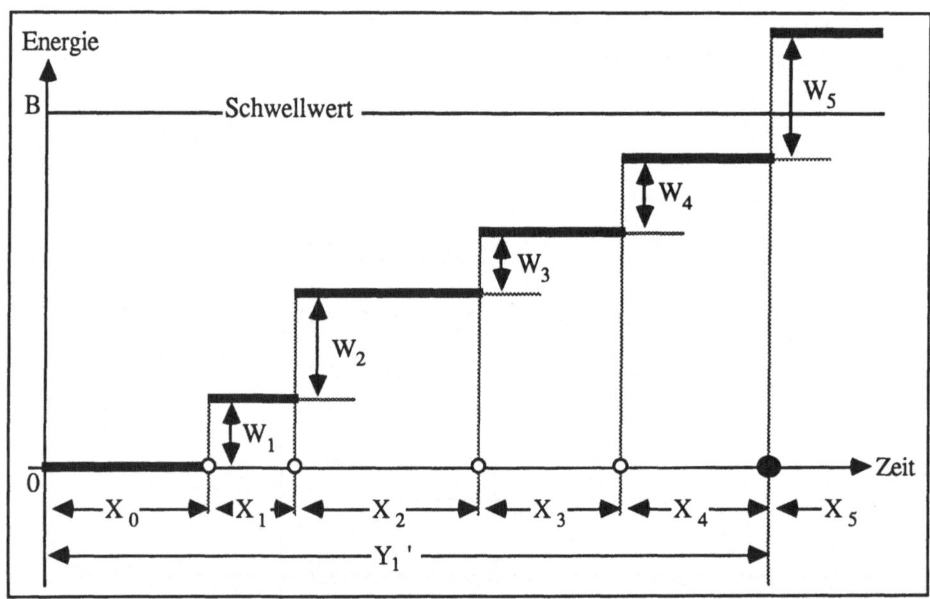

Abb. 4.12: Überschreiten eines Schwellwerts.

Aus dem Satz von der totalen Wahrscheinlichkeit ergibt sich nun zusammen mit den Sätzen 3.31 und 4.23 für alle y>0

$$P(\{Y_1 < y\}) = P(\{W_1 + \ldots + W_{N_{(0,y]}} > B\}) = \sum_{k=0}^{\infty} P(\{W_1 + \ldots + W_{N_{(0,y]}} > B\} \mid \{N_{(0,y]} = k\}) \times$$

$$\times P(\{N_{(0,y]} = k\}) = \sum_{k=1}^{\infty} P(\{W_1 + \ldots + W_k > B\}) \cdot P(\{N_{(0,y]} = k\}) =$$

$$= \sum_{k=1}^{\infty} [\exp\{-\mu B\} . \sum_{i=0}^{k-1} \frac{(\mu B)^i}{i!}] . \exp\{-\lambda y\} . \frac{(\lambda y)^k}{k!} = (*)$$

Vertauscht man nun die Reihenfolge der Summation, so ergibt sich weiter

$$(*) = \exp\{-\lambda y-\mu B\} . \sum_{i=0}^{\infty} [\frac{(\mu B)^i}{i!} . \sum_{k=i+1}^{\infty} \frac{(\lambda y)^k}{k!}] = 1 - \exp\{-\lambda y-\mu B\} . \sum_{i=0}^{\infty} [\frac{(\mu B)^i}{i!} . \sum_{k=0}^{i} \frac{(\lambda y)^k}{k!}]$$

und damit

$$E(Y_1') = \int_0^{\infty} y . f_{Y_1'}(y) \, dy = \int_0^{\infty} (1 - F_{Y_1'}(y)) \, dy =$$

$$= \int_0^{\infty} [\exp\{-\lambda y-\mu B\} . \sum_{i=0}^{\infty} [\frac{(\mu B)^i}{i!} . \sum_{k=0}^{i} \frac{(\lambda y)^k}{k!}]] \, dy =$$

$$= \exp\{-\mu B\} . \sum_{i=0}^{\infty} [\frac{(\mu B)^i}{i!} . \sum_{k=0}^{i} \int_0^{\infty} [\exp\{-\lambda y\} . \frac{(\lambda y)^k}{k!}]] \, dy = (\mu B + 1)/\lambda \qquad \blacklozenge$$

4.34 Beispiel (Der Schrot-Effekt): *Wir betrachten einen elektronischen Verstärker. Auch wenn am Eingang des Geräts kein Signal anliegt, treffen dort dennoch Elektronen gemäß einem Poisson-Prozeß mit Parameter λ ein. Wir nehmen an, daß ein einzelnes Elektron, welches zum Zeitpunkt t beim Eingang des Verstärkers eintrifft, beim Ausgang dieses Verstärkers die* **Systemantwort**

$$g(x) := \begin{cases} 1 - (x-t)/T & \text{für } t < x < t+T \\ 0 & \text{sonst} \end{cases}$$

bewirkt. Der Verstärker sei außerdem linear, d.h. die Systemantworten der einzelnen Elektronen überlagern sich einfach. Man bestimme für jedes $t \geq T$ den Erwartungswert und die Varianz des Ausgangssignals zum Zeitpunkt t (vgl. dazu Abb. 4.13).

<u>Lösung</u>: Die zum Zeitpunkt t am Ausgang des Verstärkers anliegende Spannung hängt offenbar nur davon ab, wann im Zeitintervall (t-T,t] Elektronen beim Eingang des Verstärkers eintreffen. Wegen der Regenerationseigenschaft des das Eingangssignal beschreibenden Poisson-Prozesses genügt es somit, lediglich den Erwartungswert und die Varianz des Ausgangssignals A zum Zeitpunkt t=T zu betrachten.

Aus dem Satz von der totalen Wahrscheinlichkeit folgt zunächst

$$E(A) = E(\frac{1}{T}.(Y_1+...+Y_{N_{(0,T]}})) = \frac{1}{T}.\sum_{n=1}^{\infty} E(Y_1+...+Y_n \,|\{N_{(0,T]}=n\}).P(\{N_{(0,T]}=n\}) = (*)$$

Unter der Bedingung $\{N_{(0,T]}=n\}$ stimmt aber die gemeinsame Verteilung der Wartezeiten $Y_1,Y_2,...,Y_n$ mit der gemeinsamen Verteilung der Ordnungsstatistiken $O_1^{(n)},O_2^{(n)},...,O_n^{(n)}$ von vollständig unabhängigen, $G(0,T)$-verteilten Zufallsvariablen $Z_1,Z_2,...,Z_n$ überein (vgl. dazu Satz 4.29). Damit gilt für alle $n \in N$

$$E(Y_1+...+Y_n \mid \{N_{(0,T]}=n\}) = E(O_1^{(n)}+...+O_n^{(n)}) = E(Z_1+...+Z_n) = nT/2$$

und somit

$$(*) = \frac{1}{T}.\sum_{n=1}^{\infty} (nT/2).\exp\{-\lambda T\}. \frac{(\lambda T)^n}{n!} = \lambda T/2$$

Analog dazu zeigt man

$$E(A^2) = E(\frac{1}{T^2}.(Y_1+...+Y_{N_{(0,t]}})^2) = \frac{1}{T^2}.\sum_{n=1}^{\infty} E((Y_1+...+Y_n)^2 \mid \{N_{(0,T]}=n\}) \times$$

$$\times P(\{N_{(0,T]}=n\}) = \frac{1}{T^2}.\sum_{n=1}^{\infty} E((Z_1+...+Z_n)^2).P(\{N_{(0,T]}=n\}) =$$

$$= \frac{1}{T^2}.\sum_{n=1}^{\infty} (\frac{nT^2}{3} + \frac{n(n-1)T^2}{4}).\exp\{-\lambda T\}.\frac{(\lambda T)^n}{n!} = \lambda T/3 + (\lambda T)^2/4$$

woraus sofort

$$Var(A) = E(A^2) - (E(A))^2 = \lambda T/3$$

folgt.

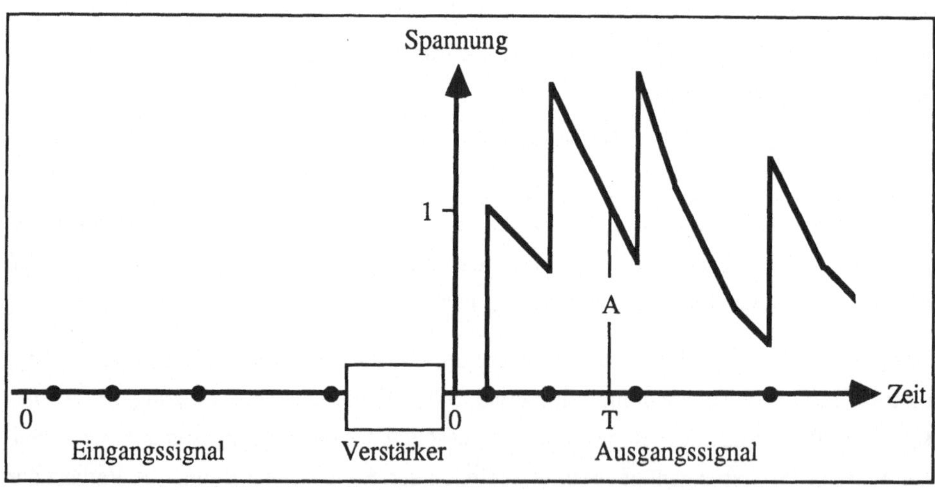

Abb. 4.13: Eingangssignal und Ausgangssignal beim Schrot Effekt.

4.35 Beispiel (Ein physikalisches Problem): *Die Elektronenemission von der Kathode einer Elektronenröhre erfolgt bekanntlich gemäß einem Poisson-Prozeß mit Parameter λ. Wir wollen nun annehmen, daß die Flugzeiten der Elektronen voneinander und von den Zeitpunkten ihrer Emission unabhängig und identisch verteilt sind und bezeichnen ihre Verteilungsfunktion mit F_U. Die Röhre wird zum Zeitpunkt $t=0$ eingeschaltet. Man berechne die Verteilung der Anzahl der Elektronen, die sich zum Zeitpunkt T in der Röhre befinden.*

<u>Lösung:</u> Bezeichnen wir mit M die Anzahl der Elektronen, die sich zum Zeitpunkt T in der Röhre befinden, so gilt offenbar für alle $k \in N_0$

$$P(\{M=k\}) = \sum_{n=k}^{\infty} P(\{M=k\}|\{N_{(0,T]}=n\}) \cdot P(\{N_{(0,T]}=n\}) = (*)$$

Unter der Voraussetzung $\{N_{(0,T]}=n\}$ sind die Zeitpunkte $Z_1,Z_2,...,Z_n$, zu denen diese n Elektronen von der Kathode emittiert werden, bekanntlich voneinander unabhängig und $G(0,T)$-verteilt (vgl. Satz 4.29). Bezeichnen wir nun mit $U_1,U_2,...,U_n$ die Flugzeiten dieser Elektronen und berücksichtigen wir, daß für alle $i \in \{1,2,...,n\}$ offensichtlich

$$p := P(\{Z_i+U_i < T\}|\{N_{(0,T]}=n\}) = \int_0^T P(\{U_i < T-z\}) \cdot f_{Z_i|\{N_{(0,T]}=n\}}(z)\,dz =$$

$$= \frac{1}{T} \cdot \int_0^T F_U(T-z)\,dz$$

ist, so ergibt sich damit weiter

$$(*) = \sum_{n=k}^{\infty} \binom{n}{k}(1-p)^k\,p^{n-k} \cdot \exp\{-\lambda T\}\,\frac{(\lambda T)^n}{n!} = \exp\{-\lambda T(1-p)\} \cdot \frac{(\lambda T(1-p))^k}{n!}$$

Die Anzahl der Elektronen, die sich zum Zeitpunkt T in der Elektronenröhre befinden, ist somit $P(\lambda T \cdot (1-p))$-verteilt. ◆

4.36 Beispiel: *Gegeben seien zwei voneinander unabhängige Poisson-Prozesse I und II mit den Parametern λ und μ. Man bestimme die Verteilung der Anzahl der zufälligen Punkte des einen Prozesses zwischen zwei aufeinanderfolgenden zufälligen Punkten des anderen Prozesses (vgl. Abb. 4.14).*

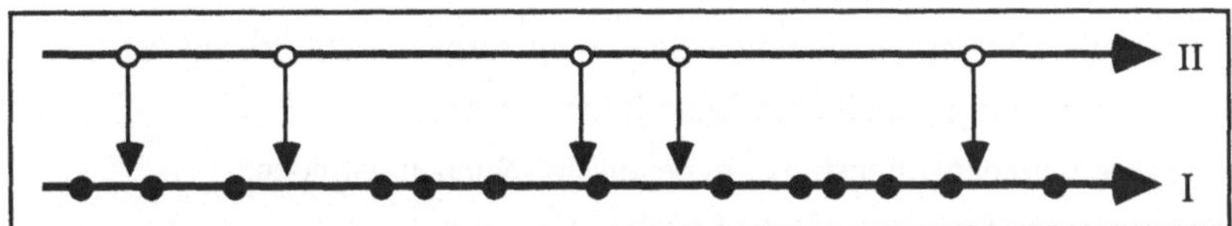

Abb. 4.14: Veranschaulichung der Problemstellung von Beispiel 4.36

<u>Lösung:</u> Wir bezeichnen die zum Prozeß I bzw. zum Prozeß II gehörigen Größen mit den oberen Indizes " ' " bzw. " '' ". Gesucht ist die Verteilung von $N'_{(Y''_n,Y''_{n+1}]}$. Nun sind aber die Wartezeiten Y''_n von Prozeß II offenbar Stopzeiten für Prozeß I. Für alle $n \in N$ und alle $k \in N_0$ folgt damit aus dem Satz von der totalen Wahrscheinlichkeit zusammen mit den Sätzen 4.23 und 3.31

$$P(\{N'_{(Y''_n,Y''_{n+1}]} = k\}) = P(\{N'_{(0,X''_0]} = k\}) =$$

$$= \int_0^\infty P(\{N'_{(0,X''_0]} = k\}|\{X''_0 = x\}).f_{X''_0}(x)\,dx = \int_0^\infty P(\{N'_{(0,x]} = k\}).f_{X''_0}(x)\,dx =$$

$$= \int_0^\infty \exp\{-\lambda x\}\frac{(\lambda x)^k}{k!}.\,\mu\exp\{-\mu x\}\,dx = \frac{\mu}{\lambda+\mu}.[1 - \mu/(\lambda+\mu)]^k$$

Die um eins erhöhte Anzahl der zufälligen Punkte von Prozeß I zwischen zwei zufälligen Punkten von Prozeß II ist somit $NB(1,\mu/(\lambda+\mu))$ - verteilt.

4.4 Mehrdimensionale Poisson-Prozesse

Unter einem Poisson-Prozeß haben wir bis jetzt immer eine zufällige Punktkonfiguration auf $\mathbf{R}_+$ verstanden, wobei wir den **Zustandsraum $\mathbf{R}_+$** stets als "Zeit" interpretiert haben. Oft benötigt man aber auch Poisson-Prozesse mit allgemeineren Zustandsräumen.

4.37 Definition: *Unter einem **Poisson-Prozeß** mit Parameter λ und **Zustandsraum R^2** versteht man eine zufällige Punktkonfiguration auf R^2, welche man erhält, wenn man für jedes "infinitesimale Intervall" $[x,x+dx)\times[y,y+dy)$ unabhängig voneinander mit der "infinitesimalen Wahrscheinlichkeit" $\lambda dxdy$ auswürfelt, ob man in dieses Intervall einen Punkt plazieren soll. (Poisson-Prozesse mit Zustandsraum $A\subseteq R^n$ definiert man analog.)*

Folgende Phänomene lassen sich in erster Näherung durch derartige Poisson-Prozesse gut beschreiben:
* die Stellen einer Petri-Schale, an denen sich Bakterien befinden;
* die Stellen, in denen ein Siliziumplättchen Fremdkörpereinschlüsse aufweist;
* die Orte, an denen in einem lichten Wald Bäume stehen;
* die Orte innerhalb der Milchstraße, in denen sich Sonnen befinden;
* die Positionen der Atomkerne eines Metalls.

Ähnlich wie im eindimensionalen Fall sind auch im mehrdimensionalen Fall mit einem Poisson-Prozeß wieder eine Reihe von Zufallsvariablen eng verbunden. Für einen Poisson-Prozeß mit Zustandsraum $\mathbf{R}^2$, dessen zufällige Punkte wir gemäß ihrem Abstand zum Ursprung numerieren (vgl. Abb. 4.15), definieren wir:

4.38 Definition:

1) *Für alle Mengen $V\subseteq R^2$ mit endlichem Flächerninhalt $||V||$ beschreibe die Zufallsvariable N_V die **Anzahl der zufälligen Punkte** des Poisson-Prozesses in der Menge V.*

2) *Für alle $n\in N$ beschreibe die Zufallsvariable F_n die **Fläche** jenes Kreisrings, welcher*

durch den n-ten und den n+1-ten zufälligen Punkt des Poisson-Prozesses definiert ist.
Außerdem gebe F_0 die Fläche jenes Kreises an, der durch den ersten zufälligen Punkt
des Poisson-Prozesses gegeben ist.

3) *Für alle $m \in N$ beschreibe die Zufallsvariable W_m den **Winkel** zwischen der x-Achse*
   und dem Ortsvektor zum m-ten zufälligen Punkt des Poisson-Prozesses.

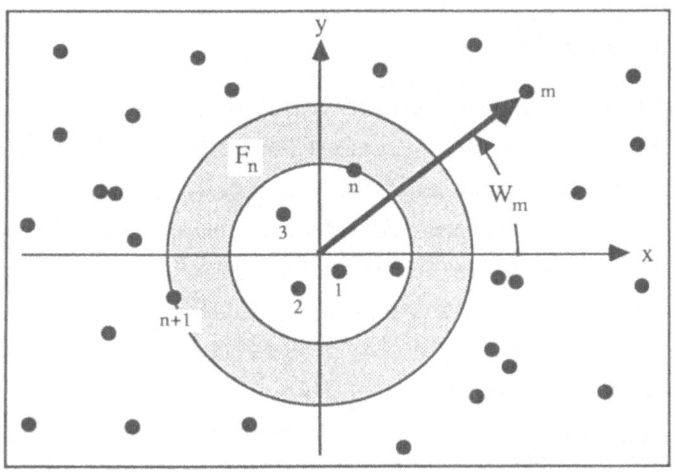

Abb. 4.15: Typische Punktkonfiguration eines Poisson-Prozesses mit Zustandsraum $\mathbf{R}^2$

4.39 Satz: *Gegeben sei ein Poisson-Prozeß mit Parameter λ und Zustandsraum $\mathbf{R}^2$.*
1) *Die Anzahl der zufälligen Punkte $N_{V_1}, N_{V_2}, \ldots$ in den paarweise disjunkten Mengen*
   $V_1, V_2, \ldots$ sind vollständig unabhängig;
   Für alle $V \subseteq \mathbf{R} \times \mathbf{R}$ mit endlichem Flächeninhalt $\|V\|$ ist N_V $P(\lambda.\|V\|)$-verteilt.
2) *Die Flächen $F_0, F_1, F_2, \ldots$ und die Winkel $W_1, W_2, \ldots$ sind vollständig unabhängig;*
   Für alle $n \in N_0$ ist F_n $E(\lambda)$-verteilt;
   Für alle $m \in N$ ist W_m $G(0, 2\pi)$-verteilt.
3) *Unter der Bedingung $\{N_V = n\}$ sind die Positionen dieser n Punkte voneinander voll-*
   ständig unabhängig und $G(V)$-verteilt.

Soll tatsächlich eine typische Punktkonfiguration eines Poisson-Prozesses auf $\mathbf{R}^2$ erzeugt
werden, so bedient man sich dazu stets einer der beiden folgenden Methoden.

4.40 Simulation von Poisson'schen Punktkonfigurationen:
1) *Man erzeuge $E(\lambda)$-Zufallszahlen $f_0, f_1, f_2, \ldots$ sowie $G(0, 2\pi)$-Zufallszahlen $w_1, w_2, \ldots$*
   und plaziere jeweils einen Punkt an den Stellen mit den Polarkoordinaten

$$(\sqrt{f_0/\pi}, w_1), \quad (\sqrt{(f_0+f_1)/\pi}, w_2), \quad (\sqrt{(f_0+f_1+f_2)/\pi}, w_3), \ldots$$

2) *Für jedes Intervall [is,(i+1)s)×[jt,(j+1)t) mit i,j∈Z und beliebigen aber festen s>0 und t>0, führe man unabhängig voneinander folgende Prozedur aus:*

   *   man erzeuge eine P(λst)-Zufallszahl n_{ij};*

   *   man erzeuge n_{ij} G(is,(i+1)s) - Zufallszahlen $x_1,x_2,...,x_{n_{ij}}$ und n_{ij} G(jt,(j+1)t) - Zufallszahlen $y_1,y_2,...,y_{n_{ij}}$;*

   *   man plaziere jeweils einen Punkt an den Stellen $(x_1,y_1),(x_2,y_2),...,(x_{n_{ij}},y_{n_{ij}})$.*

Es folgen wieder einige Beispiele:

4.41 Beispiel (Herstellung fehlertoleranter Speicherbausteine): *Speicherbausteine für Computer werden heute allgemein folgendermaßen hergestellt: Auf einem Siliziumplättchen (Chip) bringt man ein quadratisches Gitter von sich kreuzenden Schreib-Leseleitungen mit je einem speichernden Element in den Kreuzungspunkten an. Befindet sich nun im Bereich eines dieser speichernden Elemente ein Fremdkörper im Silizium, so arbeitet dieses speichernde Element (und damit der ganze Speicherbaustein) fehlerhaft. Um den Prüfaufwand für einen derartigen Speicherbaustein gering zu halten, versieht man diesen Baustein mit einer selbständig arbeitenden Prüfeinrichtung.*

Nun weiß man aus Erfahrung, daß bei den heutigen Herstellungsmethoden mit durchschnittlich 4 Fremdkörpereinschlüssen je 100 mm² zu rechnen ist. Dies hat zur Folge, daß ein großer Teil der auf diese Weise produzierten Speicherbausteine unbrauchbar ist. In zunehmendem Maße geht man daher dazu über, Speicherbausteine "selbstreparierend" zu gestalten:

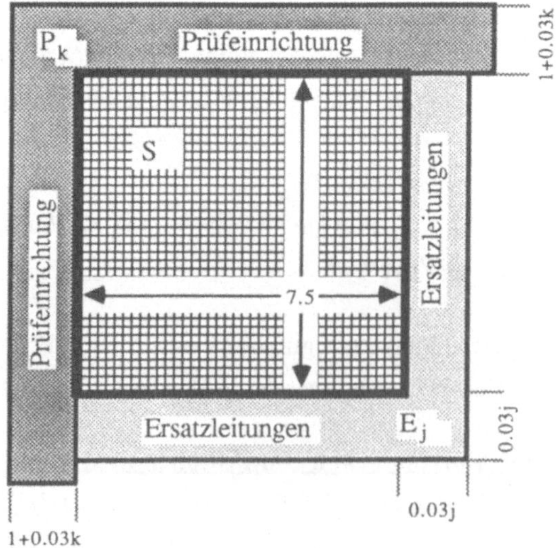

Abb. 4.16: Aufbau eines fehlertoleranten Speicherbausteins.

Anstelle der ursprünglich 2s Schreib-Leseleitungen verwendet man 2(s+k) Schreib-Lese-leitungen und gestaltet die Prüfeinrichtung so, daß diese stets jene zwei Leitungen, welche sich in einem als fehlerhaft erkannten speichernden Element kreuzen, automatisch durch zwei noch nicht verwendete Ersatzleitungen ersetzt. Falls die im Bereich der Ersatzleitungen auftretenden speichernden Elemente fehlerfrei arbeiten, so kann man auf diese Weise k Fehler automatisch beheben. Da aber mit zunehmendem k sowohl der Platz für die Prüfein-richtung (welche stets fehlerfrei arbeiten soll) als auch der Platz für die Ersatzleitungen zunimmt, wird man k nicht beliebig groß machen können.

Unsere Frage lautet daher: Wie groß soll k sein, um mit den in Abb. 4.16 angegebenen (einigermaßen realistischen) Größen (in mm) möglichst wenig Ausschuß zu produzieren?

<u>Lösung</u>: Grundsätzlich kann man annehmen, daß die zufälligen Punkte, in denen Fremd-körpereinschlüsse auftreten, einen Poisson-Prozeß mit Parameter $\lambda=0{,}04$ (durchschnittlich 4 Fremdkörpereinschlüsse je 100 mm^2) und Zustandsraum $\mathbf{R}^2$ bilden. Bezeichnen wir nun mit A_k das Ereignis "ein derartiger Speicherbaustein mit 2k Ersatzleitungen ist brauchbar" und nehmen wir an, daß Ersatzleitungen nicht mehr ausgetauscht werden können, so gilt mit den in Abb. 4.16 verwendeten Bezeichnungen

$$P(A_k) = P(\{N_{P_k} = 0\}).[P(\{N_S = 0\}) + P(\{N_S = 1\}).P(\{N_{E_1} = 0\}) +$$

$$+ P(\{N_S = 2\}).P(\{N_{E_2} = 0\}) + ... + P(\{N_S = k\}).P(\{N_{E_k} = 0\})] =$$

$$= \exp\{-\lambda\|P_k\|\}.[\sum_{j=0}^{k} \exp\{-\lambda\|S\|\}.\frac{(\lambda\|S\|)^j}{j!} . \exp\{-\lambda\|E_j\|\}]$$

Berücksichtigt man nun, daß gemäß unserer Angabe

$$\|P_k\| = 16 + 0{,}57k + 0{,}0025k^2, \quad \|S\| = 56{,}25 \quad \text{und} \quad \|E_j\| = 0{,}45j + 0{,}0009j^2$$

ist, so erhält man das in Tabelle 4.1 zusammengefaßte Resultat. Es ist also am besten, 2k=10 Ersatzleitungen vorzusehen. Der Prozentsatz an Ausschuß verringert sich dann von ursprünglich 94,4% auf 56,1%.

k	$P(A_k)$	k	$P(A_k)$	k	$P(A_k)$
0	0,056	3	0,386	6	0,437
1	0,174	4	0,428	7	0,428
2	0,300	5	0,439	8	0,419

Tabelle 4.1: Wahrscheinlichkeit $P(A_k)$ dafür, daß ein Speicherbaustein mit 2k Ersatzleitungen fehlerfrei ist.

4.42 Beispiel (Ein physikalisches Problem): *Die Positionen der Atomkerne in einem Metall lassen sich (in erster Näherung) durch einen Poisson-Prozeß mit Parameter λ und*

Zustandsraum R^3 *beschreiben. Man berechne die mittlere Entfernung zweier benachbarter Atomkerne.*

Lösung: Wir greifen zufällig einen Atomkern heraus und bezeichnen mit X die Entfernung zu seinem nächsten Nachbarn. Dem Ereignis $\{X>x\}$ entspricht dann offenbar das Ereignis "in einer Kugel S(x) um den von uns herausgegriffenen Atomkern mit Radius x befindet sich kein weiterer Atomkern". Für alle x>0 gilt demnach[*]

$$P(\{X>x\}) \;=\; P(\{N_{S^{\bullet}(x)} = 0\}) \;=\; \exp\{-\lambda \|S^{\bullet}(x)\|\} \;=\; \exp\{-4\pi\lambda.x^3/3\}$$

und damit

$$f_X(x) \;=\; 4\pi\lambda x^2.\exp\{-4\pi\lambda.x^3/3\}$$

was schließlich

$$E(X) \;=\; \int_0^{\infty} x.f_X(x)\,dx \;=\; 4\pi\lambda.\int_0^{\infty} x^3.\exp\{-4\pi\lambda.x^3/3\}\,dx \;=\;$$

$$=\; (4\pi\lambda/3)^{-1/3}.\int_0^{\infty} u^{1/3}.\exp\{-u\}\,du \;=\; (4\pi\lambda/3)^{-1/3}.\Gamma(4/3) \;=\; 0.554\,\lambda$$

zur Folge hat[**].

4.43 Beispiel (Der Poisson-Geradenprozeß): *Unter einem **Poisson-Geradenprozeß** mit Parameter* λ *versteht man einen Poisson-Prozeß mit Parameter* λ *und Zustandsraum* $[0,\infty)\times[0,2\pi)$. *Da bekanntlich jeder Punkt* $(d,\varphi)\in[0,\infty)\times[0,2\pi)$ *in eindeutiger Weise einer gewissen Gerade* $g_{d,\varphi}$ *entspricht (siehe Abb. 4.17), beschreibt ein Poisson-Geradenprozeß somit eine "zufällige Geradenkonfiguration" auf* R^2.

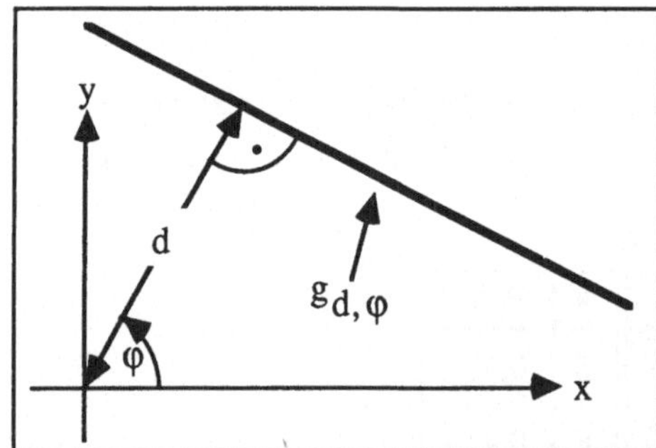

Abb. 4.17: Die Gerade $g_{d,\varphi}$

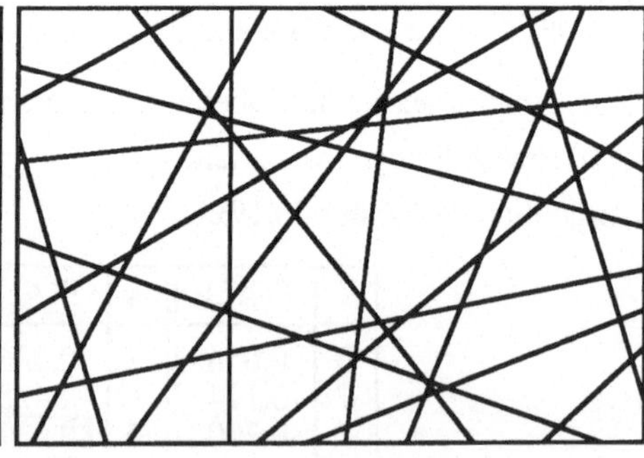

Abb. 4.18: Typische Geradenkonfiguration eines Poisson-Geradenprozesses

---

[*] Mit $S^{\bullet}(x)$ bezeichnen wir die Kugel S(x) ohne ihren Mittelpunkt.

[**] $\Gamma(x) := \int_0^{\infty} u^{x-1}.\exp\{-u\}\,du$. Diese als **Gamma-Funktion** wohlbekannte Abbildung ist tabelliert.

Derartige Prozesse treten beispielsweise bei Problemen der Textilindustrie, der Mineralogie sowie der stochastischen Geometrie auf. Abb. 4.18 zeigt eine für einen Poisson-Geraden-prozeß typische Geradenkonfiguration.

Man bestimme die Verteilung der Anzahl der Geraden eines Poisson-Geradenprozesses mit Parameter λ, welche den Einheitskreis schneiden sowie den Erwartungswert der Summe S der Länge der in diesem Kreis liegenden Sehnen.

<u>Lösung:</u> Eine Gerade $g_{d,\varphi}$ schneidet offenbar genau dann den Einheitskreis, wenn d<1 ist. Die Anzahl der Geraden unseres Geradenprozesses, welche den Einheitskreis schneiden, läßt sich somit durch die Zufallsvariable $N_{[0,1)\times[0,2\pi)}$ beschreiben und ist wegen Satz 4.39 $P(2\pi\lambda)$-verteilt.

Bezeichnen wir nun mit $S_1, S_2, \dots$ die Längen der in diesem Kreis liegenden Sehnen, so folgt wieder aus Satz 4.39 zusammen mit dem Satz von der totalen Wahrscheinlichkeit

$$E(S) = \sum_{n=1}^{\infty} E(S_1+S_2+\dots+S_n \mid \{N_{[0,1)\times[0,2\pi)} = n\}).P(\{N_{[0,1)\times[0,2\pi)} = n\}) =$$

$$= \sum_{n=1}^{\infty} n.E(S_1).\exp\{-2\pi\lambda\}.\frac{(2\pi\lambda)^n}{n!} = (*)$$

Unter Berücksichtigung der aus der elementaren Geometrie bekannten Tatsache, daß das Produkt der Abschnitte zweier sich schneidender Sehnen stets konstant ist, gilt aber

$$E(S_1) = \int_0^1 \int_0^{2\pi} 2.(1-x^2)^{1/2}.(2\pi)^{-1} \, dx d\varphi = 2 \int_0^{\pi/2} (\cos y)^2 \, dy = \pi/2$$

und wir erhalten somit weiter

$$(*) = \sum_{n=1}^{\infty} n.(\pi/2).\exp\{-2\pi\lambda\}.\frac{(2\pi\lambda)^n}{n!} = \pi^2\lambda$$

4.44 Beispiel: *Gegeben sei ein Poisson-Geradenprozeß mit Parameter λ. Wir betrachten die Schnittpunkte der Geraden dieses Prozesses mit der positiven x-Achse (vgl. Abb. 4.19) und fragen nach der Verteilung der Abstände $X_0, X_1, \dots$ dieser Schnittpunkte.*

<u>Lösung:</u> Für jedes u>0 bezeichne

$$A_u := \{(d,\varphi) \mid 0 \leq d < u.\cos\varphi; \; 0 \leq \varphi < 2\pi\} \quad \text{und} \quad B_u := \{(d,\varphi) \mid 0 \leq d \leq u.\cos\varphi; \; 0 \leq \varphi < 2\pi\}$$

Anhand einer Zeichnung überlegt man sich leicht, daß dann $\{N_{A_u} = k\}$ bzw. $\{N_{B_u} = k\}$ dem Ereignis "das halboffene Intervall [0,u) bzw. das abgeschlossene Intervall [0,u] der x-Achse wird von genau k zufälligen Geraden des Poisson-Geradenprozesses geschnitten" entspricht. Damit gilt zunächst einmal für alle x>0

$$P(\{X_0 < x\}) = 1 - P(\{X_0 \geq x\}) = 1 - P(\{N_{A_x} = 0\}) = 1 - \exp\{-\lambda \|A_x\|\} = 1 - \exp\{-2\lambda x\}$$

Aus dem Satz von der totalen Wahrscheinlichkeit folgt außerdem für alle $n \in N$ und alle $x > 0$

$$P(\{X_n < x\}) = 1 - P(\{X_n \geq x\}) = 1 - \int_0^\infty P(\{X_n \geq x\} | \{Y_n = y\}).P(\{Y_n \in [y, y+dy)\}) =$$

$$= 1 - \int_0^\infty P(\{N_{A_{y+x} - B_y} = 0\} | \{Y_n = y\}).P(\{Y_n \in [y, y+dy)\}) = (*)$$

Nun läßt sich aber das Ereignis $\{Y_n = y\} = \{X_0 + X_1 + ... + X_{n-1} = y\}$ offenbar durch die Zufallsvariablen N_{B_u} mit $u \leq y$ ausdrücken; die beiden Ereignisse $\{Y_n = y\}$ und $\{N_{A_{y+x} - B_y} = 0\}$ sind somit wegen Satz 4.39 unabhängig, also gilt weiter

$$(*) = 1 - \int_0^\infty P(\{N_{A_{y+x} - B_y} = 0\}).P(\{Y_n \in [y, y+dy)\}) =$$

$$= 1 - \int_0^\infty \exp\{-2\lambda x\}.P(\{Y_n \in [y, y+dy)\}) = 1 - \exp\{-2\lambda x\}$$

Wir haben damit gezeigt, daß die Abstände $X_0, X_1, ...$ $E(2\lambda)$-verteilt sind. Außerdem läßt sich leicht zeigen, daß diese Abstände $X_0, X_1, ...$ vollständig unabhängig sind. Der "Prozeß der Schnittpunkte der zufälligen Geraden eines Poisson-Geradenprozesses mit Parameter λ mit der positiven x-Achse (aber auch mit jeder anderen Halbgeraden)" ist somit ein Poisson-Prozeß mit Parameter 2λ.

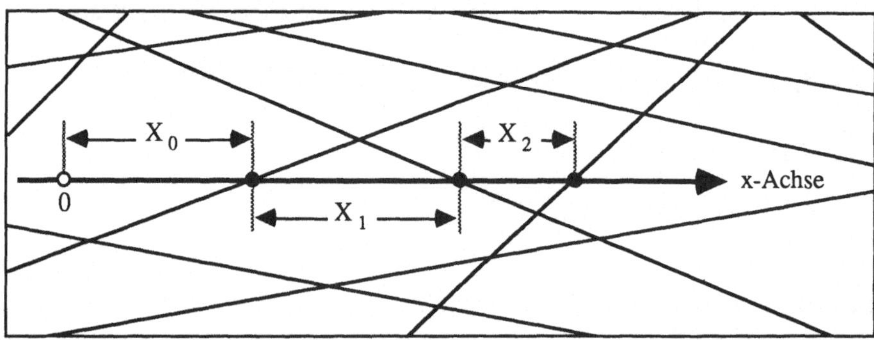

Abb. 4.19: Schnittpunkte der Geraden eine Poisson-Geradenprozesses mit der x-Achse

4.5 Erneuerungsprozesse

Aus unseren bisherigen Ausführungen geht hervor, daß sich der folgende **Erneuerungsvorgang** mit Hilfe eines Poisson-Prozesses adäquat beschreiben läßt:

"Gegeben sei eine Anzahl gleichartiger Geräte mit $E(\lambda)$-verteilten Lebensdauern (die Geräte zeigen also keine "Alterungserscheinungen"). Zum Zeitpunkt $t=0$ beginnt eines dieser Gerä-

te zu arbeiten. Bei seinem Ausfall übernimmt sofort ein neues Gerät dessen Arbeit. Dieser Erneuerungsvorgang wird laufend fortgesetzt, indem ein ausfallendes Gerät stets sofort durch ein neues Gerät ersetzt wird."

Nun hat man es aber oft auch mit Erneuerungsvorgängen zu tun, bei denen die verwendeten Geräte keine $E(\lambda)$-verteilten Lebensdauern besitzen (und damit sehr wohl ein gewisses "Alterungsverhalten" aufweisen). Wir definieren daher ganz allgemein:

4.45 Definition: *Gegeben sei ein stetiges[*] W-Maß L auf $\mathcal{B}$ mit $L(R_+) = 1$, dessen Verteilungsfunktion bzw. Verteilungsdichte wir mit F_L bzw. f_L bezeichnen wollen. Unter einem (gewöhnlichen) **Erneuerungsprozeß** mit Lebensdauerverteilung L versteht man jene zufällige Punktkonfiguration auf R_+, deren Pausen $X_0, X_1, X_2, \ldots$ die Eigenschaften*

** $X_0, X_1, X_2, \ldots$ sind vollständig unabhängig;*

** Für alle $n \in N_0$ ist X_n L-verteilt*

besitzen. (Die zufälligen Punkte entsprechen dabei gerade jenen Zeitpunkten, in denen "Erneuerungen" stattfinden.)

Mit einem Erneuerungsprozeß sind natürlich wieder eine Reihe von Zufallsvariablen eng verbunden (vgl. Abb.4.7), und in Übereinstimmung mit 4.12 und 4.22 definieren wir:

4.46 Definition:

1) *Für alle beschränkten Intervalle $I \subseteq R_+$ beschreibe die Zufallsvariable N_I die **Anzahl der zufälligen** Punkte des Erneuerungsprozesses im Zeitintervall I.*

2) *Für alle $t \in R_+$ beschreibe die Zufallsvariable V_t die Länge der Zeitspanne zwischen dem Zeitpunkt t und jenem Zeitpunkt $v > t$, zu dem die erste Erneuerung nach dem Zeitpunkt t stattfindet. V_t heißt **Vorwärtsrekurrenzzeit** des Erneuerungsprozesses zum Zeitpunkt t.*

3) *Für alle $t \in R_+$ beschreibe die Zufallsvariable R_t die Länge der Zeitspanne zwischen dem Zeitpunkt t und jenem Zeitpunkt $r \leq t$, zu dem die letzte Erneuerung vor dem Zeitpunkt t (t eingerechnet) stattgefunden hat. Falls vor dem Zeitpunkt t (t eingerechnet) keine Erneuerung stattgefunden hat, so setzen wir R_t gleich t. R_t heißt **Rückwärtsrekurrenzzeit** des Erneuerungsprozesses zum Zeitpunkt t.*

4) *Für alle $n \in N$ gebe die Zufallsvariable Y_n den Zeitpunkt an, zu dem die n-te Erneuerung stattfindet. Y_n heißt **n-te Wartezeit** des Erneuerungsprozesses.*

Zunächst einmal ist unmittelbar klar:

---

[*] Diese Voraussetzung ist nicht notwendig, beseitigt aber manche technische Schwierigkeit. So ist zum Beispiel dann nicht notwendig zwischen $P(\{X_n < x\})$ und $P(\{X_n \leq x\})$ zu unterscheiden.

4.47 Bemerkung: *Für einen Erneuerungsprozeß mit Lebensdauerverteilung L gilt* [*)] :

1) *Für alle $n \in N$ ist $Y_n = X_0 + X_1 + ... + X_{n-1}$. Damit ist Y_n offenbar L^{n*}-verteilt.*

2) *Für alle $t \in R_+$ und alle $n \in N$ gilt*

$$P(\{N_{(0,t]} < n\}) = P(\{Y_n > t\}) = 1 - P(\{Y_n \leq t\}) = 1 - F_{L^{n*}}(t)$$

sowie

$$E(N_{(0,t]}) = \sum_{n=1}^{\infty} n.P(\{N_{(0,t]}=n\}) = \sum_{n=1}^{\infty} n.[F_{L^{n*}}(t) - F_{L^{(n+1)*}}(t)] = \sum_{n=1}^{\infty} F_{L^{n*}}(t)$$

3) *Im allgemeinen sind weder die Zufallsvariablen $N_I, N_J, ...$ mit paarweise disjunkten Zeitintervallen $I, J, ... \subseteq R_+$ noch die Vorwärts- und Rückwärtsrekurrenzzeiten V_t und R_t unabhängig!*

4) *Für alle $n \in N$ verhält sich unser Erneuerungsprozeß vom Zeitpunkt Y_n (Y_n nicht eingerechnet) offenbar genau so, wie ein im Zeitpunkt Y_n neu startender Erneuerungsprozeß (**Regenerationseigenschaft** eines Erneuerungsprozesses).*

Die Bestimmung der Verteilung der Vorwärtsrekurrenzzeit V_t, der Rückwärtsrekurrenzzeit R_t, der inspizierten Lebensdauer $R_t + V_t$ sowie die Berechnung einer Reihe anderer interessanter Größen erfordert spezielle Methoden, welche wir nun bereitstellen wollen:

4.48 Definition: *Gegeben sei ein Erneuerungsprozeß mit Lebensdauerverteilung L. Die sinnvoll definierte Abbildung* [**)]

$$H_L : R_+ \to R \quad mit \quad H_L(t) := E(N_{(0,t]}) = \sum_{n=1}^{\infty} F_{L^{n*}}(t)$$

*heißt **Erneuerungsfunktion**; ihre Ableitung*

$$h_L : R_+ \to R \quad mit \quad h_L(t) := H_L'(t) = \sum_{n=1}^{\infty} f_{L^{n*}}(t)$$

*heißt **Erneuerungsdichte** des Erneuerungsprozesses.*

4.49 Satz: *Gegeben sei ein Erneuerungsprozeß mit Lebensdauerverteilung L sowie eine stückweise stetige Abbildung $g : R_+ \to R$. Eine stückweise stetige Abbildung $u : R_+ \to R$ genügt genau dann der **Erneuerungsgleichung***

$$u(t) = g(t) + \int_0^t u(t-x).f_L(x)\, dx \qquad\qquad (t>0)$$

falls gilt

$$u(t) = g(t) + \int_0^t g(t-x).h_L(x)\, dx \qquad\qquad (t>0)$$

[*)] Mit $L^{n*} := L*L*...*L$ bezeichnen wir die n-fache Faltung von L. Die Verteilungsfunktion bzw. die Verteilungsdichte von L^{n*} bezeichnen wir mit $F_L n*$ bzw. $f_L n*$.

[**)] Man kann zeigen, daß für alle $t \in R_+$ $E(N_{(0,t]})$ endlich ist.

Dieser Satz ist für die Erneuerungstheorie deshalb von großer Bedeutung, weil viele interessante Größen einer Erneuerungsgleichung genügen. So gilt beispielsweise

4.50 Satz: *Gegeben sei ein Erneuerungsprozeß mit Lebensdauerverteilung L.*

1) Die Erneuerungsfunktion $H_L : R_+ \to R$ mit $H_L(t) := E(N_{(0,t]})$ genügt der Erneuerungsgleichung

$$H_L(t) = F_L(t) + \int_0^t H_L(t-x).f_L(x) \, dx \qquad (t>0)$$

2) Die Erneuerungsdichte $h_L : R_+ \to R$ mit $h_L(t) := H_L'(t)$ genügt der Erneuerungsgleichung

$$h_L(t) = f_L(t) + \int_0^t h_L(t-x).f_L(x) \, dx \qquad (t>0)$$

3) Für jedes $z>0$ genügt die Abbildung $A_z : R_+ \to R$ mit $A_z(t) := P(\{N_{(t,t+z]} = 0\})$ der Erneuerungsgleichung

$$A_z(t) = (1 - F_L(t+z)) + \int_0^t A_z(t-x).f_L(x) \, dx \qquad (t>0)$$

4) Für jedes $z>0$ genügt die Abbildung $B_z : R_+ \to R$ mit $B_z(t) := P(\{X_{N_{(0,t]}} \geq z\})$ der Erneuerungsgleichung

$$B_z(t) = (1 - F_L(max(z,t))) + \int_0^t B_z(t-x).f_L(x) \, dx \qquad (t>0)$$

Sind für einen Erneuerungsprozeß die Abbildungen A_z bzw. B_z bekannt, so bereitet die Bestimmung der Verteilung der Vorwärtsrekurrenzzeit V_t, der Rückwärtsrekurrenzzeit R_t und der inspizierten Lebensdauer R_t+V_t keine Schwierigkeiten mehr. Es gilt nämlich[*]

4.51 Bemerkung: *Für alle $t \in R_+$ und alle $z>0$ ist*

$$P(\{V_t < z\}) = 1 - P(\{V_t \geq z\}) = 1 - P(\{N_{(t,t+z)} = 0\}) = 1 - A_z(t)$$

$$P(\{R_t < z\}) = \begin{cases} 1 - P(\{R_t \geq z\}) = 1 - P(\{N_{(t-z,t]} = 0\}) = 1 - A_z(t-z) & \text{für } z \leq t \\ 1 & \text{für } z > t \end{cases}$$

$$P(\{R_t+V_t < z\}) = 1 - P(\{R_t+V_t \geq z\}) = 1 - P(\{X_{N_{(0,t]}} \geq z\}) = 1 - B_z(t)$$

An einem einfachen Beispiel soll nun demonstriert werden, inwiefern sich die beiden Sätze 4.49 und 4.50 in Verbindung mit Bemerkung 4.51 bei der Berechnung der Verteilung der Vorwärtsrekurrenzzeit V_t, der Rückwärtsrekurrenzzeit R_t und der inspizierten Lebensdauer R_t+V_t einsetzen lassen:

---

[*] Bei einem Erneuerungsprozeß mit stetiger Lebensdauerverteilung L stimmen die Verteilungen von $N_{[s,t)}$, $N_{(s,t]}$, $N_{[s,t]}$ und $N_{(s,t)}$ überein.

4.52 Beispiel (Der Erlang-Prozeß): *Unter einem **Erlang-Prozeß** mit den Parametern $k \in N$ und $\lambda > 0$ versteht man einen Erneuerungsprozeß mit $E(k,\lambda)$-verteilten Lebensdauern. (Zu einem derartigen Prozeß gelangt man beispielsweise, wenn man jeweils k-1 aufeinanderfolgende Punkte eines Poisson-Prozesses mit Paramter λ streicht.) Für einen Erlang-Prozeß mit den Parametern k=2 und $\lambda > 0$ berechne man*

1) *die Erneuerungsdichte h_L und die Erneuerungsfunktion H_L;*

2) *die Verteilungsfunktion der Vorwärtsrekurrenzzeit V_t, der Rückwärtsrekurrenzzeit R_t und der inspizierten Lebensdauer $R_t + V_t$.*

<u>Lösung:</u>

1) Berücksichtigt man die bekannte Tatsache (vgl. 3.47), daß die Faltung zweier Erlangverteilungen mit Parameter λ wieder eine Erlangverteilung mit Parameter λ ist, so folgt für alle $t>0$ unmittelbar aus der Definition der Erneuerungsdichte

$$h_L(t) = \sum_{n=1}^{\infty} f_{E(2,\lambda)}^{n*}(t) = \lambda.\exp\{-\lambda t\}.[\frac{\lambda t}{1!} + \frac{(\lambda t)^3}{3!} + \frac{(\lambda t)^5}{5!} + \ldots] =$$

$$= \sum_{n=1}^{\infty} f_{E(2n,\lambda)}(t) = \lambda.\exp\{-\lambda t\}.\frac{1}{2}[\exp\{\lambda t\} - \exp\{-\lambda t\}] = \frac{1}{2}[\lambda - \lambda.\exp\{-2\lambda t\}]$$

und damit

$$H_L(t) = \int_0^t h_L(x)\,dx = \int_0^t \frac{1}{2}[\lambda - \lambda.\exp\{-2\lambda x\}]\,dx = \frac{1}{4}[-1 + 2\lambda t + \exp\{-2\lambda t\}]$$

2) Für alle $t \in \mathbf{R}_+$ und alle $z>0$ gilt offenbar

$$1 - F_{E(2,\lambda)}(t+z) = \exp\{-\lambda(t+z)\}.[1 + \lambda(t+z)]$$

und

$$1 - F_{E(2,\lambda)}(\max(z,t)) = \begin{cases} \exp\{-\lambda t\}.(1+\lambda t) & \text{für } z \leq t \\ \exp\{-\lambda z\}.(1+\lambda z) & \text{für } z > t \end{cases}$$

Damit erhält man unter Verwendung der Sätze 4.49 und 4.50 (nach längerer Rechnung)

$$A_z(t) = \exp\{-\lambda(t+z)\} + \lambda(t+z).\exp\{-\lambda(t+z)\} +$$

$$+ \int_0^t [\exp\{-\lambda(t+z-x)\} + \lambda(t+z-x).\exp\{-\lambda(t+z-x)\}].\frac{1}{2}[\lambda - \lambda.\exp\{-2\lambda x\}]\,dx =$$

$$= \ldots = \frac{1}{2}.[(2+\lambda z).\exp\{-\lambda z\} + \lambda z.\exp\{-2\lambda t - \lambda z\}]$$

sowie für $z \leq t$

$$B_z(t) = \exp\{-\lambda t\} + \lambda t.\exp\{-\lambda t\} +$$

$$+ \int_0^{t-z} [\exp\{-\lambda(t-z)\} + \lambda(t-x).\exp\{-\lambda(t-x)\}].\frac{1}{2}[\lambda - \lambda.\exp\{-2\lambda x\}]\,dx +$$

$$+ \int_{t-z}^{t} [\exp\{-\lambda z\} + \lambda z.\exp\{-\lambda z\}].\frac{1}{2}[\lambda - \lambda.\exp\{-2\lambda x\}]\, dx \; = \; ...$$

$$= \frac{1}{4}.[(4+4\lambda z+2\lambda^2 z^2).\exp\{-\lambda t\} + (-1+\lambda z).\exp\{-2\lambda t+\lambda z\} + (1+\lambda z).\exp\{-2\lambda t-\lambda z\}]$$

und für z>t

$$B_z(t) = (1+\lambda z).\exp\{-\lambda z\} + \int_{0}^{t} [\,(1+\lambda z).\exp\{-\lambda z\}].\frac{1}{2}[\lambda - \lambda.\exp\{-2\lambda x\}]\, dx \; = \; ...$$

$$= \frac{1}{4}.[(3+3\lambda z+2\lambda t+2\lambda^2 tz).\exp\{-\lambda z\} + (1+\lambda z).\exp\{-2\lambda t-\lambda z\}]$$

Aus Bemerkung 4.51 folgt damit für alle $t\in \mathbf{R}_+$ und alle z>0

$$P(\{V_t<z\}) = 1 - A_z(t) = 1 - \frac{1}{2}(2+\lambda z).\exp\{-\lambda z\} - \frac{\lambda z}{2}.\exp\{-2\lambda t-\lambda z\}$$

$$P(\{R_t<z\}) = \begin{cases} 1 - A_z(t-z) = 1 - \frac{1}{2}(2+\lambda z).\exp\{-\lambda z\} - \frac{\lambda z}{2}.\exp\{-2\lambda t+\lambda z\} & \text{für } z\leq t \\ 1 & \text{für } z>t \end{cases}$$

$$P(\{R_t+V_t < z\}) = 1 - B_z(t) = \begin{cases} 1 - \frac{1}{2}(2+2\lambda z+\lambda^2 z^2).\exp\{-\lambda z\} - \frac{1}{4}(1-\lambda z)\times \\ \qquad \times \exp\{-2\lambda t+\lambda z\} - \frac{1}{4}(1+\lambda z).\exp\{-2\lambda t-\lambda z\} \quad \text{für } z\leq t \\ \\ 1 - \frac{1}{4}(3+3\lambda z+2\lambda t+2\lambda^2 tz).\exp\{-\lambda z\} - \\ \qquad - \frac{1}{4}(1-\lambda z).\exp\{-2\lambda t-\lambda z\} \qquad\qquad\qquad \text{für } z>t \end{cases}$$

Leider sind die meisten tatsächlich auftretenden Lebensdauerverteilungen L so beschaffen, daß eine explizite Berechnung von $f_L n*$ und damit eine direkte Berechnung der Erneuerungsdichte h_L praktisch unmöglich ist. In diesem Fall ist die Methode der Laplace-Transformation recht brauchbar:

4.53 Definition: *Ist g $:R_+\to R$ eine stückweise stetige Abbildung und ist für alle s>0 das Integral $\int \exp\{-sx\}./g(x)/\, dx$ endlich, so heißt die (damit sinnvoll definierte) Abbildung*

$$g^{\wedge} :R_+\to R \;\; mit \;\; g^{\wedge}(s) := \int_{0}^{\infty} \exp\{-sx\}.g(x)\, dx$$

*die **Laplace-Transformierte** von g.*

Wir fassen die wichtigsten Eigenschaften der Laplace-Transformierten wieder in einem Satz zusammen:

4.54 Satz: *Sind $f : R_+ \to R$ und $g : R_+ \to R$ zwei stückweise stetige Abbildungen und sind für alle $s>0$ die Integrale $\int exp\{-sx\}.|f(x)|\, dx$ und $\int exp\{-sx\}.|g(x)|\, dx$ endlich, so gilt:*

*1) **Eindeutigkeit:** f und g stimmen genau dann überein, wenn $f^{\wedge}$ und $g^{\wedge}$ übereinstimmen.*

*2) **Linearität:** Für alle $a,b \in R$ gilt*

$$(af+bg)^{\wedge} = a.f^{\wedge} + b.g^{\wedge}$$

*3) **Integralsatz:** Bezeichnet G die Stammfunktion[*)] von g, so gilt für alle $s>0$*

$$G^{\wedge}(s) = g^{\wedge}(s)/s$$

*4) **Faltungssatz:** Bezeichnet $f*g$ die Faltung[*)] von f und g, so gilt für alle $s>0$*

$$(f*g)^{\wedge}(s) = f^{\wedge}(s).g^{\wedge}(s)$$

Die Laplace-Transformation läßt sich nun im Rahmen der Erneuerungstheorie folgendermaßen einsetzen:

4.55 Satz: *Gegeben sei ein Erneuerungsprozeß mit der Lebensdauerverteilung L sowie eine stückweise stetige Abbildung $g : R_+ \to R$ mit der Eigenschaft, daß für alle $s>0$ das Integral $\int exp\{-sx\}.|g(x)|\, dx$ endlich ist. Dann gilt:*

Eine stückweise stetige Abbildung $u : R_+ \to R$ genügt genau dann der Erneuerungsgleichung

$$u(t) = g(t) + \int_0^t u(t-x).f_L(x)\, dx \qquad\qquad (t>0)$$

falls für alle $s>0$

$$u^{\wedge}(s) = \frac{g^{\wedge}(s)}{1 - f^{\wedge}_L(s)}$$

ist. Beispielsweise gilt damit für die Laplace-Transformierte $h^{\wedge}_L$ der Erneuerungsdichte h_L bzw. die Laplace-Transformierte $H^{\wedge}_L$ der Erneuerungsfunktion H_L

$$h^{\wedge}_L(s) = \frac{f^{\wedge}_L(s)}{1 - f^{\wedge}_L(s)} \quad bzw. \quad H^{\wedge}_L(s) = \frac{f^{\wedge}_L(s)}{s.[1 - f^{\wedge}_L(s)]}$$

Obwohl eine Funktion g durch ihre Laplace-Transformierte $g^{\wedge}$ eindeutig bestimmt ist, bereitet die Berechnung von g aus $g^{\wedge}$ im konkreten Fall meist große Schwierigkeiten. Aus diesem Grund wurden eigene Tafeln angelegt, in denen die gängigsten Funktionen g zusammen mit ihren Laplace-Transformierten $g^{\wedge}$ aufgelistet sind. Tabelle 4.56 stellt einen kleinen Auszug aus diesen Tafeln dar.

[*)] Genauer: Für alle $t>0$ sind $G(t)$ bzw. $f*g(t)$ definiert durch $G(t) := \int_0^t g(x)\, dx$ bzw. $f*g(t) := \int_0^t f(t-x).g(x)\, dx$

4.56 Tafel: Einige Funktionen und ihre Laplace-Transformierten:

$g^\wedge(s)$	$g(t)$
s^{-1}	1
$[s+\alpha]^{-1}$	$exp\{-\alpha t\}$
$[s.(s+\alpha)]^{-1}$	$[1 - exp\{-\alpha t\}] \,/\, \alpha$
$[(s+\alpha)(s+\beta)]^{-1}$	$[exp\{-\alpha t\}-exp\{-\beta t\}] \,/\, (\beta-\alpha)$
$[s+\alpha]^{-2}$	$t.exp\{-\alpha t\}$
$[s^2+\alpha^2]^{-1}$	$sin(\alpha t) \,/\, \alpha$
$[(s+\beta)^2+\alpha^2]^{-1}$	$exp\{-\beta t\}.sin(\alpha t) \,/\, \alpha$
$[(s+\alpha)(s+\beta)(s+\gamma)]^{-1}$	$\dfrac{(\gamma-\beta).exp\{-\alpha t\} + (\alpha-\gamma).exp\{-\beta t\} + (\beta-\alpha).exp\{-\gamma t\}}{(\alpha-\beta)(\beta-\gamma)(\gamma-\alpha)}$
$[(s+\alpha)(s+\beta)^2]^{-1}$	$[exp\{-\alpha t\} - exp\{-\beta t\} - (\beta-\alpha).t.exp\{-\beta t\}] \,/\, (\beta-\alpha)^2$
$[(s+\alpha)(s^2+\beta^2)]^{-1}$	$[exp\{-\alpha t\} + \alpha.\beta^{-1}.sin(\beta t) - cos(\beta t)] \,/\, (\alpha^2+\beta^2)$
$[(s+\alpha)(s+\beta)^2+\gamma^2]^{-1}$	$\dfrac{exp\{-\alpha t\} - exp\{-\beta t\}.cos(\gamma t) + (\alpha-\beta).\gamma^{-1}.exp\{-\beta t\}.sin(\gamma t)}{(\beta-\alpha)^2+\gamma^2}$

Oft ist man nur am Verhalten von $H_L(t)$ bzw. $h_L(t)$ bzw. $P(\{V_t<z\})$ bzw. $P(\{P_t<z\})$ bzw. $P(\{R_t+V_t<z\})$ für $t\to\infty$ interessiert (beispielsweise dann, wenn man eine Aussage über einen Erneuerungsprozeß machen will, der vor sehr langer Zeit gestartet wurde). Dieses Grenzverhalten wird durch den folgenden Satz erschöpfend beschrieben.

4.57 Satz: *Gegeben sei ein Erneuerungsprozeß mit Lebensdauerverteilung L und endlicher mittlerer Lebensdauer μ. Dann gilt:*

1) *Elementares Erneuerungstheorem:*

$$\lim_{t\to 0} H_L(t)/t = 1/\mu$$

2) *Erneuerungstheorem von Blackwell: Für alle $u>0$ ist*

$$\lim_{t\to\infty} (H_L(t+u) - H_L(t)) = u/\mu$$

3) *Hauptsatz der Erneuerungstheorie: Ist die Abbildung $g : R_+ \to R$ stückweise stetig, nicht negativ, monoton nicht abnehmend und ist $\int g(x)\,dx < \infty$, so ist*

$$\lim_{t\to\infty} \int_0^t g(t-x).h_L(x)\,dx = \frac{1}{\mu}.\int_0^\infty g(x)\,dx$$

4) *Grenzverteilung der Rekurrenzzeiten: Für alle z>0 ist*

$$\lim_{t\to\infty} P(\{R_t<z\}) \;=\; \lim_{t\to\infty} P(\{V_t<z\}) \;=\; \frac{1}{\mu} \cdot \int_0^z (1 - F_L(x))\, dx$$

5) *Grenzverteilung der inspizierten Lebensdauer: Für alle z>0 ist*

$$\lim_{t\to\infty} P(\{R_t+V_t < z\}) \;=\; \frac{1}{\mu} \cdot [\, \int_0^z (1 - F_L(x))\, dx \;-\; z.(1 - F_L(z))]$$

Es folgen wieder einige Beispiele:

4.58 Beispiel (Einige weitere Fragen über Zählgeräte erster Art): *Wir betrachten wieder einen Strom von α-Teilchen, welche gemäß einem Poisson-Prozeß mit Parameter λ auf ein Zählgerät erster Art mit $E(\mu)$-verteilten Totzeiten auftreffen (und nehmen der Einfachheit halber an, daß sich unser Zählgerät zum Zeitpunkt $t=0$ gerade in einer Totzeit befindet). Man berechne*

1) *Die mittlere Anzahl der im Zeitintervall (s,t] registrierten Teilchen.*

2) *Die Verteilung der Länge V_t der Zeitspanne zwischen dem Zeitpunkt t und dem nächsten nach dem Zeitpunkt t (t nicht eingerechnet) registrierten Teilchen.*

3) *Die Grenzverteilung der Länge R_t+V_t der Zeitspanne zwischen dem letzten vor dem Zeitpunkt t (t eingerechnet) und dem ersten nach dem Zeitpunkt t (t nicht eingerechnet) registrierten Teilchen.*

Lösung: Aus unseren Ausführungen in Beispiel 4.31 geht hervor, daß die Zeitpunkte, zu denen Teilchen registriert werden, einen Erneuerungsprozeß mit $L = E(\lambda)*E(\mu)$ - verteilten Lebensdauern bilden. Bevor wir uns mit der Beantwortung der obigen Fragen beschäftigen, berechnen wir zuerst für alle x>0 bzw. alle s>0

$$f_L(x) = f_{E(\lambda)}*f_{E(\mu)}(x) = \int_0^x \lambda \exp\{-\lambda(x-y)\}.\mu \exp\{-\mu y\}dy = \frac{\lambda\mu}{\lambda-\mu}.[\exp\{-\mu x\} - \exp\{-\lambda x\}]$$

$$F_L(x) = \int_0^x f_L(y)\, dy = \int_0^x \frac{\lambda\mu}{\lambda-\mu}.[\exp\{-\mu y\} - \exp\{-\lambda y\}]\, dy = 1 - \frac{\lambda \exp\{-\mu x\}}{\lambda-\mu} - \frac{\mu \exp\{-\lambda x\}}{\mu-\lambda}$$

$$f^\wedge_L(s) = f^\wedge_{E(\lambda)}(s).f^\wedge_{E(\mu)}(s) = \int_0^\infty \exp\{-sx\}.\lambda \exp\{-\lambda x\}\, dx . \int_0^\infty \exp\{-sx\}.\mu \exp\{-\mu x\}\, dx =$$

$$= [\lambda/(s+\lambda)].[\mu/(s+\mu)]$$

$$\int_0^\infty x.f_L(x)\, dx = \int_0^\infty x. \frac{\lambda\mu}{\lambda-\mu}.[\exp\{-\mu x\} - \exp\{-\lambda x\}]\, dx = \frac{\lambda+\mu}{\lambda\mu}$$

1) Es bezeichne nun $h^\wedge_L$ die Laplace-Transformierte der Erneuerungsdichte h_L unseres Erneuerungsprozesses. Für alle s>0 gilt damit (vgl. Satz 4.55)

$$h^{\wedge}_L(s) = \frac{f^{\wedge}_L(s)}{1 - f^{\wedge}_L(s)} = \frac{[\lambda/(s+\lambda)].[\lambda/(s+\mu)]}{1 - [\lambda/(s+\lambda)].[\mu/(s+\mu)]} = \frac{\lambda\mu}{s(s+(\lambda+\mu))}$$

was für alle t>0 (vgl. Tafel 4.56)

$$h_L(t) = \frac{\lambda\mu}{\lambda+\mu}.[1 - \exp\{-(\lambda+\mu)t\}]$$

und damit

$$H_L(t) = \int_0^t h_L(x)\,dx = \frac{\lambda\mu}{(\lambda+\mu)^2}.[-1+(\lambda+\mu)t + \exp\{-(\lambda+\mu)t\}]$$

zur Folge hat. Für die mittlere Anzahl der im Zeitintervall (s,t] registrierten Teilchen ergibt sich somit

$$E(N_{(s,t]}) = E(N_{(0,t]}) - E(N_{(0,s]}) = H_L(t) - H_L(s) =$$

$$= \frac{\lambda\mu}{(\lambda+\mu)^2}.[(\lambda+\mu)(t-s) + \exp\{-(\lambda+\mu)t\} - \exp\{-(\lambda+\mu)s\}]$$

2) Unter Verwendung der Sätze 4.50 und 4.54 erhält man für alle z>0 und alle s>0

$$A^{\wedge}_z(s) = [\int_0^{\infty} \exp\{-sx\}.[\frac{\lambda.\exp\{-\mu(x+z)\}}{\lambda-\mu} + \frac{\mu.\exp\{-\lambda(x+z)\}}{\mu-\lambda}]\,dx]/[1 - \frac{\lambda}{s+\lambda}.\frac{\mu}{s+\mu}] =$$

$$= \frac{\lambda.\exp\{-\mu z\}}{\lambda-\mu}.[\frac{1}{s+\lambda+\mu} + \frac{\lambda}{s.[s+\lambda+\mu]}] + \frac{\mu.\exp\{-\lambda z\}}{\mu-\lambda}.[\frac{1}{s+\lambda+\mu} + \frac{\mu}{s.[s+\lambda+\mu]}]$$

was für alle t>0 wiederum (vgl. Tafel 4.56)

$$A_z(t) = \frac{\lambda.\exp\{-\mu z\}}{\lambda^2-\mu^2}.[\lambda+\mu.\exp\{-(\lambda+\mu)t\}] + \frac{\mu.\exp\{-\lambda z\}}{\mu^2-\lambda^2}.[\mu+\lambda.\exp\{-(\lambda+\mu)t\}]$$

und damit (vgl. Bemerkung 4.51)

$$P(\{V_t<z\}) = 1 - A_z(t) =$$

$$= 1 - \frac{\lambda.\exp\{-\mu z\}}{\lambda^2-\mu^2}.[\lambda+\mu.\exp\{-(\lambda+\mu)t\}] - \frac{\mu.\exp\{-\lambda z\}}{\mu^2-\lambda^2}.[\mu+\lambda.\exp\{-(\lambda+\mu)t\}]$$

zur Folge hat.

3) Aus Satz 4.57 folgt schließlich für alle z>0

$$\lim_{t\to\infty} P(\{R_t+V_t < z\}) = \frac{\lambda\mu}{\lambda+\mu}.[\int_0^z [\frac{\lambda.\exp\{-\mu x\}}{\lambda-\mu} + \frac{\mu.\exp\{-\lambda x\}}{\mu-\lambda}]\,dx -$$

$$- z.[\frac{\lambda.\exp\{-\mu z\}}{\lambda-\mu} + \frac{\mu.\exp\{-\lambda z\}}{\mu-\lambda}]] =$$

$$= 1 - \frac{\lambda^2.\exp\{-\mu z\}}{\lambda^2-\mu^2}.[1+\mu z] - \frac{\mu^2.\exp\{-\lambda z\}}{\mu^2-\lambda^2}.[1+\lambda z]$$

4.59 Beispiel (Eine optimale Ersatzstrategie): *Es kann vorteilhaft sein, Maschinen, Anlagen oder Bestandteile davon nicht erst bei ihrem Ausfall, sondern präventiv schon vorher zu ersetzen. Wir betrachten dazu das folgende Beispiel: Ein gewisser Bestandteil einer Anlage besitze eine $E(\alpha,3)$-verteilte Lebensdauer. Fällt dieser Bestandteil aus, so entsteht an der Anlage ein Schaden, dessen Behebung k_r Geldeinheiten kostet. Es wird vorgeschlagen, diesen Bestandteil alle T Zeiteinheiten auszutauschen, wobei eine derartige routinemäßige Wartung Kosten von k_w Geldeinheiten verursacht (k_w ist dabei in der Regel viel kleiner als k_r). Für welches T sind die dabei entstehenden mittleren Gesamtkosten (Wartungs- und Reparaturkosten) pro Zeiteinheit minimal?*

Lösung: Wir betrachten ein Zeitintervall der Länge T, das mit einer planmäßigen Erneuerung beginnt. In diesem Intervall ist die mittlere Anzahl von Reparaturkosten offenbar gleich $H_{E(\alpha,3)}(T)$, wobei $H_{E(\alpha,3)}$ die Erneuerungsfunktion eines Erneuerungsprozesses mit $E(\alpha,3)$-verteilten Lebensdauern bezeichnet. Außerdem erfolgt in diesem Zeitintervall genau eine Wartung. Pro Zeiteinheit fallen somit im Mittel Kosten in der Höhe von

$$K(T) = [k_w + k_r.H_{E(\alpha,3)}(T)].T^{-1}$$

Geldeinheiten an. Nun gilt aber für alle s>0

$$h^{\wedge}_{E(\alpha,3)}(s) = \frac{f^{\wedge}_{E(\alpha,3)}(s)}{1 - f^{\wedge}_{E(3,\alpha)}(s)} = \frac{[f^{\wedge}_{E(\alpha)}(s)]^3}{1 - [f^{\wedge}_{E(\alpha)}(s)]^3} = \frac{\alpha^3}{s[(s+3\alpha/2)^2 + (\sqrt{3}\alpha/2)^2]}$$

woraus man unter Berücksichtigung von Tafel 4.56 für alle t>0

$$h_{E(\alpha,3)}(t) = \frac{\alpha}{3}.[1 - \exp\{-3\alpha t/2\}.\cos(\sqrt{3}\alpha t/2) - \sqrt{3}.\exp\{-3\alpha t/2\}.\sin(\sqrt{3}\alpha t/2)]$$

und damit

$$H_{E(\alpha,3)}(t) = \int_0^t h(x)\,dx = \frac{-1+\alpha t}{3} + \frac{1}{3\sqrt{3}}.\exp\{-3\alpha t/2\}.[\sin(\sqrt{3}\alpha t/2) + \sqrt{3}\cos(\sqrt{3}\alpha t/2)]$$

erhält, woraus folgt, daß

$$K(T) = \{k_w + k_r.[\frac{-1+\alpha T}{3} + \frac{1}{3\sqrt{3}}.\exp\{-3\alpha T/2\}.[\sin(\sqrt{3}\alpha T/2) + \sqrt{3}\cos(\sqrt{3}\alpha T/2)]]\}.T^{-1}$$

ist. Unsere Aufgabe besteht nunmehr lediglich darin, T so zu bestimmen, daß K(T) minimal wird. Unter Verwendung der Abkürzung $x := \sqrt{3}\alpha T/2$ führt diese Extremwertaufgabe auf die transzendente Gleichung

$$\exp\{-\sqrt{3}x\}.\sin(x).(2\sqrt{3}x + 1) + \exp\{-\sqrt{3}x\}.\cos(x).(2x + \sqrt{3}) + 3\sqrt{3}k_w/k_r - \sqrt{3} = 0$$

welche nur numerisch gelöst werden kann. In Tabelle 4.2 sind für einige speziellen Werte von $p := k_w/k_r$ die zugehörigen Werte von $x := \sqrt{3}\alpha T/2$ aufgelistet. Betragen die Wartungskosten beispielsweise nur 10 % der Reparaturkosten und besitzen unsere Bestandteile eine mittlere Lebensdauer von 300 Stunden (damit ist $p = 0,1$ und $\alpha = 0,01$), so ist es am besten, die Anlage alle $T = 52,36$ Stunden zu warten. ✎

p	x	p	x	p	x
0,01	0,050867	0,11	0,498823	0,21	1,042788
0,02	0,098769	0,12	0,545119	0,22	1,113706
0,03	0,144786	0,13	0,592532	0,23	1,189991
0,04	0,189598	0,14	0,641269	0,24	1,272776
0,05	0,233678	0,15	0,691556	0,25	1,363566
0,06	0,277377	0,16	0,743642	0,26	1,464434
0,07	0,320979	0,17	0,797809	0,27	1,578353
0,08	0,364720	0,18	0,854384	0,28	1,709813
0,09	0,408812	0,19	0,913751	0,29	1,866082
0,10	0,453450	0,20	0,976366	0,30	2,060145

Tabelle 4.2: Zu $p := k_w/k_r$ gehörige Werte von $x := \sqrt{3}\alpha T/2$, für die $K(T)$ minimal ist.

4.60 Beispiel (Der Typ der zur Zeit t verwendeten Komponente): *Bei einer Maschine treten von Zeit zu Zeit Betriebsstörungen auf, zu deren Behebung die Maschine abgestellt werden muß. Es entsteht also eine abwechselnde Folge von* **Betriebszeiten** *und* **Instandsetzungszeiten** *(vgl. dazu Abb. 4.20). Wir wollen nun annehmen, daß*

* *die Betriebszeiten $X_0',X_1',...$ und die Instandsetzungszeiten $X_0'',X_1'',...$ vollständig unabhängig sind;*

* *für alle $n \in N_0$ die X_n' L'-verteilt und die X_n'' L''-verteilt sind, wobei wir voraussetzen, daß L' und L'' stetige W-Maße auf $\mathcal{B}$ mit $L'(R_+) = L''(R_+) = 1$ sind.*

Man bestimme die Wahrscheinlichkeit $Q(t)$ dafür, daß die Maschine zur Zeit t nicht arbeitet.

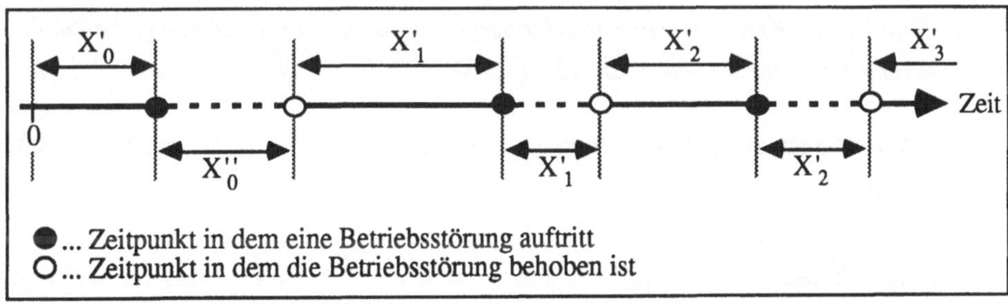

Abb. 4.20: Alternierender Erneuerungsprozeß, mit dem sich der Wechsel von Betriebszeiten und Instandsetzungszeiten beschreiben läßt.

Lösung: Das Ereignis "Zur Teit t arbeitet die Maschine" tritt offenbar genau dann ein, wenn entweder $X_0' \geq t$ ist oder wenn die n-te (mit $n \in N$) Instandsetzung der Maschine im Intervall

$[x,x+dx)$ mit $x<t$ beendet wurde und $X_n' \geq t-x$ ist. Damit gilt für alle $t>0$

$$Q(t) = 1 - P(\{\text{Zur Zeit t arbeitet die Maschine}\}) = 1 - P(\{X_0' \geq t\}) - $$

$$- \sum_{n=1}^{\infty} \int_0^t P(\{X_n' \geq t-x\}).P(\{((X_0'+X_0'')+...+(X_{n-1}'+X_{n-1}'')) \in [x,x+dx)\}) = $$

$$= F_{L'}(t) - \sum_{n=1}^{\infty} \int_0^t [1 - F_{L'}(t-x)].f_{(L'*L'')^{n*}}(x)\, dx = $$

$$= F_{L'}(t) - H_{L'*L''}(t) + \int_0^t F_{L'}(t-x).h_{L'*L''}(x)dx$$

wobei $H_{L'*L''}$ bzw. $h_{L'*L'}$ die Erneuerungsfunktion bzw. die Erneuerungsdichte eines Erneuerungsprozesses mit $L'*L''$-verteilten Lebensdauern bezeichnet. Geht man nun zu Laplace-Transformierten über, so folgt daraus unter Verwendung der Sätze 4.54 und 4.55 für alle $s>0$

$$Q^{\wedge}(s) = F^{\wedge}_{L'}(s) - H^{\wedge}_{L'*L'}(s) + F^{\wedge}_{L'}(s).h^{\wedge}_{L'*L'}(s) = $$

$$= \frac{f^{\wedge}_{L'}(s)}{s} - \frac{f^{\wedge}_{L'*L''}(s)}{s.[1 - f^{\wedge}_{L'*L''}(s)]} + \frac{f^{\wedge}_{L'}(s).f^{\wedge}_{L'*L''}(s)}{s.[1 - f^{\wedge}_{L'*L''}(s)]} = \frac{f^{\wedge}_{L'}(s) - f^{\wedge}_{L'}(s).f^{\wedge}_{L''}(s)}{s.[1 - f^{\wedge}_{L'}(s)f^{\wedge}_{L''}(s)]}$$

Ist beispielsweise $L' = E(\lambda)$ und $L'' = E(\mu)$, so ist

$$Q^{\wedge}(s) = \lambda.[s(s+(\lambda+\mu))]^{-1} \quad \text{und damit} \quad Q(t) = \lambda.[1 - \exp\{-(\lambda+\mu)t\}].[\lambda+\mu]^{-1} \qquad \blacklozenge$$

4.61 Beispiel (Ein Verkehrsproblem): *Wir betrachten eine Kreuzung einer Nebenstraße mit einer Hauptstraße. Die Zeitpunkte, in denen die auf der Hauptstraße verkehrenden Fahrzeuge diese Kreuzung passieren, kann in erster Näherung als Erneuerungsprozeß mit L-verteilten Lebensdauern (die hier die Bedeutung von "Lücken" erhalten) angesehen werden. Will ein auf der Nebenstraße verkehrendes Auto die Kreuzung überqueren, so benötigt es dazu eine Lücke, deren Länge mindestens α beträgt. Wie lange muß dieses Auto daher im Mittel an der Kreuzung warten? (Wartezeiten, die dadurch entstehen, daß die Zufahrt zur Kreuzung durch andere wartende Fahrzeuge verstellt ist, werden außer Acht gelassen.)*

Lösung: Wir nehmen an, daß unser Auto zur Zeit t (t sehr groß) die Kreuzung erreicht und bezeichnen mit

* W dessen Wartezeit;

* Z die Anzahl jener Fahrzeuge, die während der Wartezeit unseres Autos die Kreuzung passieren;

* $X_1',X_2',...$ die Länge der Lücken zwischen diesen Fahrzeugen (vgl. Abb. 4.21).

Für alle $n \in N$ gilt dann zunächst einmal

$$P(\{Z=n\}) = P(\{V_t<\alpha\} \cap \{X_1'<\alpha\} \cap ... \cap \{X_{n-1}'<\alpha\} \cap \{X_n' \geq \alpha\}) = $$

$$= P(\{V_t<\alpha\}).(F_L(\alpha))^{n-1}.[1 - F_L(\alpha)]$$

Unter Berücksichtigung von

$$E(V_t|\{Z=n\}) \quad = E(V_t|\{V_t<\alpha\})$$
$$E(X_1'|\{Z=n\}) \quad = E(X_1'|\{X_1'<\alpha\})$$
$$\dotfill$$
$$E(X_{n-1}'|\{Z=n\}) = E(X_{n-1}'|\{X_{n-1}'<\alpha\}) = E(X_1'|\{X_1'<\alpha\})$$

folgt daraus zusammen mit dem Satz von der totalen Wahrscheinlichkeit

$$E(W) = \sum_{n=1}^{\infty} E(W|\{Z=n\}).P(\{Z=n\}) = \sum_{n=1}^{\infty} E(V_t+X_1'+\dots+X_{n-1}'|\{Z=n\}).P(\{Z=n\}) =$$

$$= \sum_{n=1}^{\infty} [E(V_t|\{V_t<\alpha\})+E(X_1'|\{X_1'<\alpha\})+\dots+E(X_{n-1}'|\{X_{n-1}<\alpha\})].P(\{Z=n\}) =$$

$$= E(V_t|\{V_t<\alpha\}).P(\{V_t<\alpha\}) + E(X_1'|\{X_1'<\alpha\}).P(\{X_1'<\alpha\}).P(\{V_t<\alpha\})\times$$

$$\times\frac{1}{1 - F_L(\alpha)} = E(V_t.1_{\{V_t<\alpha\}}) + E(X_1'.1_{\{X_1'<\alpha\}}).P(\{V_t<\alpha\}). \frac{1}{1 - F_L(\alpha)} =$$

$$= \int_0^{\alpha} x.f_{V_t}(x)\,dx + [\int_0^{\alpha} x.f_L(x)\,dx].P(\{V_t<\alpha\}).\frac{1}{1 - F_L(\alpha)}$$

Für $t\to\infty$ erhalten wir damit unter Berücksichtigung von Satz 4.57 schließlich

$$E(W) = [\int_0^{\infty} x.f_L(x)\,dx]^{-1}.\{\ \int_0^{\alpha} x.[1-F_L(x)]\,dx + \int_0^{\alpha} x.f_L(x)\,dx.\ \int_0^{\alpha} [1-F_L(x)]\,dx.\frac{1}{1-F_L(\alpha)}\}$$

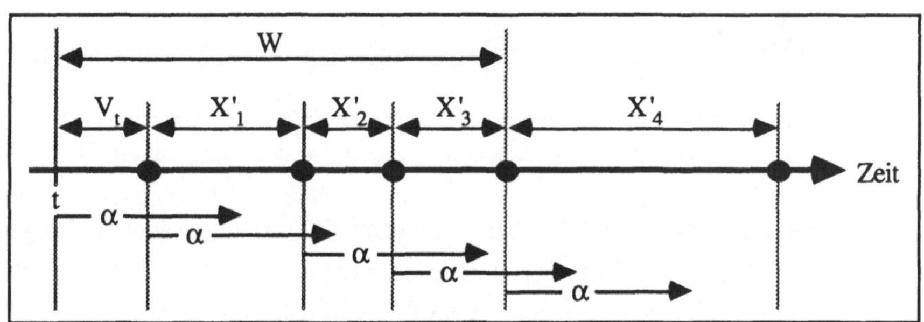

Abb. 4.21: Wartezeit auf eine Lücke der Länge α.

Ist speziell L eine "verschobene Exponentialverteilung", ist also

$$f_L(x) = \begin{cases} 0 & \text{für } x\leq\mu \\ \lambda.\exp\{-\lambda(x-\mu)\} & \text{für } x>\mu \end{cases}$$

mit $0<\mu<\alpha$ und $\lambda>0$ (eine derartige Verteilung für die Lücken zwischen zwei Fahrzeugen ist für ungeregelte Einbahnstraßen sehr realistisch), so ergibt sich damit (nach längerer aber elementarer Rechnung)

$$E(W) \; = \; \frac{\mu^2}{2(\mu+1/\lambda)} \; - \; [\alpha+1/\lambda] + [\mu+1/\lambda].\exp\{\lambda(\alpha-\mu)\}$$

4.62 Beispiel (Ein Problem aus der Biologie): *In der Biologie hat man es gelegentlich mit folgendem Problem zu tun: Wir betrachten eine Nervenzelle mit zwei Eingängen. Bei diesen Eingängen treffen unabhängig voneinander Impulse ein: Bei Eingang I bilden diese Impulse einen Erneuerungsprozeß mit Lebensdauerverteilung L' (alle mit diesem Prozeß verbundenen Größen kennzeichnen wir durch " ' "); bei Eingang II bilden diese Impulse einen Poisson-Prozeß mit Parameter α" (alle mit diesem Prozeß zusammenhängenden Größen kennzeichnen wir durch " " "). Die Nervenzelle sendet nun ihrerseits stets dann einen Impuls aus, wenn beim Eingang I ein Impuls eintrifft und seit dem zuletzt gesendeten Impuls beim Eingang II mindestens ein Impuls aufgetreten ist (vgl. Abb. 4.22).*
Wegen der Regenerationseigenschaft von Erneuerungsprozessen bzw. Poisson-Prozessen ist unmittelbar klar, daß die von der Nervenzelle ausgesendeten Impulse wieder einen Erneuerungsprozeß bilden. Man bestimme dessen Lebensdauerverteilung L.

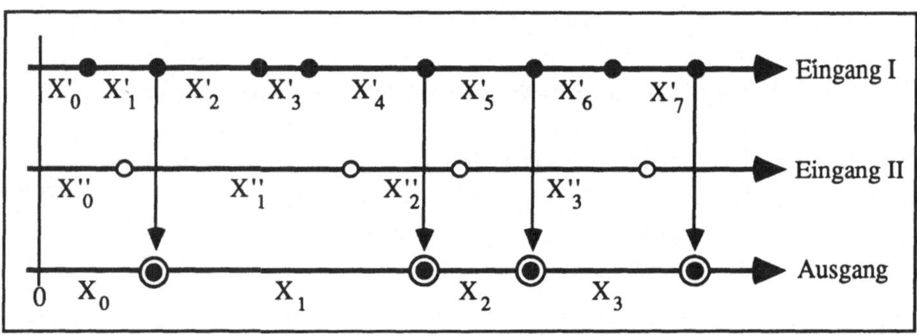

Abb. 4.22: Veranschaulichung der Arbeitsweise der Nervenzelle von 4.62

<u>Lösung:</u> Das Ereignis $\{X_0 \geq t\}$ tritt offenbar genau dann ein, wenn entweder am Eingang I im Intervall $(0,t)$ überhaupt kein Impuls auftritt oder am Eingang I ein erster Impuls im Intervall $[x,x+dx)$ mit $x<t$ auftritt, ohne daß am Eingang II im Intervall $(0,x]$ ein Impuls aufgetreten ist, und anschließend im Intervall (x,t) kein Impuls gesendet wird. Nun ist aber X_0' offenbar eine Stopzeit für den Poisson-Prozeß am Eingang II; unser gesamter Vorgang verhält sich somit vom Zeitpunkt X_0' an genauso, wie ein zum Zeitpunkt X_0' neu startender Vorgang. Damit gilt für alle $t>0$

$$F_L(t) \; = \; P(\{X_0<t\}) \; = \; 1 - P(\{X_0 \geq t\}) \; =$$

$$= \; 1 - [P(\{X_0' \geq t\}) + \int_0^t P(\{N''_{(0,x]}=0\} \cap \{N_{(x,t)}=0\}|\{X_0'=x\}).P(\{X_0' \in [x,x+dx)\})] \; =$$

$$= F_{L'}(t) - \int_0^t P(\{N''_{(0,x]}=0\}).[1 - P(\{X_0<t-x\})].P(\{X_0'\in[x,x+dx)\}) =$$

$$= F_{L'}(t) - \int_0^t \exp\{-\alpha''x\}.f_{L'}(x)\,dx + \int_0^t \exp\{-\alpha''x\}.F_L(t-x).f_{L'}(x)\,dx$$

Zusammen mit den Sätzen 4.54 und 4.55 folgt daraus aber für alle $s>0$

$$F^\wedge_L(s) = F^\wedge_{L'}(s) - F^\wedge_{L'}(s+\alpha'') + F^\wedge_L(s).f^\wedge_{L'}(s+\alpha'')$$

und damit

$$F^\wedge_L(s) = [F^\wedge_{L'}(s) - F^\wedge_{L'}(s+\alpha'')].[1 - f^\wedge_{L'}(s+\alpha'')]^{-1}$$

Ist speziell $L' = E(\alpha')$ (bilden also auch die bei Eingang I eintreffenden Impulse einen Poisson-Prozeß), so gilt für alle $s>0$

$$F^\wedge_L(s) = [\frac{\alpha'}{s.(s+\alpha')} - \frac{\alpha'}{s.(s+\alpha'+\alpha'')}]\,/\,[1 - \frac{\alpha'}{s+\alpha'+\alpha''}] = \frac{\alpha'\alpha''}{s(s+\alpha')(s+\alpha'')}$$

und damit

$$L = E(\alpha')*E(\alpha'') \qquad \text{\Large ✸}$$

4.63 Beispiel (Ein weiteres Erneuerungsproblem): *In einer Anlage wird eine recht stör-anfällige Komponente verwendet, die bei ihrem Ausfall stets sofort erneuert wird. Die Lebensdauern der verwendeten Komponenten sind mit der Wahrscheinlichkeit p $E(\alpha)$-verteilt und mit der Wahrscheinlichkeit $q:=1-p$ $E(\beta)$-verteilt. Man berechne die mittlere Anzahl der Erneuerungen im Intervall $(0,t]$ sowie die Grenzverteilung der Vorwärts-rekurrenzzeit V_t für $t\to\infty$.*

<u>Lösung:</u> Die Zeitpunkte, in denen diese störanfällige Komponente ausfällt, bilden offenbar einen Erneuerungsprozeß mit Lebensdauerverteilung

$$L = p.E(\alpha) + q.E(\beta)$$

Für alle $x>0$ bzw. alle $s>0$ gilt demnach (vgl. Satz 4.55)

$$f_L(x) = \alpha p.\exp\{-\alpha x\} + \beta q.\exp\{-\beta x\}$$

$$F_L(x) = 1 - p.\exp\{-\alpha x\} - q.\exp\{-\beta x\}$$

$$f^\wedge_L(s) = \frac{\alpha p}{s+\alpha} + \frac{\beta q}{s+\beta}$$

$$H^\wedge_L(s) = \frac{f^\wedge_L(s)}{s.[1-f^\wedge_L(s)]} = \frac{\alpha p+\beta q}{s.[s+\alpha q+\beta p]} + \frac{\alpha p}{s^2.[s+\alpha q+\beta p]}$$

woraus wir unter Berücksichtigung von Tafel 4.56 sowie Satz 4.57 für alle $t>0$ und alle $z>0$

$$E(N_{(0,t]}) = H_L(t) = \frac{(\alpha-\beta)^2 pq}{(\alpha q+\beta p)^2} \cdot [1 - \exp\{-(\alpha q+\beta p)t\}] + \frac{\alpha\beta}{\alpha q+\beta p} \cdot t$$

und

$$\lim_{t\to\infty} P(\{V_t < z\}) = \{\int_0^\infty x.[\alpha p.\exp\{-\alpha x\} + \beta q.\exp\{-\beta x\}]\,dx\}^{-1} \times$$

$$\times \int_0^z [p.\exp\{-\alpha x\} + q.\exp\{-\beta x\}]\,dx = 1 - \frac{\alpha q.\exp\{-\beta z\}}{\alpha q+\beta p} - \frac{\beta p.\exp\{-\alpha z\}}{\alpha q+\beta p}$$

erhalten.

4.6 Markov-Ketten

In der Praxis begegnet man häufig Systemen, die sich zu jedem Zeitpunkt $t \in T$ stets nur in einem einzigen Zustand $s \in S$ befinden können, bei denen sich dieser Zustand im Laufe der Zeit aber in zufälliger Weise ändern kann. Viele dieser Systeme besitzen außerdem die sogenannte **Markov-Eigenschaft**, welche besagt, daß bei bekanntem gegenwärtigen Verhalten das bisherige Verhalten des Systems keinen Einfluß auf das zukünftige Verhalten des Systems hat.

Beispiele für derartige Systeme mit Markov-Eigenschaft sind:

* Die Entwicklung des Kapitalstandes eines Glücksspielers, dessen Strategie nur vom jeweiligen Kapital, über das er gerade verfügt, abhängt. Der Zustand s (= "Höhe des Kapitals des Spielers") ändert sich dabei im Laufe der Zeit ($t \in N_0$ wird hier als "Zeitpunkt, in dem das t-te Spiel zu Ende ist" interpretiert) in zufälliger Weise gemäß der vom Spieler verwendeten Strategie und den Regeln des Glücksspiels.

* Die Entwicklung einer Population (etwa von Bakterien in einer Nährlösung). Der Zustand s (= "Anzahl der Individuen einer Generation") ändert sich dabei im Laufe der Zeit (also von Generation zu Generation; mit $t \in N_0$ werden die einzelnen Generationen gezählt - t hat somit nur indirekt etwas mit "Zeit" zu tun) in zufälliger Weise gemäß dem Fortpflanzungsverhalten der einzelnen Individuen.

* Die Brown'sche Bewegung eines Teilchens (etwa eines Rußpartikelchens in Öl). Der Zustand s (= "Ort des Teilchens") wird dabei durch Zusammenstöße des Teilchens mit Teilchen des umgebenden Mediums laufend zufällig verändert.

Wir wollen uns nur mit solchen Systemen befassen, die sowohl "zeitlich" als auch "räumlich" **diskret** sind, bei denen also der **Zeitraum T** gleich N_0 und der **Zustandsraum S** gleich einer (endlichen oder unendlichen) Teilmenge von Z ist. Derartige Systeme lassen sich offenbar durch eine Folge $Z_0, Z_1, Z_2, \ldots$ von diskreten Zufallsvariablen auf einem geeigneten W-Raum $(\Omega, \mathcal{A}, P)$ beschreiben; für jedes $t \in T$ gibt die Zufallsvariable Z_t dabei den zufälligen **Zustand** des Systems zum Zeitpunkt t an.

So gesehen läßt sich die Markov-Eigenschaft eines diskreten Systems dann folgendermaßen ausdrücken: Für alle $s, t \in N_0$ und alle $z_0, z_1, \ldots, z_t, z_{t+1}, z_{t+2}, \ldots, z_{t+s} \in S$ ist

$$P(\{Z_{t+1}=z_{t+1}\} \cap \{Z_{t+2}=z_{t+2}\} \cap \ldots \cap \{Z_{t+s}=z_{t+s}\} | \{Z_0=z_0\} \cap \{Z_1=z_1\} \cap \ldots \cap \{Z_t=z_t\}) =$$

$$= P(\{Z_{t+1}=z_{t+1}\} \cap \{Z_{t+2}=z_{t+2}\} \cap \ldots \cap \{Z_{t+s}=z_{t+s}\} | \{Z_t=z_t\})$$

Wir präzisieren nun und definieren:

4.64 Definition: *Sei S eine endliche oder unendliche Teilmenge von Z.*

*1) Ein stochastischer Prozeß $Z := Z_0, Z_1, Z_2, \ldots$ von Zufallsvariablen auf einem geeigneten W-Raum $(\Omega, \mathcal{A}, P)$ heißt **Markov-Kette** mit Zustandsraum S, wenn gilt:*

* *für alle $t \in N_0$ ist $P(\{Z_t \in S\}) = 1$*

* *für alle $t \in N_0$ und $z_0, z_1, \ldots, z_t, z_{t+1} \in S$ ist*

  $$P(\{Z_{t+1}=z_{t+1}\} | \{Z_0=z_0\} \cap \{Z_1=z_1\} \cap \ldots \cap \{Z_t=z_t\}) = P(\{Z_{t+1}=z_{t+1}\} | \{Z_t=z_t\})$$

2) Sei $Z := Z_1, Z_2, \ldots$ eine Markov-Kette. Für alle $t \in N_0$ heißt der (die Verteilung von Z_t beschreibende) Zeilenvektor

$$p(t) := (p_j(t))_{j \in S} = (P(\{Z_t=j\}))_{j \in S}$$

***Zustandsvektor von Z zum Zeitpunkt t**; für alle $s, t \in N_0$ mit $s < t$ heißt die (die bedingte Verteilung von Z_t unter $\{Z_s = . \}$ beschreibende) Matrix*

$$P(s,t) := (p_{ij}(s,t))_{i,j \in S} = (P(\{Z_t=j\} | \{Z_s=i\}))_{i,j \in S}$$

***Übergangsmatrix von Z vom Zeitpunkt s zum Zeitpunkt t**.*

Aus dem Multiplikationssatz folgt nun unmittelbar

4.65 Bemerkung: *Ist $Z := Z_1, Z_2, \ldots$ eine Markov-Kette mit Zustandsraum S, so gilt für alle $s, t \in N_0$ und alle $z_0, z_1, \ldots, z_t, z_{t+1}, \ldots, z_{t+s} \in S$*

$$P(\{Z_{t+1}=z_{t+1}\} \cap \{Z_{t+2}=z_{t+2}\} \cap \ldots \cap \{Z_{t+s}=z_{t+s}\} | \{Z_0=z_0\} \cap \{Z_1=z_1\} \cap \ldots \cap \{Z_t=z_t\}) =$$

$$= P(\{Z_{t+1}=z_{t+1}\} \cap \{Z_{t+2}=z_{t+2}\} \cap \ldots \cap \{Z_{t+s}=z_{t+s}\} | \{Z_t=z_t\})$$

und

$$P(\{Z_0=z_0\} \cap \{Z_1=z_1\} \cap \ldots \cap \{Z_t=z_t\}) = p_{z_0}(0) \cdot p_{z_0 z_1}(0,1) \ldots p_{z_{t-1} z_t}(t-1,t)$$

*Eine Markov-Kette besitzt somit tatsächlich die eingangs erwähnte Markov-Eigenschaft. Durch ihren **Anfangs-Zustandsvektor** p(0) und ihre **Einschritt-Übergangsmatrizen** P(0,1),P(1,2),... sind alle endlich-dimensionalen Verteilungen $P_{Z_0,Z_1,...,Z_t}$ und somit das stochastische Verhalten der gesamten Markov-Kette Z vollständig bestimmt.*

In der Praxis ist es nun aber nicht! so, daß man von einer Markov-Kette ausgeht und deren Zustandsvektoren bzw. deren Übergangsmatrizen berechnet. Man hat es dort vielmehr mit einem System zu tun, von dem man annehmen kann, daß es die Markov-Eigenschaft besitzt und von dem man den Anfangs-Zustandsvektor $p(0)$ und die Einschritt-Übergangsmatrizen $P(0,1),P(1,2),...$ kennt. Aufgrund des sehr tiefliegenden Satzes von Ionescu Tulcea (vgl. dazu etwa [23]) kann man behaupten, daß es dann stets eine Markov-Kette Z auf einem geeigneten W-Raum $(\Omega,\mathcal{A},P)$ gibt, mit der das zufällige Verhalten des gegebenen Systems beschrieben werden kann.

Die von uns verwendete Matrix-Schreibweise erweist sich als besonders übersichtlich und einprägsam. Aus dem Satz von der totalen Wahrscheinlichkeit folgt beispielsweise

4.66 Bemerkung: *Zwischen den einzelnen Zustandsvektoren bzw. den einzelnen Übergangsmatrizen bestehen folgende Beziehungen:*
1) *Für alle $s,t \in N_0$ mit $s<t$ gilt*

$$p(t) = p(s).P(s,t)$$

2) *Gleichung von Chapman-Kolmogorov: Für alle $s,t,r \in N_0$ mit $s<t<r$ gilt*

$$P(s,r) = P(s,t).P(t,r)$$

Wir wollen uns im weiteren nur mehr mit sogenannten homogenen Markov-Ketten befassen und definieren dazu:

4.67 Definition:
1) *Eine Markov-Kette $Z := Z_1,Z_2,...$ mit Zustandsraum S heißt **homogen**, wenn für alle $s,t \in N_0$ und alle $i,j \in S$ gilt*

$$P(\{Z_{s+1}=j\}/\{Z_s=i\}) = P(\{Z_{t+1}=j\}/\{Z_t=i\})$$

2) *Ist $Z := Z_1,Z_2,...$ eine homogene Markov-Kette, so heißt die (von $t \in N_0$ natürlich unabhängige) Matrix*

$$P := (p_{ij})_{i,j \in S} = (P(\{Z_{t+1}=j\}/\{Z_t=i\}))_{i,j \in S} = P(t,t+1)$$

*die (Einschritt-) **Übergangsmatrix** von Z.*

Aus den Bemerkungen 4.65 und 4.66 folgt unmittelbar

4.68 Bemerkung: *Ist $Z := Z_1, Z_2, \ldots$ eine homogene Markov-Kette mit Zustandsraum S, Anfangszustandsvektor $p(0) = (p_j)_{j \in S}$ und Übergangsmatrix $P = (p_{ij})_{i,j \in S}$, so gilt:*

1) Für alle $t \in N_0$ ist

$$p(t) = p(t-1) \cdot P = p(t-2) . P^2 = \ldots = p(0) . P^t$$

2) Für alle $s, t \in N_0$ mit $s < t$ ist

$$P(s,t) = P . P(s+1,t) = P^2 . P(s+2,t) = \ldots = P^{t-s}$$

3) Für alle $t \in N_0$ und alle $z_0, z_1, \ldots, z_t \in S$ ist

$$P(\{Z_0 = z_0\} \cap \{Z_1 = z_1\} \cap \ldots \cap \{Z_t = z_t\}) = p_{z_0} . p_{z_0 z_1} \cdots p_{z_{t-1} z_t}$$

Bevor wir uns weiter mit der Theorie der Markov-Ketten befassen, führen wir einige typische Beispiele für Markov-Ketten an, geben deren Anfangszustandsvektor $p(0)$ und deren Übergangsmatrix P an und erwähnen, welche Fragestellungen in diesem Zusammenhang von Interesse sein könnten (gelöst werden diese Fragen dann in Abschnitt 4.7):

4.69 Eindimensionale Irrfahrt:[*] *Ein Teilchen durchwandert nach folgenden Regeln die ganzen Zahlen Z:*

* *Falls sich das Teilchen zum Zeitpunkt $t \in N_0$ im Punkt $z \in Z$ befindet, so hüpft es während des folgenden Zeitintervalls $(t, t+1)$ mit der Wahrscheinlichkeit p $(0 < p < 1)$ um eins nach rechts und mit der Wahrscheinlichkeit $q := 1-p$ um eins nach links, befindet sich also zum Zeitpunkt $t+1$ mit der Wahrscheinlichkeit p im Punkt $z+1$ und mit der Wahrscheinlichkeit q im Punkt $z-1$.*

* *Das Teilchen startet mit seiner Wanderung im Ursprung, befindet sich also zum Zeitpunkt $t=0$ im Punkt $z=0$.*

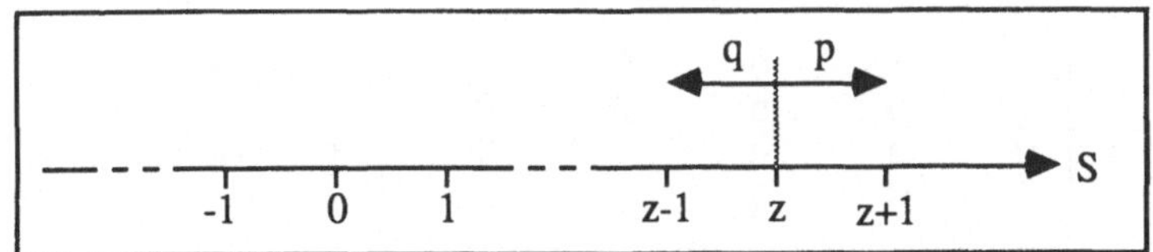

Abb. 4.23: Geometrische Veranschaulichung der eindimensionalen Irrfahrt.

Bei der eindimensionalen Irrfahrt handelt es sich um eine homogene Markov-Kette mit Zustandsraum $S = Z$, Anfangszustandsvektor $p(0) = (\ldots, 0, 1, 0, \ldots)$ und Übergangsmatrix

---

[*] Man beachte, daß ein Bernoulli-Prozeß mit Parameter p und die hier beschriebene eindimensionale Irrfahrt äquivalente Modelle eines und desselben stochastischen Systems sind.

$$
P = \begin{pmatrix}
\cdots & q & 0 & p & 0 & 0\cdots \\
\cdots & 0 & q & 0 & p & 0\cdots \\
\cdots & 0 & 0 & q & 0 & p\cdots
\end{pmatrix}
\begin{matrix}
\leftarrow i = -1 \\
\leftarrow i = 0 \\
\leftarrow i = 1
\end{matrix}
$$

$$
\begin{matrix}
\uparrow & \uparrow & \uparrow & \uparrow & \uparrow \\
j=-2 & j=-1 & j=0 & j=1 & j=2
\end{matrix}
$$

<u>Interessante Fragestellungen:</u>

* Wie groß ist die Wahrscheinlichkeit dafür, daß das Teilchen wieder in den Ursprung zurückkehrt und wie lange braucht es dazu im Mittel (vgl. dazu Beispiel 2.43).

* Wie lange dauert es im Mittel, bis das Teilchen erstmals den Punkt z erreicht?

4.70 Eindimensionale Irrfahrt mit reflektierenden Barrieren: *Ein Teilchen durchwandert die ganzen Zahlen Z gemäß einer eindimensionalen Irrfahrt, wobei sich nun aber in den Punkten a∈Z mit a<0 bzw. b∈Z mit b>0 reflektierende Barrieren befinden können, an denen das Teilchen (gleich einem Ping-Pong-Ball) reflektiert wird.*

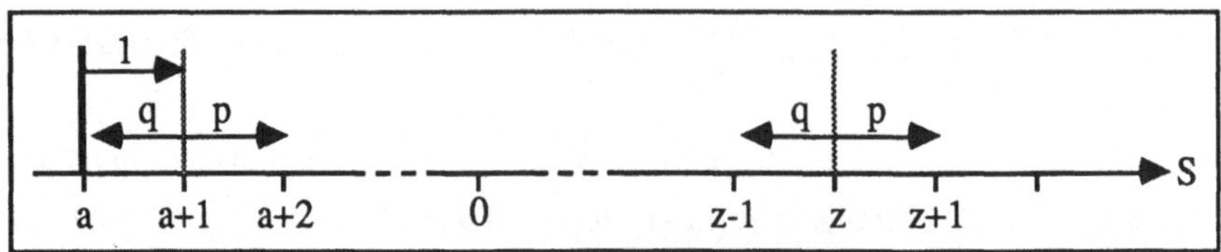

Abb.4.24: Geometrische Veranschaulichung der eindimensionalen Irrfahrt mit einer reflektierenden Barriere im Punkt a∈ Z mit a<0.

Bei der eindimensionalen Irrfahrt mit einer reflektierenden Barriere im Punkt a∈ Z mit a<0 handelt es sich um eine homogene Markov-Kette mit Zustandsraum S = {a,a+1,...}, Anfangszustandsvektor $p(0) = (0,...,0,1,0,...)$ und Übergangsmatrix

$$
P = \begin{pmatrix}
0 & 1 & 0 & 0 & 0 & \cdots \\
q & 0 & p & 0 & 0 & \cdots \\
0 & q & 0 & p & 0 & \cdots \\
0 & 0 & q & 0 & p & \cdots
\end{pmatrix}
\begin{matrix}
\leftarrow i = a \\
\leftarrow i = a+1 \\
\leftarrow i = a+2 \\
\leftarrow i = a+3
\end{matrix}
$$

$$
\begin{matrix}
\uparrow & \uparrow & \uparrow & \uparrow & \uparrow \\
j=a & j=a+1 & j=a+2 & j=a+3 & j=a+4
\end{matrix}
$$

<u>Interessante Fragestellungen:</u>

* Konvergieren die Zustandsvektoren $p(t)$ für t→∞ und wenn ja, wann hängt dieser Limes vom Anfangszustandsvektor $p(0)$ nicht ab?

* Gibt es einen **Gleichgewichtszustand**, also einen Vektor $\pi = (\pi_j)_{j \in S}$ mit den Eigenschaften $\sum_{j \in S} \pi_j \cdot p_{jk} = \pi_k$ für alle k∈ S und $\sum_{j \in S} \pi_j = 1$, und wenn ja, wann ist π durch

diese beiden Eigenschaften eindeutig bestimmt? (Verwendet man π als Anfangs-zustandsvektor, so stimmen alle Zustandsvektoren $p(t)$ mit π überein - das System befindet sich also im Gleichgewicht).

4.71 Eindimensionale Irrfahrt mit absorbierenden Barrieren: *Ein Teilchen durchwandert die ganzen Zahlen Z gemäß einer eindimensionalen Irrfahrt, wobei sich nun aber in den Punkten $a \in Z$ mit $a<0$ und $b \in Z$ mit $b>0$ absorbierende Barrieren befinden können, in denen das Teilchen absorbiert wird und für immer dort bleibt.*

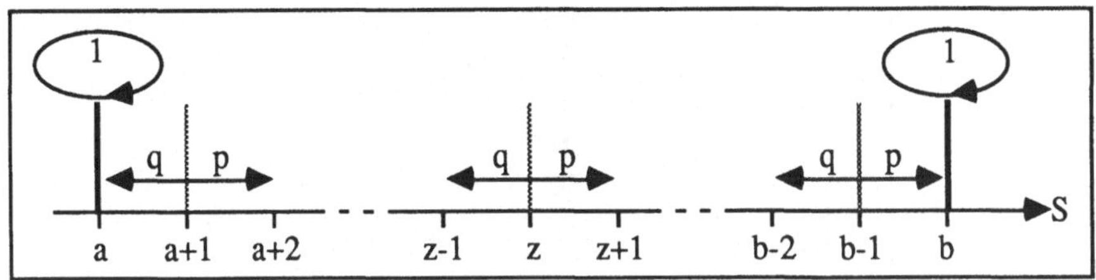

Abb. 4.25: Geometrische Veranschaulichung der eindimensionalen Irrfahrt mit zwei
absorbierenden Barrieren in den Punkten $a \in Z$ und $b \in Z$ mit $a<0<b$

Bei der eindimensionalen Irrfahrt mit zwei absorbierenden Barrieren in den Punkten $a \in Z$ und $b \in Z$ mit $a<0<b$ handelt es sich um eine homogene Markov-Kette mit endlichem Zustandsraum $S = \{a,a+1,...,b-1,b\}$, Anfangszustandsvektor $p(0) = (0,...,0,1,0,...,0)$ und Übergangsmatrix

$$P = \begin{pmatrix} 1 & 0 & 0 & ... & 0 & 0 & 0 \\ q & 0 & p & ... & 0 & 0 & 0 \\ \multicolumn{7}{c}{..} \\ 0 & 0 & 0 & q & 0 & p \\ 0 & 0 & 0 & ... & 0 & 0 & 1 \end{pmatrix} \begin{matrix} \leftarrow i=a \\ \leftarrow i=a+1 \\ \\ \leftarrow i=b-1 \\ \leftarrow i=b \end{matrix}$$

$$\begin{matrix} \uparrow & \uparrow & \uparrow & \uparrow & \uparrow & \uparrow \\ j=a & j=a+1 & j=a+2 & j=b-2 & j=b-1 & j=b \end{matrix}$$

<u>Interessante Fragestellungen:</u> (Man vergleiche dazu die Beispiele 3.10 bzw. 3.14)

* Mit welcher Wahrscheinlichkeit wird das Teilchen im Punkt a absorbiert?

* Wie lange dauert es im Mittel, bis das Teilchen überhaupt absorbiert wird?

4.72 Zweidimensionale Irrfahrt:[*)] *Ein Teilchen durchwandert nach folgenden Regeln das Gitter Z^2:*

* *Falls sich das Teilchen zum Zeitpunkt $t \in N_0$ im Punkt $z=(\xi,\eta) \in Z^2$ befindet, so hüpft es während des folgenden Zeitintervalls $(t,t+1)$ mit der Wahrscheinlichkeit p_i $(0<p_i<1$*

[*)] Analog dazu läßt sich auch eine **mehrdimensionale Irrfahrt**, also eine zufällige Wanderung eines Teilchens durch das Gitter Z^d definieren.

und $p_1+p_2+p_3+p_4=1$) zum i-ten der vier unmittelbaren Nachbarpunkte von z, befindet sich also zum Zeitpunkt t+1 mit den Wahrscheinlichkeiten p_1 bzw. p_2 bzw. p_3 bzw. p_4 in den Punkten $(\xi+1,\eta)$ bzw. $(\xi-1,\eta)$ bzw. $(\xi,\eta+1)$ bzw. $(\xi,\eta-1)$.

* *Das Teilchen startet mit seiner Wanderung im Ursprung, befindet sich also zum Zeitpunkt t=0 im Punkt z=(0,0).*

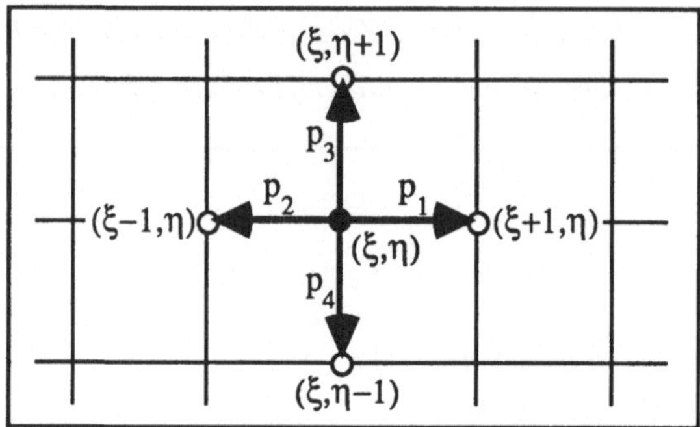

Abb. 2.26: Geometrische Veranschaulichung der zweidimensionalen Irrfahrt.

Bei der zweidimensionalen Irrfahrt handelt es sich um eine homogene Markov-Kette[*] mit Zustandsraum $S = \mathbf{Z}^2$, Anfangszustandsvektor

$$\mathbf{p}(0) = (p_{(\xi,\eta)})_{(\xi,\eta)\in S} \quad \text{mit} \quad p_{(\xi,\eta)} = \begin{cases} 1 & \text{für } (\xi,\eta) = (0,0) \\ 0 & \text{sonst} \end{cases}$$

und Übergangsmatrix

$$\mathbf{P} = (p_{(\xi,\eta),(\rho,\sigma)})_{(\xi,\eta),(\rho,\sigma)\in S} \quad \text{mit} \quad p_{(\xi,\eta),(\rho,\sigma)} = \begin{cases} p_1 & \text{für } \rho=\xi+1 \text{ und } \sigma=\eta \\ p_2 & \text{für } \rho=\xi-1 \text{ und } \sigma=\eta \\ p_3 & \text{für } \rho=\xi \text{ und } \sigma=\eta+1 \\ p_4 & \text{für } \rho=\xi \text{ und } \sigma=\eta-1 \\ 0 & \text{sonst} \end{cases}$$

Interessante Fragestellungen:

* Wie oft kehrt das Teilchen im Mittel in den Ursprung zurück?

* Wie lange dauert es im Mittel, bis das Teilchen erstmals die Teilmenge $A \subset \mathbf{Z}^2$ trifft?

4.73 Ehrenfest'sches Urnenmodell: *Gegeben seien zwei Urnen I und II. Zu Beginn des Experiments befinden sich in Urne I k und in Urne II N-k Kugeln. Es wird nun laufend eine der insgesamt N Kugeln zufällig ausgewählt und in die jeweils andere Urne gelegt (vgl. dazu auch Beispiel 3.6).*

---

[*] Streng genommen sollte der Zustandsraum S einer Markov-Kette eine Teilmenge von $\mathbf{Z}$ sein. Dies läßt sich auch in unserem Fall erreichen, wenn man die Elemente aus $\mathbf{Z}^2$ in geeigneter Weise numeriert ($\mathbf{Z}^2$ und $\mathbf{N}$ sind ja bekanntlich zueinander bijektiv) und als Zustandsraum einfach die Menge der dabei vorkommenden Indizes - also $\mathbf{N}$ - verwendet.

Beim Ehrenfest'schen Urnenmodell handelt es sich um eine homogene Markov-Kette mit Zustandsraum S={0,1,...,N} (der Zustand i∈ S bedeutet dabei, daß sich in Urne I i und in Urne II damit N-i Kugeln befinden), Anfangszustandsvektor $\mathbf{p}(0) = (0,...,0,1,0,...,0)$ und Übergangsmatrix

$$P = \begin{pmatrix} 0 & 1 & 0 & 0 & ... & 0 & 0 & 0 \\ 1/N & 0 & (N-1)/N & 0 & ... & 0 & 0 & 0 \\ 0 & 2/N & 0 & (N-2)/N & ... & 0 & 0 & 0 \\ 0 & 0 & 3/N & 0 & ... & 0 & 0 & 0 \\ \hdashline 0 & 0 & 0 & 0 & ... & 0 & 2/N & 0 \\ 0 & 0 & 0 & 0 & ... & (N-1)/N & 0 & 1/N \\ 0 & 0 & 0 & 0 & ... & 0 & 1 & 0 \end{pmatrix} \begin{matrix} \leftarrow i=0 \\ \leftarrow i=1 \\ \leftarrow i=2 \\ \leftarrow i=3 \\ \\ \leftarrow i=N-2 \\ \leftarrow i=N-1 \\ \leftarrow i=N \end{matrix}$$

$$\begin{matrix} \uparrow & \uparrow & \uparrow & \uparrow & \uparrow & \uparrow & \uparrow \\ j=0 & j=1 & j=2 & j=3 & j=N-2 & j=N-1 & j=N \end{matrix}$$

<u>Interessante Fragestellungen:</u>

* Gibt es einen Gleichgewichtszustand und wenn ja, wie lautet er?

* Ist sicher, daß der Ausgangszustand in endlicher Zeit wieder erreicht wird und wenn ja, wie ist dies mit der bekannten Tatsache der statistischen Mechanik, wonach ein derartiges stochastisches System stets in irreversibler Weise einem Gleichgewicht zustrebt, verträglich?

* Wie lange dauert es im Mittel, bis der Ausgangszustand wieder erreicht wird?

4.74 Galton'scher Verzweigungsprozeß: *Gegeben sei eine Population, bei der die Individuen der t-ten Generation unabhängig voneinander mit den Wahrscheinlichkeiten $\alpha_0,\alpha_1,\alpha_2,...$ null, ein, zwei,... Nachkommen besitzen. Die Gesamtheit der Nachkommen von Individuen der t-ten Generation bilden die t+1-te Generation. Ursprünglich (also in der 0-ten Generation) ist nur ein einziges Individuum vorhanden (vgl. dazu Beispiel 3.43).*

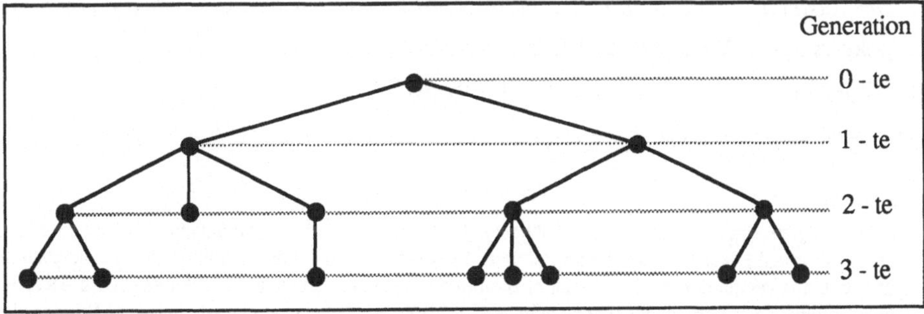

Abb. 4.27: Geometrische Veranschaulichung des Galton'schen Verzweigungsprozesses

Beim Galton'schen Verzweigungsprozeß handelt es sich um eine homogene Markov-Kette mit Zustandsraum $S = N_0$ (die "Zeiten" entsprechen dabei den Nummern der Generationen; der Zustand $i \in S$ bedeutet, daß sich in dieser Generation i Individuen befinden), Anfangszustandsvektor $p(0) = (0,1,0,\ldots)$ und Übergangsmatrix

$$P = (p_{ij})_{i,j \in N_0} \quad \text{mit } p_{ij} = \begin{cases} 1 & \text{für } i=0 \text{ und } j=0 \\ 0 & \text{für } i=0 \text{ und } j \neq 0 \\ \displaystyle\sum_{\substack{k_1, k_2, \ldots, k_i \in S \\ k_1 + k_2 + \ldots + k_i = j}} \alpha_{k_1} \cdot \alpha_{k_2} \ldots \alpha_{k_i} & \text{sonst} \end{cases}$$

<u>Interessante Fragestellung:</u>

* Mit welcher Wahrscheinlichkeit stirbt die Population aus?

Wir wollen nun die wichtigsten Begriffe und Ergebnisse über homogene Markov-Ketten $Z := Z_0, Z_1, \ldots$ mit Zustandsraum S und Übergangsmatrix $P = (p_{ij})_{i,j \in S}$ zusammenstellen und beginnen mit einer für unsere weiteren Ausführungen zentralen

4.75 Definition:

1) *Für jede Menge $A \subseteq S$ heißt die Abbildung[*]*

$$T_A : \Omega \to R \cup \{\infty\} \quad \text{mit } T_A(\omega) := \min\{t \in N \mid Z_t(\omega) \in A\}$$

*die **Trefferzeit** der Menge A.*

2) *Für jede Menge $A \subseteq S$ heißt die Abbildung[*]*

$$B_A : \Omega \to R \cup \{\infty\} \quad \text{mit } B_A(\omega) := |\{t \in N \mid Z_t(\omega) \in A\}|$$

*die **Anzahl der Besuche** der Menge A.*

4.76 Bezeichnung:

1) *Für alle $n \in N_0$ bezeichnen wir die Elemente der Matrix P^n mit $p_{ij}^{(n)}$. Es gilt also:*

$$P^0 = (p_{ij}^{(0)})_{i,j \in S} = E; \quad P^1 = P = (p_{ij})_{i,j \in S}; \quad \ldots; \quad P^n = (p_{ij}^{(n)})_{i,j \in S}.$$

2) *Der Zustand $j \in S$ heißt vom Zustand $i \in S$ aus **erreichbar** (wir schreiben dafür $i \to j$), wenn es ein $n \in N$ mit $p_{ij}^{(n)} > 0$ gibt.*

3) *Für je zwei Zustände $i, j \in S$ und alle $n \in N$ bezeichne*

$$f_{ij}^{(n)} := P(\{T_{\{j\}} = n\} / \{Z_0 = i\})$$

---

[*] Sowohl T_A als auch B_A können sehr wohl auch den Wert ∞ annehmen - dann nämlich, wenn die Menge $\{t \in N \mid Z_t(\omega) \in A\}$ leer ist bzw. unendlich viele Elemente besitzt - sind also nicht Zufallsvariablen in dem von uns verstandenen Sinn. Es ist aber sinnvoll, auch bei derartige Abbildungen $X : \Omega \to R \cup \{\infty\}$ vom Ereignis $\{X \in B\}$ bzw. der Wahrscheinlichkeit $P(\{X \in B\})$ bzw. vom Erwartungswert $E(X)$ zu reden, wobei man allerdings folgende "Regeln für das Rechnen mit dem Wert ∞" beachten muß:

$$a + \infty = \infty + a = \infty \text{ für alle } a \in R; \quad a \cdot \infty = \infty \cdot a = \begin{cases} \infty & \text{für } a > 0 \\ 0 & \text{für } a = 0; \\ -\infty & \text{für } a < 0 \end{cases} \quad a/\infty = 0 \text{ für alle von 0 verschiedenen } a \in R.$$

($f_{ij}^{(n)}$ gibt somit die Wahrscheinlichkeit dafür an, ausgehend vom Zustand i nach n Schritten erstmals den Zustand j zu treffen.)

4) *Für je zwei Zustände $i,j \in S$ bezeichne*

$$f_{ij} := P(\{T_{\{j\}} < \infty\}/\{Z_0=i\}) = \sum_{n=1}^{\infty} f_{ij}^{(n)}$$

(f_{ij} gibt somit die Wahrscheinlichkeit dafür an, ausgehend vom Zustand i den Zustand j überhaupt zu treffen; $f_{ij}<1$ bedeutet demnach, daß eine positive Wahrscheinlichkeit dafür besteht, ausgehend vom Zustand i den Zustand j in endlicher Zeit nie zu treffen.)

5) *Für jeden Zustand $i \in S$ mit $f_{ij}=1$ bezeichne*

$$\mu_i := E(T_{\{i\}}/\{Z_0=i\}) = \sum_{n=1}^{\infty} n.f_{ij}^{(n)}$$

*(μ_i gibt somit an, wie lange es im Mittel dauert, bis man ausgehend vom Zustand i erstmals wieder in diesen Ausgangszustand i zurückkehrt; μ_i heißt deshalb auch **mittlere Rückkehrzeit** des Zustandes i. Man beachte, daß μ_i auch ∞ sein kann!)*

6) *Für je zwei Zustände $i,j \in S$ und alle $m \in N_0$ bezeichne*

$$g_{ij}^{(m)} := P(\{B_{\{j\}}=m\}/\{Z_0=i\})$$

($g_{ij}^{(m)}$ gibt somit die Wahrscheinlichkeit dafür an, ausgehend vom Zustand i den Zustand j m mal zu besuchen.)

7) *Für je zwei Zustände $i,j \in S$ bezeichne*

$$g_{ij} := P(\{B_{\{j\}} < \infty\}/\{Z_0=i\}) = \sum_{m=0}^{\infty} g_{ij}^{(m)}$$

(g_{ij} gibt somit die Wahrscheinlichkeit dafür an, ausgehend vom Zustand i den Zustand j nur endlich oft zu besuchen; $g_{ij}<1$ bedeutet demnach, daß eine positive Wahrscheinlichkeit dafür besteht, ausgehend vom Zustand i den Zustand j immer wieder zu besuchen.)

8) *Für je zwei Zustände $i,j \in S$ mit $g_{ij}=1$ bezeichne*

$$\gamma_{ij} := E(B_{\{j\}}/\{Z_0=i\}) = \sum_{m=0}^{\infty} m.g_{ij}^{(m)}$$

(γ_{ij} gibt somit an, wie oft der Zustand j im Mittel besucht wird, falls im Zustand i gestartet wird. Man beachte, daß γ_{ij} auch ∞ sein kann!)

Im folgenden Satz stellen wir die wichtigsten Beziehungen zwischen diesen Größen zusammen. Zentral für den Beweis der von uns angeführten Formeln ist dabei die Tatsache, daß die Trefferzeiten $T_{\{j\}}$ stets Stopzeiten für unsere Markov-Kette sind, also (zufällige) Zeitpunkte, von denen an sich unsere Markov-Kette ebenso verhält, wie eine im Zustand j neu gestartete Markov-Kette mit derselben Übergangsmatrix P (vgl. dazu etwa [23], [36], [22] und [42]).

4.77 Satz:

1) *Für alle $i,j \in S$ und alle $n \in N$ gilt*

$$f_{ij}^{(n)} = \sum_{i_1,i_2,\dots,i_{n-1} \in S-\{j\}} p_{i\,i_1} \cdot p_{i_1 i_2} \cdots p_{i_{n-1} j}$$

2) ***First-Entrance Theorem:*** *Für alle $i,j \in S$ und alle $n \in N$ gilt:*

$$p_{ij}^{(n)} = \sum_{k=1}^{n} f_{ij}^{(k)} \cdot p_{jj}^{(n-k)}$$

$$f_{ij}^{(n)} = \sum_{\substack{l \in S \\ l \neq j}} p_{il} \cdot f_{lj}^{(n-1)} \qquad (mit\, f_{ij}^{(0)} := \delta_{ij})$$

$$f_{ij} = p_{ij} + \sum_{\substack{l \in S \\ l \neq j}} p_{il} \cdot f_{lj}$$

3) ***Formel von Doeblin:*** *Für alle $i,j \in S$ gilt*

$$f_{ij} = \lim_{n \to \infty} \left[\sum_{k=1}^{n} p_{ij}^{(k)} \right] \cdot \left[1 + \sum_{k=1}^{n} p_{ij}^{(k)} \right]^{-1}$$

4) *Für alle $i,j \in S$ und alle $m \in N_0$ gilt:*

$$g_{ij}^{(m)} = \begin{cases} f_{ij} \cdot (f_{jj})^{m-1} \cdot (1 - f_{jj}) & \text{für } m \geq 1 \\ 1 - f_{ij} & \text{für } m = 0 \end{cases}$$

5) *Für alle $i,j \in S$ mit $g_{ij} = 1$ gilt*

$$\gamma_{ij} = \sum_{n=1}^{\infty} p_{ij}^{(n)}$$

Die nächste Begriffsbildung ist für Markov-Ketten von fundamentaler Bedeutung:

4.78 Klassifikation der Zustände: *Sei $Z := Z_0, Z_1, \dots$ eine homogene Markov-Kette mit Zustandsraum S und Übergangsmatrix P.*

1) *Ein Zustand $i \in S$ heißt **rekurrent** bzw. **transient** je nachdem, ob $f_{ii} = 1$ bzw. $f_{ii} < 1$ ist. Die Menge der rekurrenten bzw. transienten Zustände bezeichnen wir mit S_r bzw. S_t. (Ein Zustand $i \in S$ ist also genau dann rekurrent, wenn es sicher ist, ausgehend vom Zustand i in endlicher Zeit wieder in diesen Zustand i zurückzukehren; ein Zustand $i \in S$ ist somit genau dann transient, wenn eine positive Wahrscheinlichkeit dafür besteht, ausgehend vom Zustand i in diesen Zustand nie mehr zurückzukehren.)*

2) *Ein rekurrenter Zustand $i \in S$ heißt **positiv-rekurrent** bzw. **null-rekurrent** je nachdem, ob $\mu_i < \infty$ bzw. $\mu_i = \infty$ ist. Die Menge der positiv-rekurrenten bzw. null-rekurrenten Zustände bezeichnen wir mit S_{pr} bzw. S_{nr}. (Ein rekurrenter Zustand $i \in S$ ist also genau dann positiv-rekurrent, wenn seine mittlere Rückkehrzeit endlich ist.)*

3) *Ein Zustand $i \in S$ heißt **periodisch**, falls es ein $n \in N$ mit $n > 1$ gibt, sodaß für alle*

$t \in N-\{n,2n,3n,...\}$ $p_{ii}^{(t)}=0$ ist; das kleinste derartige n heißt **Periode** von i und wird mit d_i bezeichnet. (Ein Zustand $i \in S$ ist also genau dann periodisch, wenn man ausgehend von diesem Zustand i nur zu solchen Zeitpunkten wieder in diesen Zustand i zurückkehren kann, welche ein ganzzahliges Vielfaches der Periode d_i von i sind.)

4) *Ein Zustand $i \in S$ heißt **ergodisch**, wenn er positiv-rekurrent und aperiodisch ist.*

5) *Ein Zustand $i \in S$ heißt **absorbierend**, wenn $p_{ii}=1$ ist.*

6) *Eine Menge $C \subseteq S$ heißt **abgeschlossen**, wenn für alle $i \in S$ und alle $j \in S-C$ $p_{ij}=0$ ist. (Eine Menge $C \subseteq S$ ist also genau dann abgeschlossen, wenn es unmöglich ist, diese Menge jemals wieder zu verlassen. Die einelementigen, abgeschlossenen Mengen entsprechen gerade den absorbierenden Zuständen.)*

7) *Eine abgeschlossene Menge $C \subseteq S$ heißt **irreduzibel**, falls es keine Teilmenge $C' \subset C$ gibt, welche abgeschlossen ist. Ist die trivialerweise abgeschlossene Menge S irreduzibel, so spricht man von einer **irreduziblen Markov-Kette**. (Eine Markov-Kette mit endlichem Zustandsraum S, bei der jeder Zustand von jedem Zustand aus erreichbar ist, ist offenbar irreduzibel.)*

Wir fassen die wichtigsten Eigenschaften rekurrenter bzw. transienter Zustände wieder in einem Satz zusammen (vgl. dazu beispielsweise [36], [22], [23]).

4.79 Satz:

1) *Zueinander äquivalente Eigenschaften:* Die untereinander aufgelisteten Eigenschaften eines Zustandes $j \in S$ sind zueinander jeweils äquivalent:

- *j ist rekurrent*	- *j ist transient*
- $f_{jj}=1$	- $f_{jj}<1$
- $g_{jj}=0$	- $g_{jj}=1$
- $\sum\limits_{n=1}^{\infty} p_{jj}^{(n)}$ *divergiert*	- $\sum\limits_{n=1}^{\infty} p_{jj}^{(n)}$ *konvergiert*

2) *Eigenschaften rekurrenter Zustände:*

a) *Ist $j \in S$ rekurrent, so gilt für alle $i \in S$*

$$g_{ij} = 1 - f_{ij}$$

b) *Ist $j \in S$ null-rekurrent, so gilt für alle $i \in S$*

$$\lim_{n \to \infty} p_{ij}^{(n)} = 0$$

Ist $j \in S$ positiv-rekurrent und aperiodisch (also ergodisch), so gilt für alle $i \in S$

$$\lim_{n \to \infty} p_{ij}^{(n)} = f_{ij}/\mu_j$$

Ist $j \in S$ positiv-rekurrent und periodisch mit der Periode d_j, so gilt

$$\lim_{n \to \infty} p_{jj}^{(n.d_j)} = 1/\mu_j$$

c) *Ist $j \in S$ (positiv) rekurrent und ist $i \in S$ von j aus erreichbar, so ist auch i (positiv) rekurrent und es gilt $f_{ji} = f_{ij} = 1$. (Es ist daher unmöglich, ausgehend von einem rekurrenten (bzw. positiv-rekurrenten) Zustand jemals einen transienten (bzw. null-rekurrenten) Zustand zu erreichen.)*

d) *Die Menge $S_r \subseteq S$ aller rekurrenten Zustände ist stets Vereinigung von paarweise disjunkten, irreduziblen Mengen $C_1, C_2, \ldots$.*

e) *Jeder Zustand $s \in C$ einer endlichen, irreduziblen Menge $C \subseteq S$ ist positiv rekurrent.*

f) *Eine Markov-Kette mit endlichem Zustandsraum S besitzt mindestens einen positiv-rekurrenten Zustand aber keinen null-rekurrenten Zustand.*

3) Eigenschaften transienter Zustände:

   a) *Ist $j \in S$ transient, so gilt für alle $i \in S$*

$$g_{ij} = 1 \quad und \quad \gamma_{ij} = f_{ij} \cdot (1 - f_{jj})^{-1}$$

(Unabhängig davon, von welchem Zustand $i \in S$ man ausgeht, wird ein transienter Zustand mit Sicherheit nur endlich oft besucht; die mittlere Anzahl der Besuche eines transienten Zustandes ist ebenfalls endlich.)

   b) *Ist $j \in S$ transient, so gilt für alle $i \in S$*

$$\lim_{n \to \infty} p_{ij}^{(n)} = 0$$

Als nächstes befassen wir uns mit der Frage, unter welchen Bedingungen eine homogene Markov-Kette sogenannte **Gleichgewichtszustände**, also Vektoren $\pi = (\pi_j)_{j \in S}$ mit den Eigenschaften $\sum_{j \in S} \pi_j \cdot p_{jk} = \pi_k$ für alle $k \in S$ und $\sum_{j \in S} \pi_j = 1$ besitzt und welche Eigenschaften diese Gleichgewichtszustände haben.

Mit dem folgenden Satz wird diese Frage erschöpfend beantwortet (vgl. dazu etwa [22], [23] und[42]):

4.80 Satz: *Gegeben sei eine homogene Markov-Kette Z mit Zustandsraum S und Übergangsmatrix P.*

1) *Falls überhaupt kein positiv-rekurrenter Zustand existiert, so besitzt die Markov-Kette Z keinen Gleichgewichtszustand.*

2) *Ist die Menge S_{pr} der positiv-rekurrenten Zustände nicht leer und irreduzibel, so besitzt die Markov-Kette Z genau einen Gleichgewichtszustand $\pi = (\pi_j)_{j \in S}$ und für alle $j \in S$ gilt*

$$\pi_j = \begin{cases} 1/\mu_j & \text{für } j \in S_{pr} \\ 0 & \text{sonst} \end{cases}$$

3) *Ist die Menge S_{pr} der positiv-rekurrenten Zustände nicht leer und in mindestens zwei paarweise disjunkte, irreduzible Mengen $C_1, C_2, \ldots$ zerlegbar, so gibt es unendlich viele Gleichgewichtszustände $\pi = (\pi_j)_{j \in S}$ und die Menge G dieser Gleichgewichtszustände stimmt mit der konvexen Hülle der Vektoren $\pi^{(1)} = (\pi_j^{(1)})_{j \in S}$, $\pi^{(2)} = (\pi_j^{(2)})_{j \in S}, \ldots$ überein, wobei $\pi^{(k)} = (\pi_j^{(k)})_{j \in S}$ durch*

$$\pi_j^{(k)} = \begin{cases} 1/\mu_j & \text{für } j \in C_k \\ 0 & \text{sonst} \end{cases}$$

definiert ist.

Als einfache Folgerung ergibt sich daraus die für uns sehr wichtige

4.81 Bemerkung:

1) *Eine Markov-Kette Z mit endlichem Zustandsraum S, bei der jeder Zustand von jedem Zustand aus erreichbar ist (damit ist S irreduzibel und besitzt obendrein lauter positiv-rekurrente Zustände) besitzt genau einen Gleichgewichtszustand $\pi = (\pi_j)_{j \in S}$ und für alle $j \in S$ gilt*

$$\pi_j = 1/\mu_j > 0$$

2) *Eine Markov-Kette Z mit endlichem Zustandsraum S und der Eigenschaft, daß es ein $n \in N$ gibt, sodaß für alle $i, j \in S$ $p_{ij}^{(n)} > 0$ ist (damit ist S irreduzibel und besitzt obendrein lauter ergodische - also aperiodische, positiv-rekurrente - Zustände) besitzt dann natürlich auch genau einen Gleichgewichtszustand $\pi = (\pi_j)_{j \in S}$; unabhängig von $i \in S$ gilt nun aber für alle $j \in S$ sogar*

$$\pi_j = 1/\mu_j = \lim_{n \to \infty} p_{ij}^{(n)} = \lim_{t \to \infty} p_j(t) > 0$$

3) *Soll für eine derartige Markov-Kette Z dieser Gleichgewichtszustand $\pi = (\pi_j)_{j \in S}$ explizit berechnet werden, so verwende man dazu die (nun offensichtliche) Tatsache, daß dieser Vektor π der einzige "normierte Linkseigenvektor" der Matrix P zum Eigenwert 1 ist, also die **einzige** Lösung des linearen Gleichungssystems*

$$\sum_{j \in S} x_j \cdot p_{jk} = x_k \quad (k \in S) \qquad \text{und} \qquad \sum_{j \in S} x_j = 1$$

darstellt.

Schließlich befassen wir uns noch mit dem Absorptionsverhalten homogener Markov-Ketten und erwähnen in diesem Zusammenhang den für praktische Berechnungen wichtigen (vgl. etwa [23])

Satz 4.82: *Gegeben sei eine homogene Markov-Kette Z mit **endlichem** Zustandsraum S und Übergangsmatrix $P = (p_{ij})_{i,j \in S}$. Mit den Bezeichnungen*

$$T := (p_{ij})_{i,j \in S_t} \quad und \quad R := (p_{ij})_{i \in S_t, j \in S_r}$$

gilt dann:

1) $\quad (f_{ij})_{i \in S_t, j \in S_r} = (E\text{-}T)^{-1}.R$

2) $\quad (\gamma_{ij})_{i,j \in S_t} \quad = (E\text{-}T)^{-1} - E$

4.7 Beispiele zu Markov-Ketten

Wir befassen uns zunächst eingehend mit den in Abschnitt 4.6 angeführten Markov-Ketten:

4.83 Eindimensionale Irrfahrt:

1) Offenbar ist jeder Zustand $j \in S = \mathbb{Z}$ von jedem Zustand $i \in S$ aus erreichbar. Bei der eindimensionalen Irrfahrt handelt es sich also um eine irreduzible Markov-Kette; wegen Satz 4.79 sind alle Zustände entweder transient oder positiv-rekurrent oder null-rekurrent. Alle Zustände sind periodisch mit der Periode 2.

2) Man überzeugt sich mühelos davon, daß

$$p_{00}^{(n)} = P(\{Z_n=0\}|\{Z_0=0\}) = \begin{cases} 0 & \text{für ungerades n} \\ \binom{n}{n/2}\cdot(pq)^{n/2} & \text{für gerades n} \end{cases}$$

ist. Verwendet man nun die bekannte **Stirling'sche Formel**, wonach sich für $n\to\infty$ $n!$ durch $(n/e)^n.(2\pi n)^{1/2}$ approximieren läßt, so erhalten wir für große n

$$p_{00}^{(n)} \approx \begin{cases} 0 & \text{für ungerades n} \\ (4pq)^{n/2}.(2/n\pi)^{1/2} & \text{für gerades n} \end{cases}$$

und damit

$$\sum_{n=1}^{\infty} p_{00}^{(n)} \approx \sum_{k=1}^{\infty} \frac{(4pq)^k}{(k\pi)^{1/2}} = \begin{cases} \leq \sum_{k=1}^{\infty} (4pq)^k < \infty & \text{für } p \neq 1/2 \\ \geq \sum_{k=1}^{\infty} (k\pi)^{-1/2} = \infty & \text{für } p = 1/2 \end{cases}$$

sowie

$$\lim_{n\to\infty} p_{00}^{(n)} = 0$$

3) Wegen Satz 4.79 sind somit im Fall $p \neq 1/2$ alle Zustände transient, während im Fall $p = 1/2$ alle Zustände null-rekurrent sind. (In diesem Zusammenhang sei auf das folgende interessante Resultat hingewiesen: Bei der zweidimensionalen symmetrischen Irrfahrt sind ebenfalls alle Zustände nullrekurrent während bei höherdimensionalen symmetrischen Irrfahrten alle Zustände transient sind (**Dimensionssprung**)).

4.84 Eindimensionale Irrfahrt mit einer reflektierenden Barriere in a<0:

1) Offenbar ist wieder jeder Zustand $j \in S = \{a+k \mid k \in N_0\}$ von jedem Zustand $i \in S$ aus erreichbar. Bei der eindimensionalen Irrfahrt mit einer reflektierenden Barriere im Punkt $a \in Z$ mit $a<0$ handelt es sich also wieder um eine irreduzible Markov-Kette und wegen Satz 4.79 sind alle Zustände wieder entweder transient oder positiv-rekurrent oder null-rekurrent. Alle Zustände sind wieder periodisch mit der Periode zwei.

2) Aus Satz 4.80 folgt damit: Genau dann sind alle Zustände positiv-rekurrent, wenn es einen Gleichgewichtszustand $\pi = (\pi_{a+k})_{k \in N_0}$ gibt, wenn also das lineare Gleichungssystem

$$(*) \quad \begin{aligned} \pi_a &= q.\pi_{a+1} \\ \pi_{a+1} &= \pi_a + q.\pi_{a+2} \\ \pi_{a+k} &= p.\pi_{a+k} + q.\pi_{a+k+1} \quad (k \in \{2,3,\dots\}) \end{aligned}$$

eine nichtnegative Lösung besitzt, welche der Bedingung $\pi_a + \pi_{a+1} + \pi_{a+2} + \dots = 1$ genügt. Nun überzeugt man sich aber mühelos davon, daß jede Lösung von (*) die Form

$$\pi_{a+k} = \pi_a.q^{-1}.r^{k-1} \quad (k \in N)$$

besitzt, wobei wir zur Abkürzung $r := p/q$ gesetzt haben.

Es existiert somit genau dann ein Gleichgewichtszustand π, wenn die Reihe $1+r+r^2+\dots$ konvergiert, was offenbar genau dann der Fall ist, wenn $p < 1/2$ ist. Im Fall $p < 1/2$ gilt also

* alle Zustände $j \in S$ sind positiv rekurrent;

* für alle Zustände $j \in S$ gilt

$$\lim_{n \to \infty} p_{jj}^{(2n)} = 1/\mu_j = \pi_j = \begin{cases} (1-r)/2 & \text{für } j=a \\ [(1-r)/2q].r^{k-1} & \text{für } j=a+k, \; k \in N \end{cases}$$

3) Vergleicht man schließlich das "Rückkehrverhalten" der eindimensionalen Irrfahrt mit einer reflektierenden Barriere mit dem der gewöhnlichen eindimensionalen Irrfahrt, so erkennt man, daß im Fall $p = 1/2$ alle Zustände null-rekurrent sind, während im Fall $p > 1/2$ alle Zustände transient sind.

4.85 Eindimensionale Irrfahrt mit zwei reflektierenden Barrieren in a<0<b:

1) Offenbar ist wieder jeder Zustand $j \in S = \{a,a+1,\dots,b\}$ von jedem Zustand $i \in S$ aus erreichbar. Da der Zustandsraum S nun aber endlich ist, sind damit (vgl. Satz 4.79) alle Zustände positiv rekurrent. Außerdem sind alle Zustände wieder periodisch mit der Periode zwei.

2) Wegen Satz 4.80 existiert somit genau ein Gleichgewichtszustand $\pi = (\pi_j)_{j \in S}$. Dieser Gleichgewichtszustand π ist die einzige Lösung des linearen Gleichungssystems

$$\pi_a = q.\pi_{a+1}$$
$$\pi_{a+1} = \pi_a + q.\pi_{a+2}$$
$$\pi_{a+k} = p.\pi_{a+k-1} + q.\pi_{a+k+1} \qquad \text{für } k \in \{2,3,\dots,b-a-2\}$$
$$\pi_{b-1} = p.\pi_{b-2} + \pi_b$$
$$\pi_b = p.\pi_{b-1}$$

welche der Normiertheitsbedingung $\pi_a + \pi_{a+1} + \pi_{a+2} + \dots \pi_b = 1$ genügt. Unter Verwendung der Abkürzung $r := p/q$ erhalten wir nach kurzer Rechnung

$$\pi_j = \begin{cases} [(1-r)/2].[1-r^{b-a}]^{-1} & \text{für } j=a \\ [(1-r)/2q].r^{k-1}.[1-r^{b-a}]^{-1} & \text{für } j=a+k \text{ mit } k \in \{1,2,\dots,b-a-1\} \\ [(1-r)/2].r^{b-a-1}.[1-r^{b-a}]^{-1} & \text{für } j=b \end{cases}$$

4.86 Eindimensionale Irrfahrt mit zwei absorbierenden Barrieren in a<0<b:

1) Offenbar sind die beiden Zustände a und b absorbierend, während alle anderen Zustände $j \in S_t = \{a+1,a+2,\dots,b-1\}$ transient sind. Alle transienten Zustände sind periodisch mit der Periode zwei.

2) Wir untersuchen nun das Absorptionsverhalten dieser Markov-Kette und verwenden dazu Satz 4.82:

a) Mit den dort eingeführten Bezeichnungen ist

$$T = (p_{ij})_{i,j \in S_t} = \begin{pmatrix} 0 & p & 0 & \dots & 0 & 0 \\ q & 0 & p & \dots & 0 & 0 \\ \multicolumn{6}{c}{\dots\dots\dots\dots\dots} \\ 0 & 0 & 0 & \dots & 0 & p \\ 0 & 0 & 0 & \dots & q & 0 \end{pmatrix} \quad \text{und} \quad R = (p_{ij})_{i \in S_t, j \in S_r} = \begin{pmatrix} q & 0 \\ 0 & 0 \\ \multicolumn{2}{c}{\dots} \\ 0 & p \end{pmatrix}$$

und wie man leicht direkt nachrechnet[*], gilt für die Elemente n_{ij} der Matrix $(E-T)^{-1}$ im Fall $p \neq 1/2$

$$n_{ij} = \frac{1}{(q-p).(q-r^{b-a})} \cdot \begin{cases} (1-r^{i-a}).(r^{j-i}-r^{b-i}) & \text{für } i \leq j \\ (1-r^{j-a}).(1-r^{b-i}) & \text{für } i \geq j \end{cases}$$

und im Fall $p = 1/2$

$$n_{ij} = \frac{2}{b-a} \cdot \begin{cases} (i-a).(b-j) & \text{für } i \leq j \\ (j-a).(b-i) & \text{für } i \geq j \end{cases}$$

b) Für die Absorptionswahrscheinlichkeiten f_{ia} bzw. f_{ib} mit $i \in S_t$ erhält man damit

$$f_{ia} = \sum_{j \in S_t} n_{ij}.p_{ja} = n_{i,a+1}.q = \begin{cases} [1-r^{b-i}]/[1-r^{b-a}] & \text{für } p \neq 1/2 \\ [b-i]/[b-a] & \text{für } p = 1/2 \end{cases}$$

sowie

$$f_{ib} = \sum_{j \in S_t} n_{ij}.p_{jb} = n_{i,b-1}.p = \begin{cases} r^{b-i}.[1-r^{i-a}]/[1-r^{b-a}] & \text{für } p \neq 1/2 \\ [i-a]/[b-a] & \text{für } p = 1/2 \end{cases}$$

---

[*] Zur Vereinfachung setzen wir wieder $r:=p/q$.

c) Schließlich berechnen wir noch, wie lange es im Mittel dauert, bis Absorption in einem der beiden Punkte a bzw. b stattfindet und erhalten für alle $i \in S_t$

$$E(T_{\{a,b\}} | \{Z_0=i\}) = 1 + \sum_{j \in S_t} E(B_{\{j\}} | \{Z_0=i\}) = 1 + \sum_{j \in S_t} g_{ij} = \sum_{j \in S_t} n_{ij} =$$

$$= \begin{cases} [(i-a) + (b-i).r^{b-a} - (b-a).r^{b-i}] / [(q-p).(1-r^{b-a})] & \text{für } p \neq 1/2 \\ (i-a)(b-i) & \text{für } p = 1/2 \end{cases}$$

4.87 Eindimensionale Irrfahrt mit einer absorbierenden Barriere in a<0:

Generell kann man eine eindimensionale Irrfahrt mit einer absorbierenden Barriere im Punkt $a \in Z$ mit a<0 als Grenzfall einer eindimensionalen Irrfahrt mit zwei absorbierenden Barrieren in den Punkten $a \in Z$ mit a<0 und $b \in Z$ mit b>0 ansehen, wobei man b gegen unendlich streben läßt. Aus 4.86 erhält man dann unmittelbar

1) Der Zustand a ist absorbierend, alle anderen Zustände $j \in S_t = \{a+1,a+2,...\}$ sind transient, alle transienten Zustände sind periodisch mit der Periode zwei.

2) Für die Absorptionswahrscheinlichkeiten f_{ia} ergibt sich

$$f_{ia} = \begin{cases} \lim_{b \to \infty} [1-r^{b-i}]/[1-r^{b-a}] & \text{für } p \neq 1/2 \\ \lim_{b \to \infty} [b-i]/[b-a] & \text{für } p = 1/2 \end{cases} = \begin{cases} 1 & \text{für } p \leq 1/2 \\ (q/p)^{i-a} & \text{für } p > 1/2 \end{cases}$$

3) Im Fall von Absorption - also im Fall $p \leq 1/2$ - erhalten wir für die mittlere Absorptionsdauer bei Start im Zustand $i \in S_t$

$$E(T_{\{a\}} | \{Z_0=i\}) = \begin{cases} \lim_{b \to \infty} [(i-a) + (b-i)r^{b-a} - (b-a)r^{b-i}]/[(q-p)(1-r^{b-a})] = \dfrac{i-a}{q-p} & \text{für } p < 1/2 \\ \lim_{b \to \infty} (i-a).(b-i) = \infty & \text{für } p = 1/2 \end{cases}$$

4.88 Ehrenfest'sches Urnenmodell:

1) Offenbar ist jeder Zustand $j \in S = \{0,1,...,N\}$ von jedem Zustand $i \in S$ aus erreichbar. Da S endlich ist, sind damit (vgl. wieder Satz 4.79) alle Zustände positiv-rekurrent. Außerdem sind natürlich alle Zustände periodisch mit der Periode 2.

2) Wegen Bemerkung 4.81 existiert genau ein Gleichgewichtszustand $\pi = (\pi_j)_{j \in S}$. Dieser ist die einzige Lösung des linearen Gleichungssystems

$$\pi_0 = N^{-1}.\pi_1$$
$$\pi_k = [N-(k-1)].N^{-1}.\pi_{k-1} + [k+1].N^{-1}.\pi_{k+1} \qquad \text{für } k \in \{1,2,...,N-1\}$$
$$\pi_N = N^{-1}.\pi_{N-1}$$

welche der Normiertheitsbedingung $\pi_0 + \pi_1 + ... \pi_N = 1$ genügt. Nach kurzer Rechnung ergibt sich für alle $j \in S$ $\pi_j = \binom{N}{j} \cdot 2^{-N}$. Unser Gleichgewichtszustand π entspricht somit der Binomialverteilung B(N,1/2).

3) Die Tatsache, daß alle Zustände $j \in S$ positiv-rekurrent sind, widerspricht scheinbar der Grundanschauung der statistischen Mechanik: Teilt man ein ursprünglich leeres Gefäß durch eine Membran in zwei gleich große Teile und gibt man zum Zeitpunkt t=0 in den linken Teil dieses Gefäßes N Gasmoleküle, so wird man nach einiger Zeit in beiden Teilen des Gefäßes jeweils etwa N/2 Moleküle finden und jeder Praktiker wird ausschließen, daß es jemals einen Zeitpunkt gibt, in dem sich wieder alle N Moleküle im linken Teil des Gefäßes befinden.

Dieses Diffundieren von Gasmolekülen läßt sich bekanntlich durch unser Ehrenfest'sche Urnenmodell gut beschreiben. Aus Satz 4.81 folgt für alle $j \in S$ aber

$$\mu_j = \pi_j^{-1} = 2^N / \binom{N}{j} < \infty$$

Es ist damit nicht nur sicher, stets wieder in jeden beliebigen Ausgangszustand j zurückzukehren, die mittlere Rückkehrzeit μ_j ist dabei sogar endlich. Allerdings gilt beispielsweise schon für N=100

$$\mu_0 = 2^{100} \approx 10^{30} \quad \text{und} \quad \mu_{50} = 2^{100} / \binom{100}{30} \approx 12,5$$

Um vom Zustand "50 Moleküle links und 50 Moleküle rechts" wieder in diesen Zustand zurückzukehren, braucht man demnach im Mittel nur 12,5 Austauschritte; um aber vom Zustand "alle 100 Moleküle links" wieder in diesen Zustand zurückzukehren, benötigt man im Mittel die unvorstellbar große Anzahl von 10^{30} Austauschschritten.

Bei Start in einem Zustand j, der sich vom "Gleichgewichtszustand" N/2 deutlich unterscheidet, zeigt das Ehrenfest'sche Urnenmodell makroskopisch gesehen (also für großes N) somit tatsächlich ein irreversibles Verhalten.

4.89 Galton'scher Verzweigungsprozeß:

Wir wollen hier nur den realistischen Fall $\alpha_0 > 0$ betrachten, also jenen Fall, bei dem die einzelnen Individuen mit positiver Wahrscheinlichkeit keine Nachkommen besitzen.

1) Der Zustand j=0 ist trivialerweise absorbierend; alle anderen Zustände $j \in S = N_0$ mit $j \neq 0$ sind offenbar transient (wegen $\alpha_0 > 0$ ist $p_{j0} = \alpha_0^{\ j} > 0$ und damit $f_{jj} < 1$).

2) Aus Satz 4.80 folgt nun, daß es abgesehen vom trivialen Gleichgewichtszustand $\pi = (1,0,...)$ keinen weiteren Gleichgewichtszustand gibt (ein Resultat, das Bevölkerungsplaner nachdenklich stimmen sollte).

3) Schließlich befassen wir uns noch mit dem Aussterbeverhalten. Aus dem First-Entrance Theorem folgt

$$f_{10} = p_{10} + \sum_{j=1}^{\infty} p_{1j} \cdot f_{j0} = (*)$$

Berücksichtigt man nun, daß offenbar $f_{j0} = f_{10}{}^j$ ist (die Wahrscheinlichkeit dafür, daß die Nachkommenschaft von j ursprünglich vorhandenen Individuen in ihrer Gesamtheit ausstirbt, ist gleich dem Produkt der Wahrscheinlichkeiten dafür, daß die Nachkommenschaft jedes einzelnen dieser j Individuen ausstirbt), so erhält man weiter

$$(*) \ = \ p_{10} + \sum_{j=1}^{\infty} p_{1j} \cdot f_{10}{}^j \ = \ \sum_{j=0}^{\infty} \alpha_j \cdot f_{10}{}^j$$

Wir betrachten nun die **erzeugende Funktion**

$$\varphi : [0,1] \rightarrow \mathbf{R} \quad \text{mit} \quad \varphi(x) := \sum_{j=0}^{\infty} \alpha_j \cdot x^j$$

der Folge $\alpha_0, \alpha_1, \alpha_2, \ldots$ und stellen fest:

* φ ist konvex;

* $\varphi'(1) = \sum_{j=0}^{\infty} j \cdot \alpha_j$ = mittlere Anzahl μ der Nachkommen eines Individuums;

* f_{10} ist Nullstelle der Gleichung $x = \varphi(x)$ (haben wir eben gezeigt);

* f_{10} ist die kleinste Nullstelle der Gleichung $x = \varphi(x)$: Bezeichnet man nämlich mit Z_n die Anzahl der Individuen der n-ten Generation und berücksichtigt man, daß

$$P(\{Z_{n+1}=0\}|\{Z_1=j\}) = [P(\{Z_n=0\}|\{Z_0=1\})]^j$$

ist, so erhält man für alle $n \in \mathbf{N}$

$$P(\{Z_{n+1}=0\}|\{Z_0=1\}) = \sum_{j=0}^{\infty} \alpha_j \cdot [P(\{Z_n=0\}|\{Z_0=1\})]^j = \varphi(P(\{Z_n=0\}|\{Z_0=1\}))$$

Ist nun π die kleinste Nullstelle der Gleichung $x = \varphi(x)$, so gilt damit

$$P(\{Z_1=0\}|\{Z_0=1\}) \ = \ \alpha_{10} \ = \ \varphi(0) \ \leq \ \pi$$
$$P(\{Z_2=0\}|\{Z_0=1\}) \ = \ \varphi(P(\{Z_1=0\}|\{Z_0=1\})) \ \leq \ \varphi(\pi) \ = \ \pi$$
$$\cdots\cdots\cdots\cdots\cdots\cdots\cdots\cdots\cdots\cdots\cdots\cdots\cdots\cdots\cdots\cdots\cdots$$
$$P(\{Z_{n+1}=0\}|\{Z_0=1\}) \ = \ \varphi(P(\{Z_n=0\}|\{Z_0=1\})) \ \leq \ \varphi(\pi) \ = \ \pi$$
$$\cdots\cdots\cdots\cdots\cdots\cdots\cdots\cdots\cdots\cdots\cdots\cdots\cdots\cdots\cdots\cdots\cdots$$

und somit

$$f_{10} \ = \ \lim_{n \to \infty} P(\{Z_n=0\}|\{Z_0=1\}) \ \leq \ \pi$$

Anhand von Abbildung 4.28 erkennt man somit schließlich:

* Falls die mittlere Anzahl μ der Nachkommen eines Individuums kleiner oder gleich 1 ist, so stirbt die Population mit Sicherheit aus.

* Ist hingegen die mittlere Anzahl μ der Nachkommen eines Individuums größer als 1, so ist die Aussterbewahrscheinlichkeit f_{10} kleiner als 1, die Population überlebt also mit positiver Wahrscheinlichkeit (und wird dabei exponentiell anwachsen). In diesem Fall ist f_{10} die kleinste Nullstelle der Gleichung $x = \varphi(x)$.

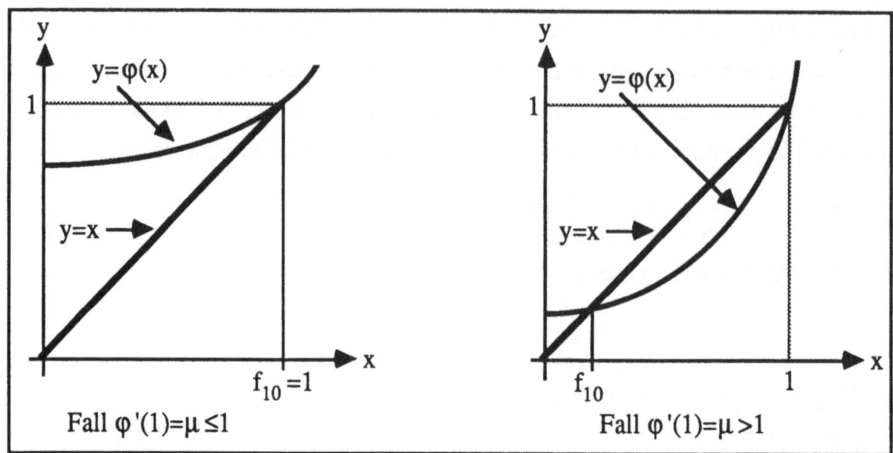

Abb. 4.28: Geometrische Veranschaulichung der Gleichung x=φ(x).

4) Als unmittelbare Anwendung erhält man: Betrachtet man eine Gesellschaft, in der Knaben- und Mädchengeburten gleichwahrscheinlich sind, und in der der Familienname stets nur auf den (die) männlichen Nachkommen übergeht, so gilt:

* hat jeder Mann genau zwei Kinder, so ist sicher, daß ein ursprünglich vorhandener Familienname ausstirbt;

* hat hingegen jeder Mann genau drei Kinder, so wird ein ursprünglich vorhandener Familienname mit einer Wahrscheinlichkeit von $3-\sqrt{5}$ nicht aussterben.　　　◀

Es folgen noch zwei weitere interessante Beispiele, die sich mit Methoden aus der Theorie der Markov-Ketten behandeln lassen:

4.90 Beispiel (Ein Problem aus der Genetik): *Aus der Vererbungslehre weiß man, daß homozygote Gene vom Typ AA (bzw. aa) stets nur Allelen vom Typ A (bzw. a) produzieren, während heterozygote Gene vom Typ Aa mit gleicher Wahrscheinlichkeit Allelen der Typen A und a erzeugen.*
*Wir betrachten nun das sogenannte **SIB-Heiratsmodell** (= Sister-Brother-Heiratsmodell), welches auf folgenden Annahmen beruht: Zuerst werden zwei Individuen (verschiedenen Geschlechts) zufällig ausgewählt und miteinander verheiratet. Von den Nachkommen dieses Paares werden wieder zwei Individuen (verschiedenen Geschlechts) zufällig ausgewählt und miteinander verheiratet... Man untersuche die zeitliche Entwicklung dieses Vorganges unter der Voraussetzung, daß die beiden ursprünglich ausgewählten Individuen vom Typ Aa sind.*

Lösung: Mit den drei möglichen Genotypen AA, Aa und aa gibt es offenbar sechs Arten von Heiraten (= Genotypkombinationen der Eltern). Jede dieser Heiratsarten bedingt nun ihrerseits gewisse Wahrscheinlichkeiten für die Genotypen der Kinder und damit auch für die möglichen Heiratsarten in der nächsten Generation (= Genotypkombinationen der miteinander verheirateten Kinder). In Tabelle 4.3 sind alle diese Wahrscheinlichkeiten zusammengestellt:

Genotypkombination der Eltern	Genotyp der Kinder			Genotypkombination der Kinder					
	AA	Aa	aa	1	2	3	4	5	6
$1 := AA \times AA$	1	0	0	1	0	0	0	0	0
$2 := aa \times aa$	0	0	1	0	1	0	0	0	0
$3 := AA \times Aa$	1/2	1/2	0	1/4	0	1/2	1/4	0	0
$4 := Aa \times Aa$	1/4	1/2	1/4	1/16	1/16	1/4	1/4	1/4	1/8
$5 := Aa \times aa$	0	1/2	1/2	0	1/4	0	1/4	1/2	0
$6 := AA \times aa$	0	1	0	0	0	0	1	0	0

Tabelle 4.3: Wahrscheinlichkeiten der Genotypen bzw. der Genotypkombinationen der Kinder bei gegebener Genotypkombination der Eltern.

Da die Wahrscheinlichkeiten für die einzelnen Genotypkombinationen der Kinder offenbar nur von den Genotypkombinationen der Eltern (und nicht der Großeltern,...) abhängt, handelt es sich beim SIB-Heiratsmodell um eine homogene Markov-Kette mit Zustandsraum $S=\{1,2,...,6\}$ (die "Zeiten" entsprechen dabei den Nummern der Generationen; die Zustände $i \in S$ entsprechen den möglichen Genotypkombinationen), Anfangszustandsvektor $p(0) = (0,0,0,1,0,0)$ und Übergangsmatrix

$$P = \begin{pmatrix} 1 & 0 & 0 & 0 & 0 & 0 \\ 0 & 1 & 0 & 0 & 0 & 0 \\ 1/4 & 0 & 1/2 & 1/4 & 0 & 0 \\ 1/16 & 1/16 & 1/4 & 1/4 & 1/4 & 1/8 \\ 0 & 1/4 & 0 & 1/4 & 1/2 & 0 \\ 0 & 0 & 0 & 1 & 0 & 0 \end{pmatrix} \begin{matrix} \leftarrow i=1 \\ \leftarrow i=2 \\ \leftarrow i=3 \\ \leftarrow i=4 \\ \leftarrow i=5 \\ \leftarrow i=6 \end{matrix}$$
$$\begin{matrix} \uparrow & \uparrow & \uparrow & \uparrow & \uparrow & \uparrow \\ j=1 & j=2 & j=3 & j=4 & j=5 & j=6 \end{matrix}$$

1) Offenbar sind die Zustände 1 (=AA×AA) und 2 (=aa×aa) absorbierend, während die Zustände 3,4,5 und 6 transient sind; damit ist $S_t = \{3,4,5,6\}$.

2) Da unsere Markov-Kette zwei absorbierende Zustände (nämlich 1 und 2) besitzt, und alle anderen Zustände transient sind, gibt es unendlich viele Gleichgewichtszustände wobei jeder dieser Gleichgewichtszustände π die Form $\pi = (\alpha,1-\alpha,0,0,0,0)$ mit $0 \leq \alpha \leq 1$ besitzt (vgl. Satz 4.80).

3) Da kein eindeutiger Gleichgewichtszustand π existiert, läßt sich $\lim p_j(t)$ für $t \to \infty$ leider nicht! unter Verwendung von Bemerkung 4.81 bestimmen. Glücklicherweise ist die Übergangsmatrix P aber diagonalisierbar; speziell ist $P = A.D.A^{-1}$ mit

$$A = \begin{pmatrix} 1 & 0 & 0 & 0 & 0 & 0 \\ 0 & 1 & 0 & 0 & 0 & 0 \\ 3/4 & 1/4 & 1 & 1 & 1 & 1 \\ 1/2 & 1/2 & \sqrt{5}-1 & 0 & -\sqrt{5}-1 & -1 \\ 1/4 & 3/4 & 1 & -1 & 1 & 1 \\ 1/2 & 1/2 & 6-2\sqrt{5} & 0 & 6+2\sqrt{5} & -4 \end{pmatrix}, \quad D = \mathrm{diag}[1,1,(1+\sqrt{5})/4,1/2,(1-\sqrt{5})/2,1/4]$$

$$\text{und} \quad A^{-1} = 40^{-1} \cdot \begin{pmatrix} 40 & 0 & 0 & 0 & 0 & 0 \\ 0 & 40 & 0 & 0 & 0 & 0 \\ -9-4\sqrt{5} & -9-4\sqrt{5} & 6+2\sqrt{5} & 4+4\sqrt{5} & 6+2\sqrt{5} & 2 \\ -10 & 10 & 20 & 0 & -20 & 0 \\ -9+4\sqrt{5} & -9+4\sqrt{5} & 6-2\sqrt{5} & 4-4\sqrt{5} & 6+2\sqrt{5} & 2 \\ -2 & -2 & 8 & -8 & 8 & -4 \end{pmatrix}$$

Wir erhalten damit

$$\lim_{n\to\infty} p(n) = \lim_{n\to\infty} p(0).P^n = p(0).A. \lim_{n\to\infty} D^n.A^{-1} = (1/2,1/2,0,0,0,0)$$

4) Schließlich interessieren wir uns noch dafür, wie lange es im Mittel dauert, bis nur mehr homozygote Gene vorhanden sind (d.h. bis unsere Markov-Kette in einem der beiden Zustände 1 bzw. 2 absorbiert wird). Unter Verwendung von Satz 4.82 und den dort eingeführten Bezeichnung gilt nun

$$T = (p_{ij})_{i,j\in S_t} = \begin{pmatrix} 1/2 & 1/4 & 0 & 0 \\ 1/4 & 1/4 & 1/4 & 1/8 \\ 0 & 1/4 & 1/2 & 0 \\ 0 & 1 & 0 & 0 \end{pmatrix} \quad \text{und} \quad (E-T)^{-1} = (n_{ij})_{i,j\in S_t} = \begin{pmatrix} 8/3 & 4/3 & 2/3 & 1/6 \\ 4/3 & 8/3 & 4/3 & 1/3 \\ 2/3 & 4/3 & 8/3 & 1/6 \\ 4/3 & 8/3 & 4/3 & 4/3 \end{pmatrix}$$

und damit

$$E(T_{\{1,2\}}|\{Z_0=4\}) = 1 + \sum_{j=3}^{6} E(B_{\{j\}}|\{Z_0=4\}) = 1 + \sum_{j=3}^{6} \gamma_{4j} = \sum_{j=3}^{6} n_{4j} = 17/3 \qquad \maltese$$

4.91 Beispiel (Ein Problem über Warteschlangen): *Wir betrachten eine Bedienungsanlage und nehmen an, daß*

* *die Kunden bei dieser Bedienungsanlage gemäß einem Poissonprozeß mit Parameter λ eintreffen;*

* *die Bedienungsanlage stets nur zu den Zeitpunkten $t\in N$ mit der Bedienung eines Kunden beginnt und die restlichen Kunden in eine Warteschlange eingereiht werden;*

* *die Bedienung eines Kunden stets genau eine Zeiteinheit dauert (ein Kunde, dessen Bedienung zum Zeitpunkt $t=n$ beginnt, also unmittelbar vor dem Zeitpunkt $t=n+1$ die Bedienungsanlage wieder verläßt).*

Man untersuche die zeitliche Entwicklung der Anzahl Z_t der Kunden, welche sich zu den Zeitpunkten $t=1,2,...$ in der Bedienungsanlage befinden, wenn vorausgesetzt wird, daß die Bedienungsanlage zum Zeitpunkt $t=0$ leer ist.

<u>Lösung:</u> Die Folge $Z := Z_0, Z_1, Z_2, \ldots$ bildet offenbar eine Markov-Kette mit Zustandsraum $S = N_0$, Anfangszustandsvektor $p(0) = (1,0,0,\ldots)$ und Übergangsmatrix

$$P = \begin{pmatrix} \alpha_0 & \alpha_1 & \alpha_2 & \alpha_3 \\ \alpha_0 & \alpha_1 & \alpha_2 & \alpha_3 \\ 0 & \alpha_0 & \alpha_1 & \alpha_2 \\ 0 & 0 & \alpha_0 & \alpha_1 \end{pmatrix} \quad \text{mit } \alpha_i := \exp\{-\lambda\} \cdot \frac{\lambda^i}{i!}$$

Offenbar ist jeder Zustand $j \in S$ von jedem Zustand $i \in S$ aus erreichbar; unsere Markov-Kette Z ist somit irreduzibel und wegen Satz 4.79 sind damit alle Zustände entweder transient oder positiv-rekurrent oder null-rekurrent.

Wegen Satz 4.80 gilt weiter: Genau dann sind alle Zustände positiv-rekurrent, wenn es einen Gleichgewichtszustand $\pi = (\pi_j)_{j \in S}$ gibt, wenn also das lineare Gleichungssystem

$$\pi_0 = \alpha_0.\pi_0 + \alpha_0.\pi_1$$
$$(*) \quad \pi_1 = \alpha_1.\pi_0 + \alpha_1.\pi_1 + \alpha_0.\pi_2$$
$$\cdots\cdots\cdots\cdots\cdots\cdots\cdots\cdots\cdots\cdots$$
$$\pi_k = \alpha_k.\pi_0 + \sum_{i=1}^{k+1} \alpha_{k-i+1}.\pi_i \qquad (k \in \{2,3,\ldots\})$$

eine nichtnegative Lösung besitzt, welche der Normiertheitsbedingung $\pi_0 + \pi_1 + \ldots = 1$ genügt. Indem wir nun die Gleichungen in (*) der Reihe nach mit $1, x, x^2, \ldots$ multiplizieren und anschließend aufsummieren, erhalten wir

$$\sum_{j=0}^{\infty} \pi_j.x^j = \{\sum_{j=0}^{\infty} \alpha_j.x^j .[\sum_{j=0}^{\infty} \pi_j.x^j + \pi_0.(x-1)]\}/x$$

und damit

$$\sum_{j=0}^{\infty} \pi_j.x^j = [\pi_0.(1-x).\sum_{j=0}^{\infty} \alpha_j.x^j]/[\sum_{j=0}^{\infty} \alpha_j.x^j - x]$$

Lassen wir nun x von links gegen 1 gehen, so erhalten wir daraus unter Verwendung der bekannten Regel von de l'Hospital

$$\sum_{j=0}^{\infty} \pi_j = \lim_{x \uparrow 1} \sum_{j=0}^{\infty} \pi_j.x^j = \pi_0 / [1 - \sum_{j=0}^{\infty} j.\alpha_j] = \frac{\pi_0}{1-\lambda}$$

Unser Gleichungssystem (*) besitzt also genau dann eine nicht-negative Lösung, welche der Normiertheitsbedingung genügt - oder anders ausgedrückt - unsere Markov-Kette Z ist genau dann positiv-rekurrent, wenn $\lambda < 1$ ist, wenn also durchschnittlich pro Zeiteinheit weniger als ein Kunde bei der Bedienungsanlage eintrifft. Langfristig gesehen ist in diesem Fall mit einem Auslastungsgrad unserer Bedienungsanlage von $a = 1 - \pi_0 = \lambda$ zu rechnen; für die mittlere Länge μ_0 einer sogenannten "Arbeitsperiode" unserer Bedienungsanlage ergibt sich dabei $\mu_0 = 1/\pi_0 = 1/(1-\lambda)$.

Literaturverzeichnis

[1] Adomian, G. (ed.): *Applied stochastic processes.*
  Academic Press, New York, London, Toronto, Sydney, San Francisco, 1980.
[2] Aigner, M.: *Kombinatorik. I. Grundlagen und Zähltheorie.*
  Springer-Verlag, Berlin, Heidelberg, New York, 1975.
[3] Bailey, N.T.J.: *The elements of stochastic processes.*
  John Wiley & Sons, New York, London, Sydney, 1964.
[4] Bath, U.N.: *Elements of applied stochastic processes.*
  John Wiley & Sons, New York, London, Sydney, Toronto, 1972.
[5] Bauer, H.: *Wahrscheinlichkeitstheorie und Grundzüge der Maßtheorie*, 3. Aufl.
  W. de Gruyter, Berlin, New York, 1978.
[6] Breiman, L.: *Probability.*
  Addison-Wesley, Reading, London, Don Mills, Ontario, 1968.
[7] Breiman, L.: *Probability and stochastic processes with a view toward applications.*
  Houghton Mifflin Comp., Boston, 1969.
[8] Cox, D.R.: *Erneuerungstheorie.*
  R. Oldenbourg Verlag, München, Wien, 1966.
[9] Cox, D.R., Miller, H.D.: *The theory of stochastic processes.*
  Methuen & Co., London, 1965.
[10] Drake, A.W.: *Fundamentals of applied probability theory.*
  McGraw-Hill, New York, San Francisco, Toronto, London, Sydney, 1967.
[11] Dubes, R.C.: *The theory of applied probability.*
  Prentice-Hall, Englewood Cliffs, N.J., 1968.
[12] Dubins, L.E., Savage, L.J.: *How to gamble if you must.*
  Mc Graw-Hill, New York, 1965
[13] Elandt-Johnson, R.C.: *Probability models and statistical methods in genetics.*
  John Wiley & Sons, New York, London, Sydney, Toronto, 1971.
[14] Feller, W.: *An introduction to probability theory and its applications*, 3rd ed.
  John Wiley & Sons, New York, London, Sydney, 1968.
[15] Freedman, D., *Markov chains.*
  Holden-Day, San Francisco, Cambridge, London, Amsterdam, 1971.
[16] Fry, T.C.: *Probability and its engineering uses*, 2nd ed.
  Van Nostrand, Princeton, New Jersey, Toronto, New York, London, 1965.
[17] Haight, F.A.: *Applied probability.*
  Plenum Press, New York, London, 1981.
[18] Halmos, P.R.: *Measure theory*, 12th ed.
  Van Nostrand, New York, 1968.
[19] Heller, W.-D., et al.: *Stochastische Systeme.*
  W. de Gruyter, Berlin, New York, 1978.
[20] Hengartner, W., Theodorescu, R.: *Einführung in die Monte-Carlo-Methode.*
  Deutscher Verlag der Wissenschaften, Berlin, 1978.
[21] Hinderer, K.: *Grundbegriffe der Wahrscheinlichkeitstheorie.*
  Springer-Verlag, Berlin, Heidelberg, New York, 1975.
[22] Hoel, P.G., Port, S.C., Stone, C.J.: *Introduction to stochastic processes.*
  Houghton Mifflin Comp., Boston, 1972.
[23] Iosifescu, M.: *Finite Markov processes and their applications.*
  John Wiley & Sons, Chichester, New York, Brisbane, Toronto, 1980.
[24] Johnson, N.L., Kotz, S.: *Urn models and their application.*
  John Wiley & Sons, New York, London, Sydney, Toronto, 1977.

[25] Kannan, D.: *An introduction to stochastic processes.*
   North Holland, New York, Oxford, 1979.
[26] Karlin, S.: *A first course in stochastic processes.*
   Academic Press, New York, London, 1969.
[27] Kemeny, J.G., Snell, J.L., Knapp, A.W.: *Denumerable Markov chains.*
   Van Nostrand, Princeton, N.J., Toronto, New York, London, 1966.
[28] Kemeny, J.G., Snell, J.L.: *Finite Markov chains.*
   Springer-Verlag, New York, Heidelberg, Berlin, 1976.
[29] Knuth D.E.: *The art of computer programming, Vol 1.*
   Addison Wesley, Reading, Mass., 1978
[30] Krickeberg, K., Ziezold, H.: *Stochastische Methoden*, 2. Aufl.
   Springer-Verlag, Berlin, Heidelberg, New York, 1979.
[31] Krüger, S.: *Simulation: Grundlagen, Techniken, Anwendungen.*
   Walter de Gruyter, Berlin, New York, 1975.
[32] Lehn, J., Wegmann, H.: *Einführung in die Statistik.*
   Teubner Verlag, Stuttgart, 1985.
[33] Lewis, P.A.W. (ed.): *Stochastic point processes.*
   Wiley & Sons, New York, London, Sydney, Toronto, 1972.
[34] Mihram, G.A.: *Simulation: Statistical foundations and methodology.*
   Academic Press, New York, London, 1972.
[35] Pollard, J.H.: *A handbook of numerical and statistical techniques.*
   Cambridge Univ. Press, Cambridge, London, New York, Melbourne, 1977.
[36] Prabhu, N.U.: *Stochastic Processes.*
   Macmillan, New York, Collier-Macmillan, London, 1965.
[37] Rényi, A.: *Wahrscheinlichkeitsrechnung mit einem Anhang über Informationstheorie.*
   Deutscher Verlag der Wissenschaften, Berlin, 1966.
[38] Ross, S.M.: *Applied probability models with optimization applications.*
   Holden-Day, San Francisco, Cambridge, London, Amsterdam, 1970.
[39] Ross, S.M.: *Introduction to probability models.*
   Academic Press, New York, London, 1972.
[40] Rubinstein, R.Y.: *Simulation and the Monte Carlo Method.*
   John Wiley & Sons, New York, Chichester, Brisbane, Toronto, 1981.
[41] Schuster, P., Sigmund, K.: *Selection - A simple model based on linear birth and death processes.* Universität Wien, 1982.
[42] Shiryayev, A.N.: *Probability.*
   Springer-Verlag, New York, Berlin, Heidelberg, Tokyo, 1984.
[43] Smith, V.K.: *Monte Carlo Methods.*
   D.C. Heath and Comp., Lexington, Toronto, London, 1973.
[44] Snyder, D.L.: *Random point processes.*
   John Wiley & Sons, New York, London, Sydney, Toronto, 1975.
[45] Srinivasan, S.K.: *Stochastic point processes and their applications.*
   Griffin, London, 1974.
[46] Srinivasan, S.K., Mehata K.M.: *Probability and random processes.*
   Tata Mc Graw-Hill, New Delhi, 1978
[47] Sweschnikow, A.A.: *Wahrscheinlichkeitsrechnung und mathematische Statistik in Aufgaben.* Teubner Verlag, Leipzig, 1970.
[48] Takacs, L.: *Stochastische Prozesse: Aufgaben und Lösungen.*
   R. Oldenbourg Verlag, München, Wien, 1966.
[49] Thomas, J.B.: *An introduction to applied probability and random processes.*
   John Wiley & Sons, New York, London, Sydney, Toronto, 1971.
[50] Yakowitz, S.J.: *Computational probability and simulation.*
   Addison-Wesley, Reading, Mass., London, Amsterdam, 1977.

Stichwortverzeichnis

Teubner-Ingenieurmathematik

Burg/Haf/Wille
Höhere Mathematik für Ingenieure
Band 1: Analysis
717 Seiten. DM 44,—
Band 2: Lineare Algebra
ca. 280 Seiten. ca. DM 38,—
Band 3: Gewöhnliche Differentialgleichungen, Distributionen,
Integraltransformationen
394 Seiten. DM 38,—
Band 4: Vektoranalysis und Funktionentheorie
ca. 280 Seiten. ca. DM 38,—

Dorninger/Müller
Allgemeine Algebra und Anwendungen
324 Seiten. DM 48,—

v. Finckenstein
Grundkurs Mathematik für Ingenieure
448 Seiten. DM 42,—

Heuser/Wolf
Algebra, Funktionalanalysis und Codierung
168 Seiten. DM 34,—

Kamke
Differentialgleichungen
Lösungsmethoden und Lösungen
Band 1: Gewöhnliche Differentialgleichungen
694 Seiten. DM 78,—
Band 2: Partielle Differentialgleichungen erster Ordnung
für eine gesuchte Funktion
265 Seiten. DM 58,—

Krabs
Einführung in die lineare und nichtlineare
Optimierung für Ingenieure
232 Seiten. DM 36,—

Schwarz
Numerische Mathematik
496 Seiten. DM 46,—

Preisänderungen vorbehalten

B. G. Teubner Stuttgart